"十四五"国家重点出版物出版规划项目

动物行为实验方法学

EXPERIMENTAL
METHODOLOGY
BASED
ON ANIMAL BEHAVIOUR
RESEARCH

刘新民　陈善广　秦　川 ○————○ 主编

中国轻工业出版社

图书在版编目（CIP）数据

动物行为实验方法学 / 刘新民，陈善广，秦川主编. —
北京：中国轻工业出版社，2023.7

"十四五"国家重点出版物出版规划项目

ISBN 978-7-5184-4242-3

Ⅰ.①动…　Ⅱ.①刘…②陈…③秦…　Ⅲ.①动物行
为—实验方法　Ⅳ.①B843.2-33

中国国家版本馆CIP数据核字（2023）第075650号

责任编辑：钟　雨

策划编辑：钟　雨　　责任终审：李建华　　封面设计：伍毓泉
版式设计：锋尚设计　　责任校对：宋绿叶　　责任监印：张　可

出版发行：中国轻工业出版社（北京东长安街6号，邮编：100740）

印　　刷：艺堂印刷（天津）有限公司

经　　销：各地新华书店

版　　次：2023年7月第1版第1次印刷

开　　本：787×1092　1/16　印张：21

字　　数：446千字

书　　号：ISBN 978-7-5184-4242-3　定价：188.00元

邮购电话：010-65241695

发行电话：010-85119835　传真：85113293

网　　址：http://www.chlip.com.cn

Email：club@chlip.com.cn

如发现图书残缺请与我社邮购联系调换

201273K1X101ZBW

本书编委会

主　编　刘新民　宁波大学
　　　　　陈善广　中国载人航天工程办公室
　　　　　秦　川　中国医学科学院医学实验动物研究所

副主编　刘　莉　上海医药工业研究院药理评价研究中心
　　　　　李云峰　军事医学研究院军事认知与脑科学研究所
　　　　　钟治晖　四川大学华西医学院
　　　　　姜　宁　中国医学科学院药用植物研究所
　　　　　梁建辉　北京大学药学院

参　编（按姓氏音序排列）
　　　　　常　琪　中国医学科学院药用植物研究所
　　　　　陈　芳　湖南中医药大学
　　　　　陈　颖　中国中医科学院中药研究所
　　　　　陈俣祯　湖南中医药大学
　　　　　成绍武　湖南中医药大学
　　　　　代　威　军事医学研究院毒物药物研究所
　　　　　党海霞　中国中医科学院中医临床基础医学研究所
　　　　　翟荣伟　中国科学院神经科学研究所
　　　　　顾丰华　上海医药工业研究院有限公司
　　　　　黄　红　成都康弘药业集团股份有限公司
　　　　　李家大　中南大学
　　　　　李思迪　吉首大学
　　　　　李祥宇　中南大学
　　　　　刘　斌　燕山大学
　　　　　刘　昱　宁波大学
　　　　　刘雨培　湖南中医药大学
　　　　　刘子巍　湖南师范大学

卢　聪　中国农业科学院农产品加工研究所

吕静薇　中国医学科学院药用植物研究所

梅其炳　西南医科大学

盛益华　吉首大学

石　哲　湖南中医药大学

孙欣然　中国医学科学院药用植物研究所

孙秀萍　中国医学科学院医学实验动物研究所

陶　雪　首都医科大学附属北京康复医院

王　琼　中国农业科学院农产品加工研究所

王　智　中国医学科学院药用植物研究所

王海霞　首都医科大学附属北京安定医院

王克柱　广东东阳光药业有限公司

王钦文　宁波大学

王小平　中南大学

王志勇　上海医药工业研究院药理评价研究中心

夏天吉　中国医学科学院药用植物研究所

徐淑君　宁波大学

闫明珠　中国医学科学院药用植物研究所

姚彩虹　中国医学科学院药用植物研究所

尹勇玉　军事医学研究员毒物药物研究所

曾贵荣　湖南省药物安全评价研究中心

曾星铫　吉首大学

张黎明　军事医学研究院毒物药物研究所

张晓洁　中南大学

张亦文　中国医学科学院药用植物研究所

张莹茜　四川大学华西医学院

赵玉芬　宁波大学

周云丰　河南大学

朱坤杰　齐齐哈尔医学院

随着科学技术的不断发展和人类生活水平的提高，城镇化、工业化的快速推进和老年化社会的到来，阿尔茨海默病、抑郁、焦虑等神经精神性疾病正成为严重危害人类身心健康的重大疑难性和难治性疾病；人类正向太空、深海拓展，航天航海等不同于地球的全新环境也会对人类的生理心理产生重大影响。这些神经精神疾病和各种内外源性刺激所致的神经功能性紊乱产生原因多样，机制复杂，国际科学界认识到分子、细胞和组织器官水平的研究无法反映神经系统对外界刺激后经过复杂的生理、生化加工过程后产生的综合性整体效应。动物行为学实验被认为是神经精神疾病和功能紊乱基础研究、新药和保健产品研发、安全性评价最可靠的实验手段，在基础医学、药学、生命科学、航天医学和传统医学等科学研究领域，以及医药健康产品研发中具有不可替代的地位和作用，越来越受到国际科学界的高度重视。

本书由来自我国在神经精神药物研发、神经精神疾病基础研究、中药药效和功效评价、军事医学和航天医学等领域，长期从事动物行为实验相关领域的专家团队编写。我和本书的主要编写专家有着多年的合作关系，知道该书中收录的认知行为、运动行为、焦虑行为、抑郁行为、恐惧行为、成瘾行为、疼痛行为、社交行为八大类，共计80余种行为实验方法，全部来自编写团队三十多年来在完成国家和部委等项目过程中，建立的各类动物行为实验方法。本书以每个行为实验方法为单元，详细介绍了该方法的原理和发展过程、实验装置、操作步骤、评价指标、注意事项和应用领域。

本书的出版填补了国内外动物行为实验方法学领域科技著作的空白，对于推动建立我国动物行为实验方法的国家技术标准，建设功能完善、体系完整的国家神经精神系统动物模型资源库，构建国际领先的神经精神系统动物模型技术平台具有重大意义。该书中介绍的动物行为实验方法对于我国开展精神性疾病的基础研究、新药研发具有很强的操作性和示范作用，对于我国正开展的脑科学计划，空间站医学实验将会提供基于我国原创的方法学支撑。

　　本书可作为基础医学、药学、生命科学、食品、传统医学和军事医学等从事神经精神疾病和功能性损伤基础研究，以及生物医药、营养健康食品等产品研发科研人员的工具书和参考书。我非常愿意向各位读者推荐该书。

中国科学院　院士

宁波大学新药研究院　院长/教授

赵玉芬

利用实验动物在不同层次的相应特征与人类相比具有的相似性，开展动物行为实验，是研究人类疾病表现和功能紊乱的发生发展机制、研发防治神经精神疾病新药和保健产品、航天等特因环境应激损伤及防护，以及安全性评价的基础实验手段。在基础医学、药学、生命科学、传统医学和航天医学等科学研究领域，以及医药健康产品研发中具有不可替代的地位和作用。但目前国内外尚无动物行为实验方法领域的书籍。

我非常高兴地看到由我国长期从事神经精神药物研发、航天医学、生命科学和中药研发等动物行为实验相关领域的专家团队，以自己建立的各类动物行为实验方法为基础，历时6年编写完成了我国第一本《动物行为实验方法学》专著。该书以大鼠、小鼠和非人灵长类动物为重点，收录了认知、运动、焦虑、抑郁、恐惧、成瘾、疼痛和社交八大类行为实验方法的实验装置、操作步骤、评价指标和注意事项。该书中介绍的动物行为实验方法对于开展阿尔茨海默病、帕金森病、抑郁症、焦虑症、疼痛性疾病、成瘾性疾病等精神性疾病的基础研究、新药研发具有很强的操作性和示范作用。

该书的出版对于推动建立体系完整、功能完善，基于我国原创技术的动物行为实验平台，满足我国正开展的脑科学计划、空间站脑科学研究具有重大现实意义。作为科学实验的工具书和参考书，我很愿意向医学、药学、生命科学、食品等从事神经精神疾病和功能性损伤基础研究，以及生物医药、营养健康食品等产品研发的科研人员推荐该书。

中国科学院　院士
军事医学研究院　研究员
张学敏

动物行为实验由于是动物整体生理和心理状态全面综合和实时效应的反映，被认为是研究神经精神疾病和功能紊乱发生机制和防护措施的最可靠的手段。尤其是对于主要依赖于长期的临床经验积累，以辨证施治的诊疗方法和个体化的用药方式为特点，药效物质基础复杂的传统中医药，动物行为实验对于阐释其科学内涵，构建适合中医药复杂体系特点的安全性、有效性评价标准，推动中医药守正创新、传承发展具有重要地位和作用；严格按照现代科学技术方法获取的客观严谨、科学规范的动物行为实验结果，对于解析源自人体临床数据的科学意义，分析中医药辨证施治的科学依据，预测其可推广的适用人群、时间和剂量窗口，对于构建中医药与现代医学相互沟通和交流的语言体系，提升中医药的学术水平，促进中医药现代化和国际化具有极大地推动作用。

我欣喜地看到，由刘新民教授牵头，组织来自我国从事神经精神中药药理和功效评价、药物研发、航天医学、生命科学和安全性评价等动物行为实验相关领域的专家，利用他们多年来在从事中药药理、神经精神疾病基础研究、航天等特因环境应激损伤及防护研究方面积累的技术、方法和经验，在国内首次编写出版了这本动物行为实验方法专著。该书第一次正式给出了动物行为实验方法学的定义、内涵和外延；系统介绍了80余种动物行为实验方法的发展历史，动物行为实验包括的基本元素，动物行为实验的评价原则。本书的出版填补了国内外动物行为实验方法学领域科技著作的空白，对于我国正开展的脑科学和类脑计划研究，以及研究深空深海探测对人体脑功能的影响将会提供基于我国原创的方法学支撑。

该书可作为中医药、基础医学、药学、生命科学、食品和军事医学领域从事神经精神疾病和功能性损伤基础研究的科研人员，尤其是神经精神疾病新药研发、营养健康食品研发人员的工具书和参考书。

中国工程院　院士
北京中医药大学　教授
田金洲

　　作为长期从事中药神经精神药理和实验方法研究、航天医学和人因工程研究、实验动物模型研究的科研工作者，我们三位主编在动物行为实验方法研究领域合作近四十年。二十世纪八十年代，计算机在国内科学界的应用非常少，认知、情绪和运动行为实验的研究大多采用人工观察，或者基于传感器原理的检测设备。那时，我们从文献中查到美国有用于学习记忆行为实验的水迷宫计算机图像分析处理装置，但价格高，更主要的是软件操作系统由于外国公司的版权所有，不能依据我们的设计方案进行升级换代，我国的动物行为学研究受制于人。由此我们萌发了自主设计和研发基于计算机控制的动物行为实验装置的想法。在时任中国医学科学院药用植物研究所所长、中国工程院院士肖培根教授，中国医学科学院药用植物研究所药理室主任于澍仁教授、免疫室主任王立为教授的大力支持下，我们开始了将计算机、信息、电子工程技术用于动物行为实验的研究。三十多年来，团队先后研发了大、小鼠生理信号监测分析处理系统、基于计算机视觉技术的大、小鼠认知、情绪、运动行为实验装置二十余套，构建了阿尔兹海默病、抑郁、焦虑、睡眠障碍和疲劳等神经精神性疾病动物模型，以及航天特因环境应激功能损伤动物模型三十多种。

　　在长期的研究实践中，我们深切认识到神经精神疾病和各种内外源性刺激所致的神经功能性紊乱产生原因多样、机制复杂。现有的主要从分子、组织和器官水平的研究无法反映数以百亿计的神经元以及神经突触组成的神经系统对外界刺激后经过复杂的生理、生化加工过程后产生的综合性整体效应，传统的以特定靶点或病变部位为基础的药物研发模式不适用于神经精神性疾病药物研发。利用实验动物在不同层次的相应特征与人类相比具有相似性，按照结构、预测、表面效度三原则，开展动物行为实验方法学研究，建立模型推演，进行动物行为与人之间的生物效应等效性分析，提供源自实验动物"真实世界"的实验数据，是神经精神疾病和功能紊乱基础研究、新药和保健产品研发、军事生物效应评价的最可靠的实验手段。我们依托自主研发的高自动化和智能化的大、小鼠行为实验设备，以自己带教的研究生们为主体，对30种神经精神疾病和航天特因环境应激损伤动物模型开展了系统的动物行为实验方法研究，对其检测设备、评价指标、判断标准等进行了规范，获得了国内神经精神药理、中药药理和航天医学领域科研工作者的高度重视。很多专家们希望以我们三十多年来建立的各类动物行为实验方法为基础资料，编写出版具示范作用、可操作性强的动物行为实验方法专著，供大家相关领域研究时参考采用。

2016年，我们在北京召开了第一次编委会，制订了编制大纲。邀请来自中国医学科学院、中国航天员中心、军事医学研究院、四川大学华西医院、北京大学药学院、中南大学湘雅医学院、宁波大学、中国中医科学院、湖南中医药大学等从事神经精神药理、中药药效和功效评价、航天医学、食品和安全性评价等动物行为实验相关领域十余家权威机构，近五十名知名专家组成了编写团队，利用大家在完成国家重点基础研究发展计划（973计划）、国家自然科学基金、国家国际合作重点专项、国家"重大新药创制"科技重大专项和国家载人航天工程等项目过程中建立的行为实验方法，历时六年，编写成稿。本书利用编写专家在多年实践工作中建立的评价技术和方法，结合国内外大量参考文献，提出具体可量化的评价指标，使得该方法规范可操作、可评判，避免由于过于宏观而在实践中无法执行，流于形式；另一方面，又要注意不能纠结于细节，沦为某个特定实验室的动物模型制备或实验设备的操作规范而无法在实际工作中进行推广应用。

本书正式给出了动物行为实验方法学的定义、内涵和外延；系统介绍了动物行为实验方法的发展历史，动物行为实验包括的基本元素，动物行为实验的评价原则。全书以大、小鼠和非人灵长类动物为重点，收录了认知行为、运动行为、焦虑行为、抑郁行为、恐惧行为、成瘾行为、疼痛行为、社交行为八大类，共计八十余种行为实验方法。以每个行为实验方法为单元，详细介绍了该方法的原理和发展过程、实验装置、操作步骤、评价指标、注意事项等。全书共十一章，是国内第一本动物行为实验方法学领域的科技著作。

本书可作为基础医学、药学、生命科学、食品、传统医学和军事医学等从事神经精神疾病和功能性损伤基础研究，以及生物医药、营养健康食品等产品研发人员的工具书和参考书。

由于篇幅所限，一些多年来参与动物行为实验设备研发、规范动物模型的研究人员的名字可能未能列在编委会成员名单中。我们在此一并表示感谢！

由于作者水平所限，本书肯定存在着不足和缺点，也有很多需要提高的地方，敬请各位读者提出宝贵意见，便于我们今后修改完善。

刘新民　陈善广　秦川

2023年3月

第一章
总论

第二章
学习记忆行为实验方法

第三章
焦虑行为实验方法

第四章
抑郁行为实验方法

第五章
恐惧行为实验方法

第六章
运动行为实验方法

第七章
疼痛行为实验方法

第八章
成瘾行为实验方法

第九章
社会交往行为实验方法

第十章
非人灵长类动物行为学实验方法

第十一章
其他动物行为实验方法

总论

　　动物行为实验方法学（experimental methodology based on animal behaviour research）是指融合动物学、医学、药学、生物学、电子工程、计算机和信息等多学科的基础理论、技术和方法，以正常动物和/或实验动物为对象，在自然界或实验室内，通过观察和实验方式对动物的行为信息进行采集、分析和处理，将其实验结果类比和推演到人，研究其行为信息的生理和病理意义的新兴学科。动物行为实验是基于动物整体生理和心理状态综合的全面和实时效应的评价方法，因此被认为是人类疾病表现和发病机制研究、新药和保健产品研发、安全性评价，以及食品风险监测分析与军事生物效应评价的基本实验手段，在医学、药学、生命科学和军事医学等科学研究领域，以及医药健康产品研发中具有不可替代的地位和作用，越来越受到科学界的广泛重视。

第一节 动物行为实验方法学的发展历史

与所有科学研究领域涉及的实验方法一样，动物行为实验方法的发展与同时代的科学技术水平密不可分。18世纪以前农业社会的动物行为实验研究主要还是借助于人体自身的观察来实现的。18世纪以后随着晶体管的发明、电子工程技术和各种传感技术的出现，动物行为实验方法进入自动化检测时代，实验研究方法有了突破性的发展。21世纪以来不断发展的现代科技和多学科的交叉融合，尤其是信息、计算机、电子工程及材料科学等生命科学以外学科的新技术、新方法向动物行为实验研究领域的不断渗透，将实验动物行为实验方法推进到自动化、智能化、精细化时代。

一、农业社会的人工观察方法

由于传统的农业社会的生产力和技术水平低，18世纪及以前的动物行为实验主要是通过人工观察来记录和描述实验过程中动物行为及其变化。现代医学奠基者古希腊的亚里士多德在公元前384—前322年就开始了观察和描述动物的行为。在他同期写作的论著中，记录了540种动物的生活史和行为。

17—18世纪科学家们利用动物行为实验比较不同物种行为，研究行为发生发展机制受到科学家重视。如德国人约翰（Johunn Pernaller）研究了不同鸟在取食、社会行为、筑巢、领地、季节性羽毛色彩变化、迁徙、鸣叫和育雏等方面行为差异。法国的勒雷（Chorles George Lereg）对狼、狐的捕食行为及野兔的恐惧表现有过生动的描述，提出了动物依靠它们的记忆和生活经验能够聪明地生活。1859年达尔文的《物种起源》的问世，对实验动物行为学的发展产生了划时代的影响。他在《人类的由来》（1871）一书研究比较了人与动物的本能行为。19世纪末，劳埃德（C.Lioyd Morgun）研究了鸡的本能行为和学习模拟行为。现代行为学中许多术语，如行为、动物行为，都首次出现在他的论著中。

实验动物行为学的第一本专著是动物学家詹宁斯（H.S.Jennings）在1906年出版的《原生动物的行为》，该书对原生动物的行为进行了详细研究。1927年，巴普洛夫利用狗完成的经典的条件反射实验，首次对动物学习记忆行为的产生现象进行了系统研究，出版的专著《大脑两半球机能讲义》使得实验动物行为学研究在国际上引起广泛重视和关注。1931—1941年10年间，欧洲著名的行为生物学家廷伯根和劳伦兹在自然和半自然条件下对动物进行了长期的观察，形成了动物行为分析和行为生态研究相结合的实验动物行为学。20世纪30年代，B.F.斯金纳利用自行研制的斯金纳箱研究鸽子的操作性条件反射行为，为后来的操作式条件反射学习记忆行为研究奠定了基础。1981年，英国心理学家Morris发明了Morris水迷宫行为学研究方法，这些都极大推动了脑和行为科学的研究。

当然，人工手段为主的研究方式的缺陷是显而易见的，如限制了同时进行实验的动物数量，使得实验周期延长，不但耗费大量的人力、物力，对于一些快速发生的行为改变也无法捕获和研究；其次，人工本身会对动物行为本身产生影响并干扰和影响实验环境；再者，不同实验人员的观察、记录等，会有主观个体判别的差异，不能确保实验结果的精确性、客观性和完整性，更重要的是，人工肉眼观察到的信息是有限的，大量有价值的行为信息不能依靠人工方法获取。

二、工业社会的机械化自动监测方法

18世纪蒸汽机的发明标志着农业社会经济向工业社会经济时代的转变，人类进入工业社会后，随着红外传感器、阻断磁场、多普勒转换等新兴检测技术的出现，动物行为学实验方法有了质的跨越，实现了从人工到机械化自动监测的转变。一些新的行为学实验方法不断用于动物行为学研究，既可以采集动物外在的活动表现（自发活动、站立、静止、睡眠），又可以进行长时监测，并使得动物行为信息的客观和定量评价成为可能。我国科学家自20世纪80年代开始，研制开发了以红外、压力传感技术为主的动物自发活动、学习记忆、疼痛等行为实验方法。我国科学家张均田教授等应用红外感应原理研发了跳台、避暗和水迷宫等学习记忆实验方法，实现了动物行为实验信息的自动获取和检测。不过，这些实验方法主要采集的是动物单一的行为活动，不能提供对复杂行为学或伴随发生的生理或生物力学变化的评价，需要重复测试同一批动物，或应用大量的动物才能获得多信息。实验结果的判断和分析需要借助专家们的经验，数据标准有内在的可变性和主观性。

三、信息社会的人工智能监测分析方法

20世纪随着计算机的出现，计算机、成像、电子工程和信息等多种新兴学科的迅速发展和各种新技术向动物行为实验领域的交叉渗透融合，一些能同时捕获多种行为信息的设备不断

问世，动物行为学实验方法不断得到改进和完善。如荷兰Enthovision、法国Viewpoint、西班牙Smart、美国Nouldus等动物行为分析系统，可以获得动物在特定区域的运动路程、运动轨迹、站立次数、时间、速度、进入该区域的频次等。自动智能化的动物行为分析系统的研究对象可以涵盖大鼠、小鼠等啮齿类动物、斑马鱼和大型哺乳动物等。近年来，动物个体在群体行为的研究方法也有所突破，实现了动物的精准识别，长时检测，并可同时检测动物的多种行为，可以同时监测动物在群体中的行为表现，使得行为实验研究方法更接近社会生活中的动物行为本质。

德国TSE公司建立的一体化智能行为学分析系统——全自动智能笼（IntelliCage），应用异频雷达收发机技术，可以精确识别在一个家笼环境中，各种生活状态下的单只动物，从而获得多只动物在群体、家笼环境下的行为学数据，包括空间学习任务，焦虑测试，日夜节律，食物辨别和操作式强化等主要行为学模块。Pelsőczi等将16只小鼠同时放在一个智能笼里，研究东莨菪碱对群体环境下、不同时间窗的C57BL/6J小鼠逆反学习能力的影响，减少了实验人员和陌生仪器对动物的应激反应。Aharon Weissbrod等应用无线电频率识别（radio-frequency identified，RFID）技术识别、跟踪动物，建立了群体条件下，长时间研究动物社会行为的检测系统。Ballesta等建立了多摄像头3D实时追踪系统，采用非侵入式的颜色识别法，研究非人灵长类动物的社会行为。我国科学家刘新民教授和陈善广教授以计算机视觉技术为重点，相继研发出了生理信号计算机自动测试与分析系统、学习记忆、抑郁和自发活动行为检测分析系统。这些自动化、智能化的动物行为分析系统可以同时检测和分析许多行为学和生理现象，如焦虑、抑郁、学习、记忆、运动等活动模式，可以对动物行为进行长时监测，从而获得多维度、更为精细敏感的行为信息，能在同一时间内评价许多行为过程，使得动物行为学实验具有高通量特性。借助人工智能、生物信息学工具对这些庞大的行为信息数据进行复杂的统计分析和数据挖掘，使得行为信息的捕获、收集、翻译和解析变为可视化的数据，结合神经药理学家们的经验，实现实验结果的智能分析和判断；对检测的行为信息存储为计算机可识别的数据格式，提供实时捕捉分析功能，对存储的信息进行在线/离线分析，不仅使传统行为学研究过程自动化和客观化，而且使行为分析更精确、智能化程度高。

总之，以啮齿类、非人灵长类实验动物为主要研究对象，以认知、情绪和运动行为为重点的动物行为实验方法随时代变迁和科技发展正发生翻天覆地的变化：①动物行为实验方法学正从传统的二维信息向三维行为信息的提取和分析，评价指标正逐步精细化、定量化和自动化；②从单一个体的行为检测手段正向群体环境下交互行为研究方法转变，使得更逼近人类真实社会生活状态下的行为活动；③适应航天等特因环境的行为实验方法研究已受到我国科学界的高度重视，执行操作任务时的认知行为作业评价方法已在我国成功应用；复杂操作任务下的大动物认知行为检测方法国外推出商业化产品；④行为实验检测分析设备日趋微型化、集成化和智能化；⑤特因环境（失重效应、狭小空间、高低温、高湿、低压），以及声、电、光等多重刺激源条件下进行动物行为实验的实时在线检测分析，并集行为-神经电生理-生理信号和生化指标同步采集分析也正成为国际实验动物行为实验方法发展的前沿领域。

| 第二节

动物行为实验方法的基本要素

动物行为实验方法的基本要素主要包括实验动物、检测设备和评价指标体系。

一、实验动物

动物行为实验的研究对象是实验动物，动物行为学实验除使用正常动物外，更多是采用模拟人类疾病或功能紊乱的动物模型。

动物模型

动物模型是指以实验动物为载体，模拟与人类疾病、功能紊乱发生发展机制和临床表现高度相似，服务于基础医学、生命科学、食品安全和军事医学等科学研究，以及生物医药和保健产品研发的生物样本。

1. 动物模型造模原理

动物模型的造模原理主要分为分析测量模式（assay models）与症状模拟模式（homologous models）两大类。

（1）分析测量模式　分析测量模式是通过分析发病机制进行模型的模拟，将动物的特殊行为或生理反应作为拟研究疾病或功能紊乱的病理改变和表观指征。这种模式虽然有可能过度简化疾病或功能紊乱的病理和表观指征，甚至与所要探讨的疾病或功能紊乱相似性很低，但容易操作与量化。只要能改变该特殊行为或生理反应的药物，就意味着对该疾病或功能紊乱可能有疗效，非常适合新药、保健品和健康产品的筛选。例如抑郁症的发病机制已知是通过单胺类递质减少所引起的。利血平是经典的耗竭单胺药物，而利血平最常见的症状是体温下降。故可利用体温下降程度来判断利血平耗竭单胺递质的多少来检测待试药物是否有抗抑郁作用。但其缺点也很明显，只是将特殊行为或生理反应当作所要模拟疾病的病理，与临床疾病相似度低。

（2）症状模拟模式　症状模拟模式是以整体行为模拟人类某一疾病或功能紊乱类似的行为，来研究疾病或功能紊乱的病理或该疾病对药物的反应，因为这种模式不是建构在假设的特定病理之上，可以用来探究各种病理、病因，或测试任何可能的治疗方法。以抑郁症为例，抑郁症病人通常表现为兴趣下降，在应激环境下没有逃生欲望。传统的强迫游泳实验就是将动物置于危险环境中的水中，通过检测动物在水中的不动时间来评价药物是否有抗抑郁作用。但由于没有模拟特定病理生理机制，假阳性率高。

2．动物模型造模方法

动物模型的造模方法分两类，一类是诱发性实验方法，是指研究者通过使用物理的、化学的、生物的和复合的致病因素作用于动物，而造成动物组织、器官或全身功能性或器质性改变，出现类似人类疾病时的功能、代谢或形态结构方面的病变，即人为地诱发动物产生类似人类疾病或功能紊乱模型。它的优点是可在短时间内复制出大量疾病或功能紊乱模型，并可严格控制各种条件，使复制出的动物模型适合研究目的的需要。制作方法简便、实验条件容易控制。不足之处是人为等外源因素诱发，与自然发生的疾病或者功能性损伤不全然相同，而且并不是所有的人类疾病或者功能性损伤都可在动物身上诱发。

另一类是自发培育动物模型（也有人称之为模式动物），指实验动物未经任何人工处置，在自然条件下自然发生或由于基因突变的异常表现，通过遗传育种保留下来的动物模型。优点在于疾病的发生、发展与人类相应的疾病比较相似、是自然条件下发生的，应用价值高。不足是来源较困难、种类有限，而且有时保种难，不能大量应用。

目前，国内外动物模型造模方法通常按基因工程、诱导（化学、物理）和自发诱导三类进行分类。

（1）基因工程动物模型　基因工程动物模型是目前被认为很好模拟临床疾病的动物造模方法。包括基因敲除、转基因、基因编辑和剪切等所模拟的转基因、基因敲除、克隆动物模型等。如临床常用的拟阿尔茨海默病模型APP/PS1小鼠，就是采用转基因技术模拟的。此类方法由于针对发病机制，因此作用的靶点清楚，容易寻找到特异的药物。不过，代价昂贵，对发病机制复杂的神经精神性疾病来说，单一靶点或者单一递质的模拟不能全面真实地反映其临床表现。

（2）诱导动物模型

①化学方法：化学方法模拟疾病动物模型是利用疾病发病机制原理进行的。如学习记忆障

碍的发生通常被认为是胆碱能递质缺陷，如抗胆碱药物东莨菪碱、樟柳碱常用于诱导学习记忆障碍模型。γ-氨基丁酸（GABA-A）受体在焦虑发生中起重要作用，因此苯二氮䓬类受体拮抗剂常作为经典的焦虑动物模型诱导剂。化学方法也可用于模拟疾病的病理改变，如淀粉样蛋白沉积是阿尔茨海默病的主要病理改变，双侧侧脑室或海马注射Aβ（1-40）可造成明显的淀粉样蛋白毒性引起的一系列损害，因此是一种很好的模拟阿尔茨海默病动物模型。化学方法操作简便，非常适合需要大批量动物实验的新药筛选和保健食品功效评价。

②物理方法：物理方法是指采用物理因素诱发的动物模型，如机械损伤、放射线损伤、束缚制动、负重游泳、手术等造成动物器质性或功能性损伤，来模拟临床疾病、功能性损伤的发生。包括单一或混合的物理因素，如睡眠干扰、慢性束缚、慢性不可预测应激（chronic unpredicted mild stress，CUMS）来模拟焦虑症、抑郁症和学习记忆障碍等。

物理方法在航天、航空、航海等特因环境应激所致的认知、情绪、运动等功能性损伤动物模型模拟方面具有广泛的应用价值。如尾吊大鼠所致的学习记忆功能减退可用于模拟航天失重效应所致的认知行为实验研究。慢性束缚可以很好地模拟狭小空间应激环境，CUMS动物模型被认为最接近临床抑郁症表现的动物模型而用于抑郁症发病机制和抗抑郁药物药效评价。

（3）自发诱导模型　在自然条件下因基因突变导致实验动物机体表型、生理功能、生化反应等方面的异常表现，并且这些异常能够通过遗传育种进行传代的动物模型。如SAMP8老化小鼠动物模型。

二、检测设备和试剂

动物模型制备完成后，是否真正符合临床表现，要进行系统的鉴定评价。实验动物模型的鉴定和评价要遵循表观效度、预测效度以及结构效度三原则，采用行为、影像、生理生化、组织器官、细胞和分子实验等仪器设备，以及相应的实验试剂进行鉴定和评价。

动物模型鉴定和评价中采用的仪器设备、试剂应满足模型评价的要求，指标完善，条件稳定。

三、指标评价体系

对检测设备获取的信息进行整合分析，建立包括整体行为特征、组织器官、细胞和分子等在内的评价指标体系。应包括阳性药物对其指标的证实效应。中医药模型应有体现中医药特点的评价指标。

| 第三节
动物行为实验方法分类

　　动物行为实验方法按不同内容、对象可有多种分类方法。如按群体行为和个体行为分类，或按动物种类不同分为非人灵长类、啮齿类、昆虫类等。本书主要按动物行为的类型进行分类。

一、认知行为实验方法

　　认知行为研究常用的动物包括大鼠、小鼠、犬、鱼、果蝇、非人灵长类动物（如猴）等，其中大鼠和小鼠为学习记忆行为评价中最常用的两种实验动物。大、小鼠学习记忆行为学中经典的评价方法包括：①基于惩罚原理的行为实验方法，如跳台、避暗、穿梭和迷宫等；②基于奖赏原理的行为实验方法，如奖赏操作条件反射、触屏奖赏、食物性迷宫等；③基于新奇探索原理的实验方法，如物体识别实验等。

二、情绪行为实验方法

　　人类情绪障碍主要表现为抑郁、焦虑、恐惧等，可通过测试人体心理量表、语言和动作进行判断。而动物无法用语言表达，因此情绪障碍主要是通过行为实验进行判断。

　　1. 抑郁行为实验方法

　　人类抑郁样行为（animal depression-like behaviour）是一种包括多种精神和躯体症状的情感性精神障碍行为，临床表现主要有兴趣丧失、思维迟缓、情绪低落、睡眠障碍、食欲减退、注意力不能集中、容易绝望、死亡意念、无助感、罪恶感、易怒、急躁不安甚至自杀等精神症状。动物的抑郁行为通常可通过测量动物自发性活动、放弃逃避对其生命有威胁的刺激、兴趣缺失等行为来判别。抑郁模型包括化学（药物模拟）、物理（手术、机械和电刺激）、生物（基因）等多种制模方法。实验动物常采用大、小鼠和非人灵长类动物。

　　2. 焦虑行为实验方法

　　动物焦虑样行为（anxiety-like behavior）是指动物面临不可避免或即将发生的厌恶性刺激

时做出的情绪适应性反应，包括抑制性回避（inhibitory avoidance）、警觉性增高、神经内分泌改变等。常用实验方法迷路提高、明暗箱、新奇物体探索、饮水冲突等。

3. 恐惧行为实验方法

动物恐惧行为（fearful behavior）指动物面临急性、严重生存威胁时做出的情绪适应性反应，包括逃跑、僵滞（freeze）、惊愕（startle）、神经内分泌改变等，以求增加生存的机会，又称恐惧样行为（fear-like behavior）。恐惧同时会引起一系列的神经内分泌变化，包括交感神经兴奋和下丘脑–垂体–肾上腺（HPA）轴的激活，释放去甲肾上腺素和糖皮质激素，引起动物出现排粪、心率改变、尖叫、痛觉丧失等行为。常用实验方法包括足部电击诱导僵滞（footshock-induced freezing）、恐惧诱导性惊愕（fear-potentiated startle）、声惊反应等。

三、运动行为实验方法

动物运动行为是指动物清醒状态下自主或被动的空间活动。按照运动行为实验所反映的动物运动行为的特点不同，分为测试动物自主活动的一般行为学实验、反映动物运动耐力的运动行为实验、考察动物运动平衡能力和协调性的运动行为实验。

1. 一般自发活动行为

动物自发活动行为（animal spontaneous locomotion）指动物清醒状态下的自发活动，分为自发习惯性活动（走动、跑动、抓搔等）和探究性活动（站立、上跳）等，是评价动物排除外力干预下的自主活动特征的一类运动行为实验，常用的实验方法如旷场实验、洞板实验等。

2. 运动耐力行为实验

运动耐力实验主要是测试和评价动物能够承受的运动负荷，运动负荷可反映机体心血管功能、神经系统及骨骼肌肉等系统的功能，可以反映机体的运动应激耐力。常用的实验项目如负重游泳、转棒、跑台、抓力实验。

3. 运动协调能力行为实验

协调能力是指在机体运动的过程中，调节和综合机体各个部分的活动，使他们能在时间和空间上相互配合、协调，有效完成某一运动的能力。这是机体的一种综合能力，是集机体平衡力、活动速度、柔韧性的一种综合能力。动物实验常用的实验包括步态、转轮、平衡木等。

四、成瘾行为实验方法

反复使用成瘾性物质可能产生神经可塑性变化，导致两种明显的异常状态。其一是依赖，有时称为"躯体"依赖。长期使用过程中机体渐进性地对成瘾性物质的药理活性产生了适应性改变，如果突然停用，机体会出现戒断综合征。戒断综合征是"躯体"依赖形成的重要标志。其二是"成瘾"，有时称为"精神"或者"心理"依赖。表现为强迫性、无节制地反复使用成瘾性物质。

动物模型和人脑成像研究资料表明，成瘾可能是一种病理性适应不良的记忆模式。成瘾性物质具有产生愉悦、兴奋、幻觉，提升情绪，增加运动性等奖赏作用。物质奖赏或者行为奖赏（如赌博的兴奋感）均可以直接且强烈的激活大脑奖赏回路，产生两个方面结果。一方面是激活行为，可以改变行为的方向和活跃程度；另一方面是强化作用，影响学习记忆过程，改变未来的行为方式。利用成瘾性物质使神经系统发生可塑性改变，模拟成瘾性行为改变，称之为动物成瘾行为实验方法。包括自身给药实验、药物鉴别实验、条件性位置偏爱实验、行为敏化实验、戒断实验、替代实验等。

五、疼痛行为实验方法

疼痛是实际或潜在的组织损伤引起的痛苦感受。作为一种主观性体验，其可表现为自发性痛、痛觉过敏、痛厌恶等。根据疼痛发生的部位不同，疼痛又可分为躯体痛、内脏痛和神经痛三种类型。躯体痛可以是慢性痛（钝痛）或急性痛（锐痛）；内脏痛则主要于内脏器官或浆膜受到炎症、压力、牵拉、摩擦等刺激导致；神经痛则是由神经系统损伤或受到肿瘤浸润或压迫引起。无论哪种疼痛都会常常伴有情绪或呼吸和心血管等方面的变化，并进一步导致机体在行为、运动等方面发生改变。如动物身体的不同部位受到伤害刺激时，可能出现舔后足、甩尾、扭体、缩腿等反应，通过记录这些疼痛行为出现的时间及强度来定量或定性评价疼痛反应的程度。

六、社交行为实验方法

社交行为是指人或动物在与其他个体互动或交往中发生的各种行为活动。社交行为对动物个体之间形成社会关系、建立领地范围、维持生存和繁殖都具有重要的作用。正常状态下生物具有高度活跃的社交欲望和社交行为。而异常社交行为（如社交退缩或社交障碍等）与孤独症、精神分裂症和抑郁障碍等神经精神疾病密切相关。通过观察社交行为的变化，研究基于社交功能异常的神经精神疾病的发生发展机制及防护措施具有重要的意义。动物的社交行为研究方法，按研究环境分类，可大致分为自然环境下社交行为、观察和实验室环境下的社交行为实验两类。目前实验室常用的社交行为实验检测方法主要包括：三箱社交测试、社交记忆测试和互动社交行为测试。

第四节
动物行为实验方法遵循的原则

动物行为实验方法主要用于认知、情绪、运动等神经精神系统相关的疾病和功能损伤发生发展规律及医药防护产品研究、神经精神毒性评价、非致命性生物效应评价。而神经精神疾病、功能损伤和非致命性生物效应产生机制复杂，表现形式多样。因此开展动物行为实验时，应遵循如下原则。

一、设计原则

1. 对照

同体对照，即同一动物在施加实验因素前后所获得的不同结果和数据各成一组，作为前后对照，或同一动物在施加实验因素的一侧与不施加实验因素的另一侧作左右对照。

异体对照，即实验动物均分为两组或多组，一组不施加实验因素，另一组或几组施加实验因素。

没有对照组的实验结果往往是难以令人信服的。对照应在同时同地同条件下进行。

2. 均衡

均衡性原则是指在实验中，实验组与对照组除了处理因素（要研究的因素）不同外，非处理因素基本保证均衡一致。这是处理因素具有可比性的前提。

3. 随机

随机性原则就是按照机遇均等的原则来进行分组。其目的是使一切干扰因素造成的实验误差尽量减少，防止实验者的主观因素或其他偏性误差造成的影响。

4. 客观

客观性原则是指所选择的观测指标尽可能不带有主观成分。所有观测指标尽可能便于定性定量，结果判断要以客观数据为依据。

5. 重复

重复性原则是指同一处理要设置多个样本例数并进行重复。重复的作用是估计和降低实验误差，增强代表性，提高精确度。重复的目的就是要保证实验结果能在同一个体或不同个体中稳定地再现。为此，必须有足够的样本数。样本数过少，实验处理效应将不能充分显示；样本数过多，又会增加工作量，也不符减少实验动物用量的原则。行为学实验中由于个体差异比细胞分子实验大，重复性实验尤其重要。

二、检测方法

学习记忆、情绪（抑郁、焦虑、恐惧）、运动、疼痛、成瘾、睡眠等神经精神疾病和功能损伤的机制复杂，行为学改变形式多样。因此，设计行为实验方法时，对同一种疾病或功能损伤的研究，应尽量采用不同原理的行为实验方法。例如，学习记忆行为实验，应从穿梭、迷宫、物体认知、奖赏操作等实验方法中采用其中至少两种实验方法；抑郁行为实验方法，应从悬尾、强迫游泳、糖水偏爱、新奇环境摄食抑制、新物体探索等实验方法中选择其中至少两种实验方法。

行为学实验中，要尽量避免饮食、昼夜节律、季节变动、温湿度，以及实验人员本身对动物行为的影响。同一批动物如进行多个行为实验，优先安排对动物生理和心理刺激小的行为实验方法。

对行为实验获得的检测结果，要进行全面综合的判断。重复验证的实验结果，应呈现同向性改变，其中至少一次表现出统计学上有显著性差异时，才可给予判断该行为有改变。

三、实验动物和动物模型选择原则

实验动物应选择遗传学背景清晰、符合国家要求质量标准的动物。实验过程中，依据实验目的，选择合作的动物种类、品系、年龄和性别。由于不同的动物种属、不同的实验动物模型对检测方法的敏感性可能不同，因此行为学检测结果的需要结合模型的特点、药物药理学特点和致病原理不同选择合适的动物模型。要强调的是雌性动物的生理周期有可能影响行为实验结果，科学研究中一般采用健康成年雄性动物。但如果是研发新药、保健食品、医疗器械等医药健康产品，则需要采用雌雄各半的动物。如果是女性相关疾病和防护产品的研发，则采用雌性动物。

对同一类疾病或者防护药物（功能食品）药效（功效）的研究中，应采用两种或两种以上不同致病原理模拟的动物模型。需设立正常动物、模型动物、待试样本研究组。研发医药健康产品时，每个待试样本一般要选择3～5个剂量组，至少3个剂量组。为保证统计样本量，每个剂量组大鼠至少8只，小鼠10只。应配对使用阳性药物。阳性药物应根据模型原理、指标敏感性和研究目的，选择与受试药物活性成分或作用机制相似的上市药物作为阳性对照药。不同模型的阳性药选择可能不尽相同。

至少两种动物模型的行为实验数据显示出改善作用并表现出统计学意义，才可判断实验样品的有效性。

四、实验动物伦理

动物行为学实验中，要尽可能遵从国际科学界通行的3R原则。

1. 优化（refine）

实验过程尽可能优化。实验中改良仪器设备、减少对动物的侵扰、进一步控制疼痛、改进固定动物技术，尽可能优化操作程序，尽量以最佳方式管理和关怀受试动物，以尽量减少动物疼痛及痛苦。

2. 替代（replace）

实验中尽可能注意替代。尽可能寻找动物实验的替代方式，改进统计学设计、使用低等动物代替高等动物，使用高质量动物进行实验研究。

3. 减少（reduce）

通过优化实验设计，提高动物实验的质量，尽量减少实验研究中使用的动物绝对数量。

第五节 动物行为实验的地位和作用

人类疾病的发生和发展十分复杂，以单纯依靠人体临床积累的经验研究疾病的发生机制和发展规律，寻找有效的防护药物，不仅在时间和空间上都存在局限性，更主要的是以人为对象的许多实验在道义上和方法上也受到限制。利用实验动物与人体在生物进化上的高度保守性（啮齿类动物与人类同源基因为85%，非人灵长类更是达93%以上），按照表观、预测和结构三效度原则，开展动物行为实验，提供源自实验动物"真实世界"的实验数据，有助于更方便，更有效地认识人类疾病的发生发展规律，研究防治措施。动物行为实验由于是动物整体、生理和心理状态综合的、全面和实时效应的评价方法，被认为是人类疾病表现和发病机制、新药发现、安全和风险监测分析基本和必需的实验手段。采用动物行为实验进行神经精神疾病和功能性损伤发生发展机制、寻找有效的防护药物具有更全面、可靠和准确的特点，在国际科学界受到广泛应用。

一、神经精神性疾病药物发现的主要方法和手段

阿尔茨海默病、抑郁等神经精神性疾病正逐步成为危害人类身心健康的头号杀手。研究这些挑战人类生存发展的难题，寻找其有效的防治方法和手段一直是国际社会研究和投入最活跃的领域。世界各国也纷纷投入大量的人力、物力进行防治神经精神性疾病药物的研究和开发，我国在2008年启动的"重大新药创制专项"中，将神经退行性疾病和抑郁症药物的创制列为急待研发的十大疾病药物的主要两类。在每年国际著名学术刊物上发表的论文中，神经精神疾病基础研究和防治神经精神性疾病药物相关的研究论文在生命科学、医学领域占据极其重要的地位。

由于神经精神性疾病具有复杂和多基源特性，发病机制复杂，其产生涉及大脑最复杂的高级思维活动，与注意、兴趣等其他因素密切相关，这其中包括有胆碱能、兴奋性氨基酸、神经肽等众多神经递质参与的复杂的生理生化反应。神经药理学家们已经认识到以单一靶标为起点的传统药物研发模式不适用于神经精神性疾病药物的研发。神经系统药物作用靶点的鉴定和验证、有效成分或部位的确定都只能通过一系列的行为学研究，可以说，行为学数据是神经精神药物发现和开发的基石。

二、为其他学科提供技术支撑

动物行为学实验涉及实验动物、医学、药学、电子工程、计算机和图像识别等多学科、跨领域交叉和集成，有可能促进多学科的融合和新学科的产生，使人类认识生命和疾病过程的方法和手段从整体和综合的角度得到充实和完善。动物行为实验为我国科学研究提供重要的技术支撑。**第一，推动脑科学研究的发展。**阐释认知和情绪发生现象及产生机制，揭示生命的本源，一直是人类梦寐以求的目标和理想。美国在20世纪90年代即启动了"脑科学10年"研究计划，欧盟、加拿大和日本等发达国家纷纷启动了新的"脑研究计划"，投入巨资，研究控制神经精神活动的大脑奥秘。动物行为实验将为认知、情绪和运动等复杂生命现象本质的探索研究，发现新的生命现象提供得天独厚的实验手段，有助于推动我国乃至国际脑科学研究手段发

生革命性的变化。第二，**为人类将来适应新的生存环境提供不可缺少的实验依据**。随着现代科技的发展，人类正在探索将生活和生存空间向极地、高原、深海和太空拓展，不同于地球生活的极限环境使得人体面临其对人体神经精神活动的影响等重大问题。利用动物行为学实验平台，研究这些全新生活环境将对人类神经精神产生重大影响，揭示极端环境下生命现象发生和发展规律，将为保障人类将来长期在太空、极地和深海等生活环境的健康奠定基础。第三，**为疾病的早期发现和预防提供方法学支撑**。通过研制开发动物行为学实验装置，获取海量行为数据中包含的生命信息，借助信息处理技术，可以定量描述生命活动，将动物实验从疾病的研究推进到功能研究水平，促进疾病的早期发现和预防。

三、军事非致命性生物效应评价的基础

基于人道主义理念，不以造成人员致命性损伤为目的，通过干扰运动、认知和情绪功能致"人员失能"的非致命性打击是现代文明时代维护国家安全的主要手段。世界各国纷纷加快"人员失能"非致命性新型装备研制步伐，以抢占国际战略制高点。20世纪90年代，欧洲、美国多个发达国家几乎同步推出了"人员失能"非致命性新型装备概念，包括激光致眩、声波驱散、微波拒止等；2007年成功推出了"主动拒止系统"的新一代微波装备。俄罗斯也致力于积极推进"僵尸枪"等装备研究计划。我国正启动非致命性装备的研制，以适应这一国际发展趋势、满足保卫国家安全和反恐维稳的现实紧迫需求。

传统的器质性生物效应可以通过形态观察、成分分析等技术手段进行检测。高分辨率显微成像系统和活细胞工作站的问世，则使得从细胞水平开展生物效应研究成为可能；高通量核酸测序仪、质谱仪等基因和蛋白组学检测技术的出现，将人类认识生物效应的手段推进到基因和蛋白质层面。但是，非致命性生物效应的评价主要是神经精神层面功能性的影响，现有这些主要从分子、组织和器官水平，研究物理性损伤的生物效应设备无法反映数以百亿计的神经元以及神经突触组成的神经系统对外界刺激后经过复杂的生理、生化加工过程后产生的综合性整体效应，无法满足非致命性生物效应评价的要求。

直接以人体为对象开展生物效应研究尤其是暴露于物理刺激源或特殊极端环境下的生物效应研究，存在极大风险并受到伦理学制约。鉴于动物与人类在进化上的高度保守性，利用实验动物特别是非人灵长类动物在不同层次的响应特征与人类相比具有相似性，按照结构、预测、表面效度三原则，以实验动物为对象，开展大量、深入的生物效应研究，通过建立模型推演可实现动物与人之间生物效应的等效性分析，揭示人体生物效应及生命活动的基本规律，已经成为生命科学、生物医学特别是特殊环境医学等基础与应用研究的主要有效途径，动物行为学研究已成为非致命性生物效应评价的基本手段。

四、提高中医药学术水平，推动中医药现代化和国际化进程

随着经济社会的发展和现代科技的进步、老年化社会的到来，人类生存环境及疾病谱的改变，医疗模式由传统的疾病对抗为主的正向预防、保健和康复为一体的防治结合模式转变，人类对健康的认识不断提高，对健康的追求日益增强，与此同时，与现代医学发展相伴而行的是各国日益增长的医疗费用以及现代医学对许多重大难治性疾病治疗缺乏有效的干预措施。国际社会已经意识到传统医药特别是中医药的健康观念、医疗实践的有效性与现代医学的结合将可能为人类提供医疗卫生保健新模式。中医药的绿色健康理念、天人合一的整体观念、辨证施治和综合施治的诊疗模式、运用自然的防治手段和全生命周期的健康服务理念也正为国际社会所理解和接受。

由于中医药以整体、动态和辩证的方式认识健康与疾病，临床常用复方配伍、辨证施治和个体化用药，药效成分复杂、物质基础不清。中医药的安全性、有效性的研究及其评价标准和方法远比植物药和西药要复杂。动物行为实验将为建立适合中医药整体、动态、复杂特点的研究方法提供方法，提高中医药学术水平，推进中医药现代化和国际化进程。促进发挥中医药在促进我国卫生、经济、科技、文化和生态文明发展中的不可替代的地位和作用。

五、具有重大的社会和经济效益

由于现代科学研究对实验设备的依赖越来越大，欧洲、美国发达国家一直将实验动物设备作为科学研究中的核心要素加以重点支持。高自动化和智能化的实验动物生理、生化和行为实验专用仪器设备，以其高标准、高通量、高性能特点，被国际科学界广泛引进和使用。美国CSA、德国TSE和法国BIOSEB公司的动物行为实验设备，日本岛津、美国Waters公司的全自动生化分析仪、HPLC分布于国内几乎所有从事动物实验相关的科研院所。国外设备厂商不仅获得巨额的市场利润，而且也在帮助发达国家抢占着国际话语权，一旦科研单位与它们的合作受阻，就会在仪器设备引进和技术服务等方面受到诸多限制。

实验设备是动物行为实验方法的基础手段。高自动化和智能化动物行为实验设备的研制开发涉及医学、生命科学、材料、计算机、人工智能等多学科技术和方法的集成，代表着动物实验设备设计、研究、生产领域最高国际科技水平，研制过程中将会有系列重大原创性发现和重大技术突破，牵引带动我国医学和生命科学实验技术和方法发展，催生出一批可为航天医学、生命科学研究，基于动物实验的医药健康产品研发服务的公司和企业，产生重大的社会和经济效益。

参考文献

[1] 孙秀萍, 王琼, 石哲, 等. 动物行为实验方法学研究的回顾与展望 [J]. 中国比较医学杂志, 2018, 28 (3): 1-7.

[2] CARDWELL J C. The development of animal physiology: the physiology of Aristotle [J]. Med Library Hist J, 1905, 3 (1): 50-77.

[3] DARWIN C.On the origin of species by the means of natural selection, or, the preservation of favoured races in the struggle for life [M]. Chicago: Journal of the American Medical Association, 1902.

[4] ABBOTT O, 刘学礼. 现代行为生物学的创始人——劳伦兹、延伯根传略 [J]. 世界科学, 1991 (7): 57-58.

[5] 尚玉昌. 动物的经典条件反射和操作条件反射学习行为 [J]. 生物学通报, 2005, 40 (12): 7-9.

[6] KOOB A, CIRILLO J, BABBS C F. A novel open field activity detector to determine spatial and temporal movement of laboratory animals after injury and disease [J]. Journal of neuroscience methods, 2006, 157 (2): 330-336.

[7] 张均田, 斋藤洋. 十二种化学药品破坏小鼠被动回避性行为——跳台实验和避暗实验的作用的比较观察 [J]. 药学学报, 1986, 21 (1): 12-19.

[8] SPINK A J, TEGELENBOSCH R A, BUMA M O, et al.The EthoVision video tracking system-a tool for behavioral phenotyping of transgenic mice [J]. Physiology & behavior, 2001, 73 (5): 731-744.

[9] NEMA S, HASAN W, BHARGAVA A, et al. A novel method for automated tracking and quantification of adult zebrafish behaviour during anxiety [J]. Journal of Neuroscience Methods, 2016, 271: 65-75.

[10] WEISSBROD A, SHAPIRO A, VASSERMAN G, et al. Automated long-term tracking and social behavioural phenotyping of animal colonies within a semi-natural environment [J]. Nature communication, 2013, 4: 2018.

[11] BALLESTA S, REYMOND G, POZZOBON M, et al. A real-time 3D video tracking system

for monitoring primate groups [J]. Journal of neuroscience methods, 2014, 234: 147-152.

[12] 刘新民, 陈善广, 王立为, 等. 动物生理信号计算机自动测试与分析系统在药物毒理研究中的应用 [J]. 应用基础与工程科学学报, 1995, 3 (3): 93-98.

[13] WANG K Z, XU P, LU C, et al. Effects of Ginsenoside Rg1 on Learning and Memory in a Reward-directed Instrumental Conditioning Task in Chronic Restraint Stressed Rats. Phytotherapy research. 2017, 31: 81-89.

[14] 陈超杰, 钟志凤, 何嘉莉, 等. 天敌声音应激对SD大鼠的焦虑样行为的影响 [J]. 中国比较医学杂志, 2019, 29 (12): 1-9.

[15] LU C, SHI Z, SUN X P, et al. Kai Xin San aqueous extract improves Aβ 1-40-induced cognitive deficits on adaptive behavior learning by enhancing memory-related molecules expression in the hippocampus. Journal of ethnopharmacology, 2017, 201: 73-81.

[16] LI S D, SHI Z, LIU X M, et al. Assessing gait impairment after permanet middle cerebral artery occlusion in rats using an automated computer-aided control system.Behavioural brain research. 2013 (250): 174-191.

[17] WANG Q, ZHANGG Y L, CHEN S G, et al.The memory enhancement effect of KaiXinSan on cognitive deficit induced by simulated weightlessness in rats. Journal of ethnopharmacology. 2016, 187: 9-16.

[18] SUN X P, LI S D, SHI Z, et al. Antidepressant-like effects and memory enhancement of herbal formula in mice exposed to chronic mild stress. Neuroscience bulletiu, 2013, 29 (6): 737-744.

[19] YANG Y J; LI S S; HUANG H, et al.Comparison of the Protective Effects of Ginsenosides Rb1 and Rg1 on Improving Cognitive Deficits in SAMP8 Mice Based on Anti-Neuroinflammation Mechanism [J/OL]. Frontiers in pharmacology, 2020 (11): 834. https://www.sci-hub.ren/10.3389 /fphar.2020.00834.

[20] 中国实验动物学会团体标准汇编及实施指南.[EB/OL]. [2021-04-15]. https://www.lascn.net/Item/90272.aspx.

[21] 国家动物资源模型平台 [EB/OL]. (2021) [2021-8-17]. https://www.namri.cn/. 2021.

[22] 郑前敏, 徐平. 认知功能相关的动物行为学实验研究进展 [J]. 中国比较医学杂志, 2016, 26 (07): 85-89.

[23] Hvoslef-Eide M, Mar A C, Nilsson S R O, et al. The NEWMEDS rodent touchscreen test battery for cognition relevant to schizophrenia [J]. Psychopharmacology, 2015, 232 (21-22) .

[24] 吕静薇, 宋广青, 董黎明, 等. 物体认知——基于动物自发行为的一种学习记忆评价方法

的研究 [J]. 中国比较医学杂志, 2018, 28 (03): 21-27.

[25] Koob G F. Animal models of psychiatric disorders [J]. Handbook of Clinical Neurology, 2012, 106 (1): 137-166.

[26] R. D. Porsolt, M. Le Pichon, M Jalfre. Depression: a new animal model sensitive to antidepressant treatments [J]. Nature, 1977, 266 (5604) .

[27] 王琼, 买文丽, 李翊华, 等. 自主活动实时测试分析处理系统的建立与开心散安神镇静作用验证 [J]. 中草药, 2009, 40 (11): 1773-1779.

[28] Konrad A. Walter Rudolf Hess (1881-1973) and his contribution to neuroscience [J]. Journal of the History of the Neurosciences, 1999, 8 (3): 248-263.

[29] Paul CB, Heinrich K. An anatomical investigation of the temporal lobe in the monkey (Macaca mulatta) [J]. The Journal of comparative neurology, 1955, 103 (2) .

[30] Charles P. O'Brien. Chapter 24 Drug Addiction, 477-494. Goodman and Gilman's The Pharmacological Basis of Therapeutics [M]. 12th Edition. New York. 2011. ISBN 0-07-1354469-7.

[31] Luo J, Jing L, Qin W J, et al. Transcription and protein synthesis inhibitors reduce the induction of behavioural sensitization to a single morphine exposure and regulate Hsp70 expression in the mouse nucleus accumbens [J]. International Journal of Neuropsychopharmacology, 2011, 14 (1): 107-121.

[32] Wang JQ, Wang YT, Zhang M, et al. Molecular chaperone heat shock protein 70 participates in the labile phase of the development of behavioural sensitization induced by a single morphine exposure in mice.[J]. The international journal of neuropsychopharmacology, 2013, 16 (3) .

[33] Raja S N, Carr D B, Cohen M, et al. The revised International Association for the Study of Pain definition of pain: concepts, challenges, and compromises [J]. Pain, 2020, Publish Ahead of Print (9) .

[34] 韩济生. 疼痛学 [M]. 北京: 北京大学医学出版社, 2012: 4 [M].

[35] Yager J A, Ehmann T S. Untangling social function and social cognition: a review of concepts and measurement [J]. Psychiatry, 2006, 69 (1): 47-68.

[36] Snyder-Mackler N, Burger J R, Gaydosh L, et al. Social determinants of health and survival in humans and other animals [J]. Science, 2020, 368 (6493) .

[37] Robinson G E, Fernald R D, Clayton D F. Genes and social behavior [J]. Science, 2008, 322 (5903): 896-900.

[38] 秦川. 医学实验动物学 [M]. 北京:人民卫生出版社, 2015.

[39] 孙振球. 医学统计学 [M]. 北京:人民卫生出版社, 2014.

[40] 贺争鸣. 实验动物福利与动物实验科学 [M]. 北京:科学出版社, 2011.

[41] 徐林. 人类疾病的动物模型 [R]. 动物学研究, 2011 (1)

第二章

学习记忆行为实验方法

学习记忆是生物体基本的认知功能，是指大脑接受外界信息，经过加工处理，转换成内在的心理活动，从而获取知识或应用知识的过程，是生物生存与进化中的一种高级神经活动行为。其中，学习和记忆两者是互相联系的神经活动过程，学习过程中必然包含记忆，而记忆总是需要以学习为先决条件。学习记忆行为研究常用的动物包括大鼠、小鼠、犬、非人灵长类动物、鱼、果蝇等。本章主要介绍大、小鼠实验方法。

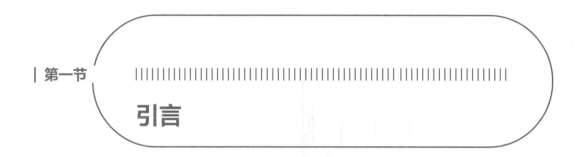

第一节

引言

一、学习记忆行为的定义和发生机制

学习和记忆与大脑感觉和运动系统的功能和发育密切相关。学习（learning）是神经系统接受外界环境变化获得新行为和经验的过程，记忆（memory）是对获得的经验或行为保持的过程。学习和记忆包括获得、巩固、再现及再巩固四个环节。获得是指感知的内容在大脑皮层留下记忆痕迹的过程，巩固是指记忆痕迹由短时不稳定状态逐渐转化为长时稳定且牢固状态的过程，记忆再现则为记忆痕迹通过回忆或再认方式给以重现的过程，记忆再巩固是指已经巩固的记忆被提取激活后变得不稳定，需经过再次巩固阶段才能重返稳定状态的过程。

学习分为非联合型学习（non-associative learning）和联合型学习（associative learning）两种。非联合型学习是一种在刺激与反应之间没有明确联系的简单学习形式，指对单一刺激作出的行为反应的改变。联合型学习是刺激和反应之间存在确定联系的学习，联合性学习需要对不同条件刺激之间的相互关联与自身行为及其后果之间的因果联系进行学习。最常见的两种模式为经典条件反射（classical conditioning）和操作式条件反射（operant conditioning），最具代表性的是巴甫洛夫的经典条件反射与斯金纳的操作式条件反射。条件反射扩展了机体对外界复杂环境的适应范围，使机体能够识别即将出现的刺激物的性质，预先作出不同的反应。因此，条件反射使机体具有更好的预见性、灵活性和适应性。

记忆分为程序性记忆（procedural memory）和陈述性记忆（declarative memory）。程序性记忆又称为内隐性记忆（implicit memory）或反射性记忆，是对运动技能、感知觉、程序和规则等的记忆，具有自主或反射的性质，这种记忆形成缓慢，需要多次重复和演习才能完成。程序性记忆的完成不需要有意识的回忆过程，一旦形成即可保持较长时间。陈述性记忆又称外显性记忆（explicit memory），是对地点、事实等的回忆，需要有意识地进行，这种记忆形成迅速，但同时又容易遗忘。陈述性记忆又进一步分为情景记忆（episodic memory）和语义记忆（semantic memory）。情景记忆是将特定事件与其发生的时间、地点相互联系形成记忆。语义记忆是对经验的抽象概括，一般通过多次经验形成。语义记忆是关于客观世界的事实和概念的一般性知识。许多学习条件下所形成的记忆可能同时包含上述两种类型，不能截然分开，其中程序性记忆最为重要。

根据信息保存时间的长短，记忆分为短时记忆（short term memory，STM）与长时记忆（long term memory，LTM），前者可以保持几秒到几小时，后者则可保持数周甚至数年。行为实验中的"工作记忆"（working memory）一般指"短时记忆"，是对"正在经历"的信息进行短暂储存和加工以指导下一步行动计划，是知觉、长时记忆和动作之间的接口。

二、学习记忆行为异常的常见疾病

学习记忆行为异常常见疾病包括阿尔茨海默病（Alzheimer's disease，AD）、血管性痴呆等痴呆患者，各种应激所致认知功能减退等"亚健康"状态，也常见于抑郁、焦虑和恐惧等精神类疾病。

学习记忆障碍常见疾病和功能损伤的动物模型包括老年动物（自然衰老动物模型、快速老化动物模型）、化学损伤（D-半乳糖衰老动物模型、东莨菪碱认知损害模型、β-淀粉样蛋白（β-amyloid，Aβ）、脂多糖海马/脑室注射、酒精）、物理损伤（手术脑缺血、睡眠干扰、慢性束缚、超重、失重效应模拟、卵巢切除等）、基因修饰（单转、双转和三转基因动物模型）。

三、学习记忆行为实验方法分类

学习记忆的产生涉及信号的识别和辨认、信息的获得、巩固、再现和再巩固等多个环节。按其记忆的信息又可分为图像记忆、声音记忆、嗅觉记忆、触觉记忆、空间位置记忆等。按其刺激因素分为奖赏、惩罚、自主活动等。因此，科学家们设计了多种学习记忆行为实验方法。

学习记忆行为实验方法的开创者包括Thorndike、Pavlov和B. F. Skinner等。1930年Tolman和Honzik应用14个单元的T-迷宫研究大鼠的学习记忆潜伏学习（latent learning），后来多单元迷宫演变为目前应用的T-迷宫。1937年Skinner首次建立了基于操作的学习记忆行为实验方法——斯金纳箱。1939年Dennis首次定义了大鼠在T-迷宫中的自发交替（spontaneous alternation）行为，认为大鼠能够对探索过的臂产生内起抑制（internal inhibition）而进入没有探索过的臂，从而增加发现食物的机会。1979年Carol Barnes基于动物天生的探索特性建立了巴恩斯迷宫（Barnes maze），动物不需要限食，应用噪声、强光和暴露的开放环境作为应激手段，促使动物寻找目标洞。1981年Morris基于动物厌恶水环境的特性建立了水迷宫实验方法，强迫实验动物游泳，学习寻找隐藏在水中的平台。1988年Ennaceur等基于动物天生对新奇物体的探索特性，建立了新物体识别（novel object recognition test）评价方法，该方法不需要学习训练，也无须禁食禁水，以及施加惩罚或奖赏刺激，对动物的应激影响较小。国内，刘新民等建立了小动物跳台测试仪的学习记忆动物行为分析系统，薛丹等建立了避暗测试系统，石哲等建立了奖励性操作式条件反射系统，宋广清等建立了大、小鼠物体识别分析系统，党海霞等研发了穿梭箱，王琼等改进了跳台测试仪并广泛用于航天特因环境应激所致的认知损伤及中药防护药效研究、食药同源健康产品功效评价中。

（一）基于惩罚性原理的学习记忆行为实验方法

主要包括跳台、避暗、穿梭、水迷宫等。以惩罚原理检测的学习记忆行为学实验是通过对动物施加以电、水刺激为重点的惩罚性刺激元素，在实验中设定可逃避惩罚性刺激的策略，让动物学会并记住避免这些伤害性刺激。正常动物在训练后学会寻找安全区，学习记忆能力异常的动物躲避惩罚性刺激能力弱而容易受到惩罚。

（二）基于奖赏原理的学习记忆行为实验方法

主要包括操作奖赏、触屏奖赏、食物迷宫等。基于奖赏原理的条件反射是一种更为高级的条件反射行为。通过施加各种奖励性刺激，动物通过随机发现、主动探索和（或）操作、获得经验、巩固记忆并再现，最终使动物形成条件反射。由于对动物的行为和心理伤害刺激小，对相关递质分泌和神经信号传导不产生与行为学本身无关的干扰，是评价动物空间定向、反应、判断、决策、联想式记忆、工作记忆能力的主要行为实验方法。操作奖赏和触屏奖赏可以检测动物在执行操作任务时的学习记忆能力，适合于执行复杂操作任务时的认知作业能力评价，在航天航海航空作业能力评价、应激损伤防护方面具有重大应用价值。

（三）基于自发活动原理的学习记忆行为实验方法

利用动物对新奇物体或者新环境好奇的天性，给予动物新奇事物，或者将动物置于新奇环境，动物由于好奇产生探索行为而检测动物对新物体、新环境的学习记忆能力，称为基于自发活动原理的学习记忆行为实验方法，主要包括物体认知、迷宫（T-迷宫、Y-迷宫、八臂迷宫、巴恩斯迷宫）等。该类方法不需要学习训练，也无须禁食禁水，以及施加惩罚或奖赏刺激，对动物几乎不产生正向和反向应激。

四、学习记忆行为实验方法的应用领域

学习记忆行为实验方法广泛用于学习记忆发生发展机制、认知功能障碍疾病（阿尔茨海默病、血管性痴呆等相关疾病）的研究；改善学习记忆药物、保健品功效的评价；以及航天等特因环境所致认知损伤及防护措施的研究。

学习记忆行为实验方法

一、迷宫

迷宫（maze）实验是大鼠、小鼠经过多次训练，学会在各种类型的迷宫中寻找固定位置的隐蔽平台、出口、食物，从而形成稳定的空间位置认知的实验。迷宫实验中的空间认知是加工空间信息（外部线索）形成的，隐蔽平台、出口、食物的位置与大鼠自身所处的位置和状态无关，是一种以异我为参照点的参考认知，所形成的记忆是一种空间参考记忆，这种空间参考记忆进入意识系统，其储存的机制主要涉及边缘系统（如海马）以及大脑皮层有关脑区，属于陈述性记忆（declarative memory）。可有效反映实验动物空间学习记忆能力的获得、保持、再现等过程，为空间记忆的常用实验方法。

19世纪末Lubbock首先在昆虫的开创性实验研究中发明迷宫实验方法。此后，研究者发明了大量迷宫模式用于各种研究。二十世纪三四十年代研究中所用不同类型的迷宫包括Small的汉甫敦场迷宫；1900年Yerks的T模式蚯蚓迷宫；1929年Warden-Warner的单元迷宫；1946年的十字形或双T式迷宫；1975年Olton发明了高架放射臂迷宫；Morris在1981年设计了水迷宫。目前在各类研究中最常用的有T-迷宫及其变式以及4臂以上的放射臂迷宫和水迷宫。应用脊椎动物和无脊椎动物包括鸟、鱼、蛙、蚯蚓、蜗牛、猫、狗等，最常用的是啮齿类动物大鼠和小鼠。

（一）水迷宫实验

利用大鼠、小鼠对水的厌恶，强迫其在水中游泳，通过多次训练，使其学会在水中寻找隐蔽逃生平台，从而形成稳定的空间位置认知能力。由于强迫在水中游泳，一方面避免动物消极的运动带来检测结果的不可靠，另一方面可以使其在水中无法保留气味痕迹，只能依靠空间参考标志判定平台或出口的位置，从而成功逃逸。

水迷宫作为动物学习记忆的经典测试方法，可分为Morris水迷宫（圆形）和通道式水迷宫（方形）两种。最常用的为Morris水迷宫，是小鼠、大鼠学习记忆实验常用的行为学测试方法之一。本节以Morris水迷宫为例进行介绍。

实验装置

Morris水迷宫实验系统由水迷宫装置、水迷宫图像自动采集和软件分析系统组成（图2-1）。

Morris水迷宫装置包括测试箱、一个可调节高度和移动位置的站台。不同文献中所用测试箱在材料、尺寸、形状和颜色等方面存在一定差异。但内径的基本参数（直径×高度）一般为大鼠120cm×60cm、小鼠80cm×30cm，增减幅度±20%。大鼠平台直径10cm，小鼠平台直径8cm，增减幅度±15%。高度可依据实验时的水面而定，一般是隐藏于水平下1～2cm。

水迷宫图像自动采集系统和软件分析系统包括摄像机、计算机和图像采集卡等。摄像头采集游泳图像（模拟信号）输入到计算机中的图像采集卡进行模/数转换，模拟图像转化为数字图像储存并分析得到有关的测试参数。软件分析系统可自动采集动物入水位置、游泳速度、搜索目标等参数所需时间、运行轨迹和搜索策略等，并能将所采集的各种资料进行统计和分析。

图2-1　水迷宫装置示意图
（上海欣软信息科技有限公司）

操作步骤

较为经典的Morris水迷宫测试程序主要包括定位航行实验、空间探索和工作记忆三个部分。

将水迷宫按东、南、西、北四个方向将水池平均划分为4个象限（SE、NE、NW、SW），各象限中央为平台固定轴，用于固定平台。平台可以根据实验者爱好设定在任意一个象限内的中央，水池中注水（白色动物水中均匀混入适量黑色染料如墨汁，黑色动物均匀放入适量白色牛乳或白色素或白色塑料泡沫颗粒）到平台不可见。

（1）导航（定位航行实验）　每天每只动物测试2～3次，测试前先将动物放在平台上适应10～20s，随机选取3个入水点，检测90～120s，若找到平台则让其在平台上停留10～20s再归笼，若未找到平台则引导至平台，停留10～20s（此时潜伏期按最长时间计算）。检测时间4～7天。以对照组动物在规定实验时间内寻台成功率90%以上作为进入下一模式的判断指标。

（2）探索 导航实验4～7天，对照组动物在寻台成功率90%以上时，撤除平台。从原平台的对角象限中点将动物面向池壁放入水中，系统记录动物在规定时间内（90～120s）穿越原平台象限动作（次数、时间、游程）等指标作为评价标准。

（3）工作记忆 导航实验4～7天，对照组动物在寻台成功率90%以上时，将平台移入相邻象限，可检测动物对新移动位置的平台的记忆（工作记忆）。此时实验方式同导航模式，但每天平台的象限要不同。

小鼠和大鼠水迷宫实验中，导航模式为每次每象限90～120s，按入水象限不同重复2～3次；对照组动物在寻台成功率达90%以上时，才能进入探索模式，测试时间90～120s。

工作记忆模式可在完成上述两个模式后进行，也可由导航模式（对照组动物在寻台成功率达90%以上）直接进入工作记忆模式，测试时间90～120s。

评价指标

（1）潜伏期（s） 动物从入水到成功登上平台的总时间，如在规定时间内未登台，则以最长实验时间计算。如有多次重复，则需取其平均值。

（2）寻台次数（次） 动物穿过平台的次数（在动物寻台成功的情况下，最后一次不算入登台次数）。

（3）平台象限时间比率（%） 平台象限时间占总时间的百分比。

（4）总游程（cm） 动物在水迷宫内游动的全程距离。

（5）平均速度（cm/s） 动物在水迷宫内游泳的平均速度，为总游程/总时间。

（6）平台象限游程比率（%） 平台象限游程占总游程的百分比。

（7）虚台次数（次） 动物穿过虚台的次数（定航模式中无）。

（8）成功率（%） 成功登台动物数占总测试动物数的百分比。

注意事项

（1）每天在固定时间测试。操作轻柔，避免不必要的应激刺激。

（2）水迷宫实验过程中，水面布光和对外界环境的隔离要求很高，水面的阴影会干扰实验结果，外界工作人员或者其他物体移动会干扰实验动物的记忆，所以水迷宫外的一切物品在实验的始终要保持不变。

（3）整个实验过程中，水迷宫位置及周围环境保持不变。测试箱水温（23±2）℃。过高过低会对实验结果造成影响。

（4）采用与动物毛发有明显区隔的染料作为泳池水面背景，确保染料对动物安全，对动物的游泳行为没有影响。

（5）定位航行期间，每天动物测试的象限不应相同。

讨论和小结

水迷宫是广泛用于测试空间记忆的一种行为实验方法，可以系统全面地观察实验动物的空间认知加工的过程，客观反映其认知水平。一般定位航行模式和空间探索两种模式较为常见，也有采用工作记忆模式。工作记忆模式可以很好地模拟阿尔茨海默病患者的早期行为学改变。

（1）水迷宫内径基本参数（直径×高度） 一般大鼠120cm×60cm，小鼠80cm×30cm，增减幅度±20%；平台直径大鼠10cm，小鼠8cm，增减幅度±15%。平台高度依据实验时的水面而定，需隐藏于水面下1~1.5cm。

（2）水迷宫实验模式 包括导航、探索和工作记忆三种实验模式。导航模式时每天每只动物测试2~3次，每次90~120s，检测时间4~7天（小鼠检测周期≥5天，大鼠检测周期≥4天）。对照组动物在规定实验时间内寻台成功率90%以上才能进入下一实验模式；探索模式是对照组动物在寻台成功率90%以上后，撤除平台，检测动物对原平台的记忆能力（90~120s）。导航模式后将平台移入相邻象限，可检测动物对新移动位置的平台的记忆（工作记忆）。

（3）水迷宫判断指标 包括潜伏期、寻台次数、虚台次数、成功率、总游程、平均速度、平台象限时间比率、平台象限游程比率。判断标准一般采用组间比较，如评价指标中的（1）~（4），其中任一指标统计学上有显著性差异（$P<0.05$），其余指标发生同向性改变，则视为水迷宫评价学习记忆行为有改变。

（4）实验动物 完成水迷宫检测需要动物消耗大量体力，体弱的大鼠、小鼠完成任务较困难，不推荐进行该检测。

（二）Y-迷宫

Y-迷宫由Dellu F等发明，是测试空间工作记忆（spatial working memory）的经典方法。利用实验动物对新奇环境探索的天性，由于动物每次转换探索方向时都需要记住前一次探索过的方向，因此Y-迷宫实验能够有效地测定动物的空间工作能力。当动物在迷宫中探索时，动物需要根据迷宫周围的视觉标识，记住已搜寻过的迷宫臂，以避免重复进入同一个臂，从而有效地进行探索或获得食物。

实验装置

Y-迷宫实验系统由Y-迷宫宫体装置、Y-迷宫图像自动采集和软件分析系统组成（图2-2）。

Y-迷宫装置包括大、小鼠2套实验宫体，一个可以升降高度的摄像机支架。不同文献中所用测试箱在材料、尺寸、形状和颜色等方面存在一定差异。但内径的基本参数如下，大鼠：臂长50cm，宽10cm，高度20cm；小鼠：臂长35cm，宽5cm，高度10cm；增减幅度±10%。

Y-迷宫图像自动采集和软件分析系统包括摄像机、计算机和图像采集卡等。摄像头采集游泳图像（模拟信号）输入到计算机中的图像采集卡进行模/数转换，模拟图像转化为数字图像储存并分析得到有关的测试参数。软件分析系统能自动地采集动物的运行轨迹和进臂次数，包括正确次数和错误次数，以及在区域内逗留时间等参数，并可将所采集的各种资料进行统计和分析。

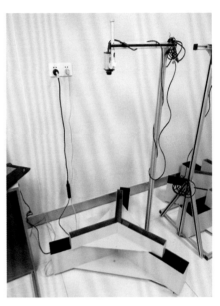

图2-2 Y-迷宫实验装置及软件示意图
（上海欣软信息科技有限公司）

操作步骤

（1）新奇臂空间辨别性探索实验 包含训练期和探索期两个阶段。训练期：新奇臂被隔板挡住，动物由起始臂面向壁放入，在起始臂和其他臂中自由探索（小鼠5min，大鼠10min）。训练期结束后，将动物放回饲养笼。间隔3～4h后，进行测试期实验。测试期：打开新奇臂隔板，将动物由起始臂面向壁放入，使其在三个臂内自由活动5min，并记录测试期内的运动情况。

（2）自发性交替实验 实验开始时，大鼠、小鼠均由起始臂放入，测定8min内动物进入各个臂的顺序。动物连续依次进入三个臂（如ABC、ACB、BAC、BCA、CAB、CBA）被定义为1次交替。

评价指标

（1）动物在各臂的停留时间（s）。

（2）动物进入新奇臂百分比（%）=动物在新奇臂停留时间/动物进入三个臂的总时间×100%。

（3）自发交替百分比（%）=［交替次数/（进入各臂的总次数-2）］×100%。

注意事项

（1）进行实验时，需对迷宫各个臂进行不同的标记，便于动物根据周围的视觉标示记住它已搜寻过的迷宫臂，从而进入另一个臂。

（2）该实验应在较暗的光照环境下进行，光照度建议6lx左右，且实验时环境应保持安静，并维持适宜的温度（24～26℃）。

（3）装置背景底色需要根据所测老鼠颜色，进行调整便于相机捕获（黑鼠用白色底板，白鼠用黑色地板）。

（4）每天训练结束后要对实验箱用75%酒精进行清洗，以消除动物留下的气味。

讨论和小结

本节介绍的Y-迷宫基于动物自发活动原理检测学习记忆行为表现。操作简单，不需要事先对动物进行训练，检测周期短。不过，如果以电刺激或者食物奖赏进行Y-迷宫测试，操作步骤会有不同。总体来说，Y-迷宫相关参数包括：

（1）装置内径　一般为大鼠：臂长50cm，宽10cm，高度20cm；小鼠：臂长35cm，宽5cm，高度10cm。增减幅度±10%。

（2）Y-迷宫常用的两种实验模式　包括新奇臂空间辨别性探索实验和自发性交替实验。为避免因熟悉周围环境，动物失去探索兴趣，影响实验结果，同一批老鼠不宜同时进行两种实验检测。

（3）Y-迷宫判断指标　包括动物在各臂的停留时间，动物进入新奇臂百分比，自发交替百分比等。在新奇臂空间辨别性探索实验中，记忆损伤动物表现在对新奇臂的探索时间和运动路程减少；在自发性交替实验中，记忆损伤动物表现在自发交替次数减少。主要指标在统计学上有显著性差异（$P<0.05$），则视为Y-迷宫评价学习记忆行为有改变。

（4）大鼠、小鼠均可进行该检测，但动物的自发活动异常或运动能力受损不适宜该检测。

（三）T-迷宫

Kivy和Dember等证明大鼠能辨别T-迷宫（Tmaze）两臂颜色的变化，他们发现，大鼠通过适应会总是选择改变了颜色的那个臂（新奇臂），这一过程要依靠动物的记忆来完成，由此发展成T-迷宫实验。1925年，Tolman首次报道在T-迷宫实验中，大鼠极少重复进入迷宫的同一臂，大鼠以这种重复交替的方式探究周围环境，即使没有食物奖赏，仍然保留对所探究区域有一定的新奇感。正常的交替操作与完整的工作记忆能力相一致，药物或者手术毁损动物可改变这种交替操作行为。实验中，动物对目标臂的选择基于记住上次探索过的目标臂，即空间工作记忆，动物对目标臂的正确交替选择是完整工作记忆能力的体现。

实验装置

迷宫是广泛用于研究空间学习、交替行为、条件识别学习和工作记忆的器具。根据它的模块化设计，T-迷宫系统能够以不同的配置运行。T-迷宫使用的是食物，常用这一模型来研究动物的空间工作记忆（spatial working memory），即测定动物只在当前操作期间有用的信息。经改进后的T-迷宫也可用来评价参考记忆（reference memory），即记录在这一实验中任何一天、任何一次的测试都有用的信息。

迷宫（图2-3）由两个长46cm、宽10cm、高10cm的目标臂（goalarms）和一个与之垂直的长71cm、同样宽度和高度的主干臂（stem）或起始臂（approachalley）组成。主干臂内置一个16cm×16cm的起始箱，并有一闸门与主干臂的另一部分相连。

T-迷宫图像自动采集和软件分析系统（图2-4）包括摄像机、计算机和图像采集卡等。摄像头采集迷

图2-3　T-迷宫实验装置示意图
（安徽正华生物仪器设备有限公司）

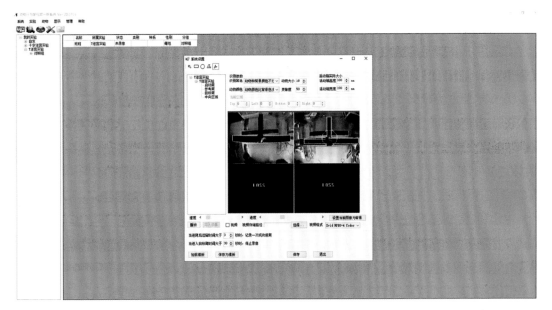

图2-4　T-迷宫视频分析软件操作系统示意图（安徽正华生物仪器设备有限公司）

宫图像（模拟信号）输入到计算机中的图像采集卡进行模/数转换，模拟图像转化为数字图像储存并分析得到有关的测试参数。软件分析系统能自动地采集动物起始臂、参考臂、搜索目标等所需时间、潜伏期、错误次数、运行轨迹等参数，并可将所采集的各种资料进行统计和分析。

操作步骤

（1）T-迷宫实验

①在T-迷宫臂内分撒6粒食丸（45g），让大鼠适应迷宫5min，每天一次，连续5天。

②强迫选择训练将大鼠放入主干臂的起始箱，打开闸门，让大鼠进入迷宫的主干臂。随机、交替选择左右两臂之一放入4粒食丸，同时关闭另一臂，使动物被迫选择食物强化臂并完成摄食；每天6次，连续4天。

③延迟位置匹配（delayed matching-to-position，DMP）训练

a. 将动物放入闸门关闭的起始箱，打开闸门，让动物进入主干臂。

b. 关闭一侧目标臂，强迫动物进入另一侧开放臂以获得2粒食丸奖赏。

c. 立即（5s内）将动物放回主干臂，开始匹配训练中的第二次训练；此时两个目标臂均开放。动物将两前肢和至少两后肢的一部分置于一个目标臂时完成"一次选择"。动物返回到强迫选择训练时进入过的臂则获得食物奖赏（粒食丸），记录一次正确选择；若动物进入另一臂，则没有食物奖赏，并且将其限制在该臂内10s，记录一次错误选择。

d. 一次匹配训练结束后将动物放回笼内5～10min（与此同时训练其他动物），再重复下一次匹配训练。每天8次。

e. 动物连续两天的正确选择次数达到15～16，则认为达到标准，可以开始实验。如动物经过30天训练仍然达不到标准，则予以淘汰。

f. 动物训练达标后一天，给予一次匹配训练。所不同的是，强迫选择训练后，将T-迷宫旋转180°，再进行上述开放臂的训练。这样做的目的是评价动物是否为定位性操作（有赖于迷宫外信号）或反应性操作（不依赖迷宫外信号）。

g. 接着两天，每天给予10次匹配训练，每次训练间隔为60s，用以评价动物的工作记忆操作。记录进入食物强化臂的次数和再次进入非强化臂的次数。后者被认为是工作记忆错误。正常健康年轻的大鼠几乎每次均能准确操作。当操作稳定且选择准确率高（工作记忆错误少于10%）时，可进行药物测试或脑区毁损后的操作实验。

（2）T-迷宫自主交替实验（spontaneous alteration on a T-maze）

①大鼠放入T-迷宫的主干臂。打开闸门，让大鼠离开主干臂进入一个目标臂（四肢进入臂内）。

②再将大鼠放回主干臂，限其在臂内一段时间（5s以上）。

③重复第1和第2步共9次，记录进入每一臂的次数。对照大鼠在每一实验间期（共10次训练）内应交替选择两目标臂。实验结果表述为同一实验间期内交替次数除以总的选择次数。

评价指标

记录进入每一臂的次数。计算同一实验间期内交替次数除以总的选择次数，比率下降时表明动物学习记忆受损。

注意事项

（1）当为交替选择模式时，动物须禁食，至体重减轻为原来的85%～90%，促使动物觅食。

（2）动物选择的准确性与两次选择之间的间隔及每一训练间期内的选择训练次数等有关。正常动物经短时间的间隔（例如5s），其选择准确性非常高。而经过极长时间的间隔（例如超过1h），其选择接近随机性操作。强迫选择训练后。如只给一次目标臂选择，准确性通常很高。但是，如给予多次选择，则选择次数越多，准确性越差。

（3）主干臂的闸门是T-迷宫的重要特征。它既可用于在两次选择之间将动物限制在起始箱内一定的时间，也可防止动物在两次选择训练之间探究迷宫。因此，两次选择训练之间应将动物迅速放回主干臂内的起始箱。这一点很重要，它可确保动物不会去探究对侧目标臂。

（4）当动物对迷宫或实验者的应激恐惧超过其对探究和觅食的渴望程度时，动物对迷宫的探究减少，甚至待在迷宫某处不动而不去探究迷宫。

讨论和小结

T-迷宫设备要求简单，利用动物探索的觅食天性，不对动物机体造成伤害。可用于研究动物的空间工作记忆和参考记忆。相关参数包括：

（1）T-迷宫主干臂为长40～70cm，宽10～15cm，高 10cm，主干臂内置的起始箱为16cm×16cm。

（2）T-迷宫传统实验中，适应训练为每天一次，连续5天。强迫选择训练需每天6次，连续4天；延迟位置匹配训练需一次匹配训练结束后将动物放回笼内5～10min（与此同时训练其他动物），再重复下一次匹配训练，每天8次。

（3）T-迷宫自主交替实验是将大鼠放入T-迷宫的主干臂，打开闸门，让大鼠离开主干进入一个目标臂（四肢进入臂内），共10次训练，记录进入每一臂的次数。计算同一实验间期内交替次数除以总的选择次数，当使用药物或相关脑区毁损等方法减弱记忆力时，这个比率下降。

（四）八臂迷宫

八臂迷宫（radial arm maze）实验由Olton等于20世纪70年代中期建立，通过食物奖赏型迷宫任务，检测啮齿类动物的空间记忆能力。

实验装置

八臂迷宫是一种用于研究动物空间记忆的迷宫模型（图2-5）。它由一个中心区和其周围连接的八条臂组成，在其中一些臂的末端放入食饵或将一些臂施以电击，根据动物的取食或逃避策略，包括进入每个臂的次数、时间、错能（如动物活动路径、各种时间、次数及参数），还能通过声、光、电等刺激—应答模块建立完整的各种条件、非条件刺激环境，具有实用的运行学习记忆实验的能力。对于八臂迷宫，它所记录的数据资料，如时误次数、路线等，可反映其记忆能力。应用：已经应用在一系列神经行为为基础的学习记忆、有毒化学药品的毒性作用和新药

图2-5　八臂迷宫实验装置示意图
（安徽正华生物仪器设备有限公司）

或新疗法的效果研究中。材料：铝合金不锈钢、医用塑料、电刺激模块。大鼠单臂尺寸：长425mm，宽145mm，高225mm。小鼠单臂尺寸：长300mm，宽60mm，高150mm。

八臂迷宫视频分析软件系统（图2-6）图像自动采集和软件分析系统包括摄像机、计算机和图像采集卡等。摄像头采集迷宫图像（模拟信号）输入到计算机中的图像采集卡进行模/数转换，模拟图像转化为数字图像储存并分析得到有关的测试参数。软件分析系统能自动地采集名称、分组、动物的起始位置、进入臂、搜索目标等所需时间、工作记忆错误潜伏期、参考记忆错误潜伏期、总正确次数、总进臂次数、工作记忆错误次数、参考记忆错误次数、正确潜伏期、正确率、工作记忆错误率、参考记忆错误率、首错前正确次数、测试时间、运行轨迹等参数，并可将所采集的各种资料进行统计和分析。

操作步骤

（1）训练　动物适应实验环境1周后，称重，禁食24h。此后每天训练结束后限制性饮食，给予正常食料（据体重不同，大鼠16～20g，小鼠2～3g），以使体重保持在正常进食大鼠的80%～85%。

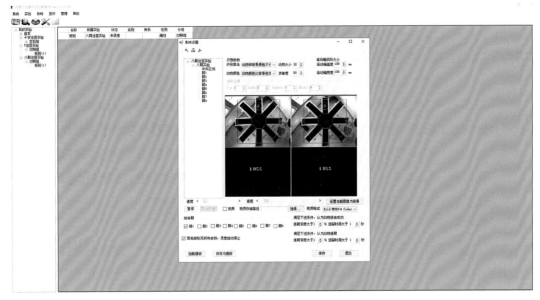

图2-6 八臂迷宫视频分析软件系统（安徽正华生物仪器设备有限公司）

（2）第1天 八臂迷宫的各臂及中央区分撒着食物颗粒（每只4~5粒，直径3~4mm）。然后，同时将4只动物置于迷宫中央，同时，将通往各臂的门打开，让其自由摄食、探究10min。

（3）第2天 重复第2天的训练，这一过程让动物在没有很强的应激条件下熟悉迷宫环境。

（4）第3天 动物单个进行训练，在每个臂靠近外端食盒处各放一颗食粒，让动物自由摄食。食粒吃完或10min后将动物取出。

（5）第4天 将食物放在食盒内，重复前一天的训练，一天2次。

（6）第5天 随机选4个臂，每个臂放一颗食粒；各臂门关闭，将动物放在迷宫中央；30s后，臂门打开，让动物在迷宫中自由活动并摄取食粒，直到动物吃完所有4个臂的食粒。如经10min食粒仍未吃完，则实验终止。

每天训练两次，其间间隔1h以上。记录以下4个指标：①工作记忆错误（working memory errors），即在同一次训练中动物再次进入已经吃过食粒的臂；②参考记忆错误（reference memory errors），即动物进入不曾放过食粒的臂；③总的入臂次数；④测试时间，即动物吃完所有食粒所花的时间。此外，计算机还可记录动物在放射臂内及中央区的活动情况，包括运动距离和运动时间等。

〖评价指标〗

（1）总的入臂次数 动物进入各臂的总次数，以评价动物整体的精神运动状态。

（2）工作记忆错误　在同一次训练中动物再次进入已经吃过食粒的臂的次数。

（3）参考记忆错误　动物进入不曾放过食粒的臂的次数。

（4）测试时间　动物吃完所有食粒所用的时间。

（5）首错前正确数　动物首次错误出现前连续走完正确的臂数。

此外，计算机还可记录动物在放射臂内及中央区的活动情况，包括运动距离和运动时间等。也有研究者记录比较动物的摄食量。

注意事项

（1）如果只用来测定工作记忆，则需要在所有放射臂均放置食粒，而不是只选四个臂放置食粒。

（2）迷宫周围的任何一件物品均可被动物用来作为空间定位的标志，因此在实验过程中，随意去除或移动这些标志可能使动物操作困难，并降低迷宫臂选择的准确性。

（3）训练成功的标准为连续5次训练的工作记忆错误为零、参考记忆错误不超过1次。

讨论和小结

八臂迷宫通过在特定食饵臂末端放入食饵作为对进入该臂的奖赏，而在其余臂内不放食饵或通过刺激手段惩罚实验动物的方式对实验动物进行迷宫觅食训练。动物在饥饿驱使下探索迷宫寻找食饵，通过一定时间的训练后，可对迷宫各臂进行自由探索并成功躲避没有食饵的工作臂，完成觅食。通过刺激—应答模块建立完整的条件、非条件环境刺激，配合视频采集系统记录实验动物觅食或逃避策略。

（1）八臂迷宫实验周期一般需要2~4周或更长时间，使正常对照组的工作记忆错误和参考记忆错误均小于15%。

（2）小鼠放射迷宫设备和实验程序与大鼠类似，但迷宫规格应比大鼠迷宫小1/4~1/2，以免增加小鼠行为操作难度。

（3）与水迷宫不同，八臂迷宫适合反复测试或长期记忆的测试。

（五）巴恩斯迷宫（Barnes maze）

美国学者Carol A Barnes 1979年利用啮齿类动物避光喜暗且爱探究的特性而建立的用于检测动物空间记忆的行为实验方法。

实验装置

巴恩斯迷宫由一个圆形平台构成，在平台的周边，布满了很多穿透平台的小洞。平台的直径、厚度以及洞口宽度根据实验动物不同而不同。在其中一个洞的底部放置有一个盒子，作为实验动物的躲避场所观察指标，测定动物对于目标的空间记忆能力。实验时把实验动物放置在高台的中央，记录实验动物找到正确洞口的时间，以及进入错误洞口的次数以反映动物的空间参考记忆能力。也可以通过记录动物重复进入错误的洞口数来测量动物的工作记忆。巴恩斯迷宫动物利用视觉参照物，有效确定躲避场所所在位置，测定动物对目录空间记忆能力，采用计算机视频跟踪技术记录分析动物找到躲避场所的时间。

图2-7 巴恩斯迷宫实验装置示意图
（安徽正华生物仪器设备有限公司）

圆形平台直径122cm，洞口数目由实验者习惯而定，一般为10～30个，等距离，洞的直径为大鼠10cm、小鼠5cm（图2-7）。

巴恩斯迷宫图像自动采集和软件分析系统（图2-8）包括摄像机、计算机和图像采集卡等。摄像头采集迷宫图像（模拟信号）输入到计算机中的图像采集卡进行模/数转换，模拟图像转

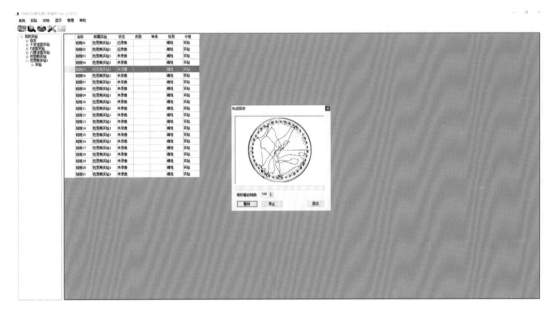

图2-8 巴恩斯迷宫视频分析软件操作系统（安徽正华生物仪器设备有限公司）

化为数字图像储存并分析得到有关的测试参数。软件分析系统能自动地采集动物的起始位置、进入象限、搜索目标等所需时间、停留时间、总时间、错误次数、活动路程、运行轨迹等参数，并可将所采集的各种资料进行统计和分析。

操作步骤

动物有测试房间内适应45~60min开展实验。

（1）适应期　第1天，实验开始前，将动物移至测试房间，30~45min。将动物单个放入起始盒内限制活动10s，抬起起始盒，将动物引导至目标洞口，使动物自行跳入目标洞在目标洞内适应3min。将动物置于迷宫中央的塑料圆桶（直径20cm，高27cm）内限制活动5s。

（2）训练期　第2~5天进行训练。将动物放入起始盒内限制活动10s，抬起起始盒，同时启动噪声发生器，并开始实验。实验时间为3min。动物在探究过程中，若成功找到目标洞，则实验自行停止。动物需在目标洞内适应1min后，再取出。实验时间到，若动物没有找到目标洞，则将动物引导将动物引导至目标洞口，使其自行跳入目标洞，适应1min后，再取出。每只动物每天训练3次。每只动物训练后，需要随机转动一至数个洞的位置，但目标箱始终固定在同一方位。目的是防止动物依靠气味、而非凭借记忆来确定目标洞的位置。同时，需要用75%酒精擦拭清洁逃避盒和平台，并去除气味。动物通过不断重复的空间学习过程，能找到目标洞，并缩短潜伏期。

（3）探索期　第6天，将逃避盒撤除，实验时间设置为2min，将动物放入起始盒内限制活动10s，抬起起始盒，同时启动噪声发生器，并开始实验。实验结束，将动物放回家笼。通过动物行为分析系统记录动物进入目标洞区域的潜伏期及其停留时间，观察受试动物的空间定位能力，及在空间探索过程中的变化规律，以此作为空间记忆的检测指标。空间探索实验也可在定位航行结束7天后进行，用于判断干预方式对动物长期记忆的影响。

评价指标

通过动物行为分析系统记录动物找到目标洞的潜伏期，探究错误洞口的次数及时间，在平台各个象限的运动的路程等。

1.训练期评价指标

（1）找寻目标洞潜伏期　从实验开始至动物找到目标洞的时间。

（2）动物探究错误次数及时间　动物探究除目标洞外的其他洞口次数及时间。

（3）动物在平台的运动路程。

2.空间探索实验评价指标

（1）动物找寻目标洞潜伏期　潜伏期越短，动物的记忆越精准。

（2）动物探究错误次数及时间。

注意事项

　　动物在迷宫遗留的气味对下一只动物的迷宫操作影响很大。因此，除在两次训练之间旋转迷宫外，还要用75%酒精清洁迷宫，以消除残留气味对下一只动物的导向作用。

讨论和小结

　　（1）巴恩斯迷宫实验不需要食物剥夺和足底电击，因此对动物的应激较小。实验对于动物的体力要求很小，能最低限度的减少因年龄因素导致的体力下降对实验结果的影响。

　　（2）不同品系的小鼠在该实验中的行为表现差别很大。129S6小鼠在巴恩斯迷宫中很少有探究行为，而C57BL/6J小鼠则有相当多的探究行为，适合于巴恩斯迷宫实验。这一点在基因改变小鼠的记忆研究中尤其要注意。

二、跳台

　　跳台（step-down）是一种检测动物被动性条件反射能力的方法，主要用来测试动物对空间位置辨知的学习记忆能力。通过给予一定程度的电刺激，动物为避免伤害而寻找安全区（绝缘跳台），经几次反复后，最终记住安全区域。跳台实验可反映动物学习记忆的获得、巩固、再现等过程，由于操作简单，是小鼠、大鼠学习记忆实验常用的行为学测试方法之一。

实验装置

　　跳台实验装置包括测试箱、跳台、电网红外感应（摄像）系统和软件分析系统。实验装置如图2-9所示。

　　1. 测试箱

　　一般为矩形和方形。不同文献中所用测试箱在材料、尺寸、形状和颜色等方面存在一定差异。但箱体内径的基本参数内径（长×宽×高）一般为大鼠40cm×40cm×50cm，小鼠26cm×

图2-9　跳台装置示意图（北京康森益友科技有限公司）

30cm×40cm，增减幅度±20%。

2．跳台

跳台多用圆形黑色绝缘材料制作，如动物为黑色，则采用白色材料。跳台内径基本参数（直径×高度）为大鼠8cm×9cm，小鼠4.5cm×5cm，增减幅度±15%。如采用红外感应器，则红外管离跳台顶端高度：3cm，高度可调节范围：2~4cm。

3．电网

采用不锈钢电网。大鼠的每根电丝直径0.3cm，电网间距1.5cm；小鼠的每根电丝直径0.2cm，电网间距1.0cm。幅度增减±10%。

电刺激参数

①频率：5~15Hz；②刺激强度：电压：大鼠65~70V，小鼠30~36V；电流：大鼠2.5~3.0mA，小鼠0.8~1.0mA；③刺激时间：1~999s。分箱控制电网的电路由软件控制，对每个测试箱的电源实施实时通断监控，可监测动物在电网上停留超过一定时间后，自动断电，以保护动物不受过度的电压刺激。

4．软件分析系统

软件分析系统集成计算机视觉、信息和深度学习等技术，可在线获取并实时分析动物行为活动信息。

操作步骤

跳台实验包括获得、巩固和再现三种实验模式。首先测试动物的获得能力，然后是巩固、再现能力的检测。

1．获得

动物第一次进行跳台作业训练，检测动物的获得能力。测试开始时动物置于刺激区域（铜网上），刺激区域通电5min。

动物置于电网→第一次跳上跳台—跳下跳台（电网）→动物跳上跳台

2．巩固

24h后，检测动物对跳台训练后的记忆能力，测试开始时动物置于绝缘跳台上，同时刺激区域通电。

动物置于跳台—第一次跳下跳台（电网）→动物跳上跳台

巩固模式也可将训练后的动物置于电网上，此时实验过程与获得模型类似。

3．再现

检测动物对跳台训练的学习记忆再现能力，测试开始时动物置于绝缘跳台上，同时刺激区域通电，操作方法同巩固模式。

注：→正确反应；—错误反应

跳台实验中，获得模式下包括适应、测试二个时期。适应期为3～5min，测试期为5～10min。获得形成后24h，才能进入巩固模式实验，直接进入测试期。测试期为5～10min。

动物形成巩固的记忆后，才能进入再现模式的检测，测试期为5～10min。

评价指标

跳台实验基本的评价指标包括：

（1）错误次数　动物在一定的时间内从绝缘跳台到电网的实际次数。

（2）潜伏期　动物第一次从电网逃避到绝缘跳台的时间或者第一次从绝缘跳台跳至电网的时间。

（3）安全区时间　动物在绝缘平台停留的时间。

（4）错误区时间　动物在电网上停留的时间。

一般采用组间比较，如其中任一指标统计学上有显著性差异（$P<0.05$），且增减幅度大于15%，其余指标发生同向性改变，则视为跳台评价学习记忆行为有改变。

注意事项

1. 随时清洁测试箱和电网上的粪便和尿液，避免短路。清洁时应先关闭电源。
2. 小鼠的电击幅度不大于36V，大鼠不大于40V。

讨论和小结

跳台是经典的学习记忆行为检测方法。跳台实验用于学习记忆行为评价总结如下：

（1）跳台实验包括获得、巩固和再现三种实验模式。一般只进行获得和巩固两种模式的实验。

（2）跳台实验的判断指标为错误次数、活动次数、潜伏期时间、安全区时间、错误区时间。统计时一般采用组间比较，如其中任一指标统计学上有显著性差异（$P<0.05$），且增减幅度大于15%，其余指标发生同向性改变，则视为跳台评价学习记忆行为有改变。

三、避暗实验

避暗（step-through/dark-avoidance，ST）是利用鼠类的嗜暗习性设计的，主要测试动物对明暗辨别的学习记忆能力。动物由于嗜暗习性而偏好进入并在暗室停留，进入暗室或停留暗室时则受到电击，动物为避免伤害而寻找安全区（明室），经几次反复后，最终记住安全区域。与跳台类似，可反映动物学习记忆的获得、巩固、再现等过程。操作简单，是小鼠、大鼠学习记忆实验常用的行为学测试方法之一。

实验装置

避暗实验系统由测试箱、避暗图像自动采集和软件分析系统组成。

1. 测试箱

不同文献中所用测试箱在材料、尺寸、形状和颜色等方面存在一定差异。但内径的基本参数（长×宽×高）一般为大鼠箱体长48cm、宽24cm、高30cm，小鼠箱体长27cm、宽16cm、高20cm。明室和暗室间有一椭圆形通道（宽×高）为大鼠7.0cm×9.0cm；小鼠3.0cm×5.0cm，增减幅度±15%（图2-10）。

图2-10 避暗实验装置示意图
（上海欣软信息科技有限公司）

2. 电刺激装置

电刺激生成与控制电路由多次级变压器、继电器组、电刺激生成电路和继电器驱动电路组成。220V交流电经多次级变压器进行电压变换，并进一步整流、滤波后得到幅度可调的直流电，当下位机发送指令至驱动电路，即控制相应电刺激装置的通电或断电。采用不锈钢电网。大鼠的每根电丝直径0.3cm，电网间距1.5cm；小鼠的每根电丝直径0.2cm，电网间距1.0cm。增减幅度±10%。电刺激参数频率：5~15Hz；刺激强度（电压）：30~80V；刺激时间：0~999s。

3. 避暗图像自动采集和软件分析系统

基于视频图像识别处理的动物被动回避行为检测系统，对实验过程录像并对图像跟踪分析。

操作步骤

测试箱暗室底部铜栅通36V、50Hz交流电，先将小鼠放入测试箱中训练3min，小鼠受电击逃往明室。正式测试开始时将小鼠背对洞口放入明室，小鼠进入暗室则受到电击，避暗仪自动记录5min内小鼠进入暗室的次数，即为错误次数，和首次进入暗室的时间，即为避暗潜伏期。分为获得、巩固和再现三种检测模式。

1. 获得

动物第一次进行避暗作业训练，检测动物的获得能力。测试开始前动物置于测试箱适应3min后，动物置于暗室区域（有电区域），刺激区域通电至预定时间。

动物置暗室（电网）→第一次进入明室—返回暗室（电网）→进入明室

2. 巩固

检测动物对避暗训练后的记忆能力，24h进行，此时没有适应时间。测试开始时动物置于明箱，同时暗箱区域通电，也可依需要选择不通电。

动物置于明室—第一次进入暗室（电网）→动物返回明室

巩固模式也可将训练后的动物置于暗室，此时实验过程与获得模型类似。

3. 再现

检测动物对避暗训练后的再现能力，测试开始时动物置于暗室，操作方法同巩固模式。

小鼠和大鼠避暗实验中，获得模式下包括适应、测试两个时期。适应期为3～5min，测试期为5～10min。获得形成后24h，才能进入巩固模式实验，直接进入测试期。测试期为5～10min。动物形成巩固的记忆后，才能进入再现模式的检测。测试期为5～10min。

评价指标

避暗实验基本的评价指标包括：

（1）错误次数　动物在一定的时间内从明室进入暗室的实际次数。

（2）潜伏期　动物第一次从暗室（明室）进入到明室（暗室）的时间。

（3）安全区时间　动物在明室停留的时间。

（4）错误区时间　动物在暗室停留的时间。

其他指标如明室/暗室路程（动物在明室/暗室的运动路程）、明室/暗室时间（明室/暗室内的总时间）也可作为评价指标。

注意事项

（1）进行正式检测前建议对实验明暗环境成立进行验证，一般在测试箱不通电的情况下，正常动物在暗室停留时间比例至少大于60%，视为明暗环境成立。

（2）避暗反应实验实验前将避暗潜伏期大于180s的鼠弃去不用。

（3）每次实验后用75%的酒精清洁，除去反应箱中残留的动物气味。

（4）测试箱应具备良好的隔音效果，避免测试时实验动物发出的声音。

讨论和小结

避暗为经典的啮齿类动物学习记忆行为检测方法之一。主要技术规范如下：

1. 测试箱

大鼠避暗测试箱尺寸（长×宽×高）一般为：48cm×24cm×30cm；小鼠避暗测试箱为：27cm×16cm×20cm。增减幅度±30%。

2. 避暗实验模式

避暗实验模式包括获得、巩固和再现三种实验模式。小鼠和大鼠避暗实验中，获得模式下包括适应、测试两个时期。适应期为3～5min，测试期为5～10min。获得形成后24h，才能进入巩固模式实验，直接进入测试期。测试期为5～10min。动物形成巩固的记忆后，才能进入再现模式的检测。测试期为5～10min。

3. 统计学指标

避暗实验的主要指标为错误次数和潜伏周期，主要评价指标统计学上有显著性差异（$P<0.05$），其余指标发生同向性改变，则视为避暗评价学习记忆行为有改变。

四、穿梭实验

穿梭实验（shuttle-box test）是指如果动物在规定时间内对某一特定信号（如灯光、声音）不发生反应，则给予惩罚性刺激（常用电刺激），使动物穿梭至对侧安全区（被动条件反射），在一定时间内反复训练后则可形成将特定信号与惩罚性刺激结合起来的条件反射——主动逃避反应（主动条件反射）。主动条件反射形成后，可进行信号消退测试，是一种高级、复杂的联想式程序性记忆的获得与巩固过程。

实验装置

穿梭图像实时监测分析系统采用二级测控模式，包括测试箱、摄像头、刺激信号和电网（图2-11）。

1. 测试箱

测试箱一般为矩形或方形，分A、B两室，两室面积等大，不同文献中所用测试箱在材料、尺寸、形状和颜色等方面存在一定差异。但两室内径的基本参数（长×宽×高）一般为大鼠30cm×30cm×50cm，小鼠20cm×15cm×40cm。长度和宽度增减幅度±20%。高度则以能

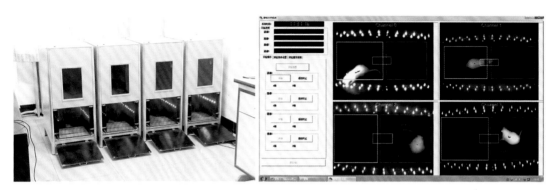

图2-11　穿梭实验装置及软件示意图（北京康森益友科技有限公司）

捕获动物活动图像为准。A、B两室间有一椭圆形小孔（直径×高度）为大鼠7.0cm×9.0cm，小鼠3.0cm×5.0cm；增减幅度±15%。

2. 电网

采用不锈钢电网。大鼠的每根电丝直径0.3cm，电网间距1.5cm；小鼠的每根电丝直径0.2cm，电网间距1.0cm；增减幅度±10%。

电刺激参数如下：

①频率：5~15Hz；②刺激强度（电压）：30~80V；③刺激时间：0~999s。分箱控制电网的电路由软件控制，对每个测试箱的电源实施实时通断监控，可监测动物在电网上停留超过一定时间后，自动断电，以保护动物不受过度的电压刺激。

操作步骤

动物置于穿梭箱任一室适应3~5min后实验开始，计算机按设定的条件刺激和非条件刺激强度（持续时间、间隔时间、电压值）给予一个周期的刺激，如此反复多次。

1. 获得

以每天设定的穿梭次数（30~60次），或者每天固定实验时间（一般为30min）作为训练参数。实验开始后给予条件刺激（灯或声音），持续3~5s，而后15~30s同时给予非条件刺激（40~60V的电刺激）。刺激结束后间歇5~10s后开始下一个刺激周期，如此反复。记录动物在规定时间内的被动穿梭动作（条件刺激和非条件刺激给予后穿梭到对侧的行为）、主动穿梭动作（条件刺激后，非条件刺激到来之前穿梭到对侧的主动行为）。记录动物被动（主动）穿梭的次数、潜伏期、路程、速度和时间。

以连续3次主动穿梭（灯亮后、通电前的逃避反射）判为主动条件反射形成。

2. 消退

动物形成主动条件反射后（条件刺激后，非条件刺激到来之前穿梭到对侧的主动行为），操作方法同获得模式，但停止给予电刺激，观察动物主动条件反射的消退时间，可用于评价动物对非条件刺激记忆的保持能力。

评价指标

（1）主动穿梭次数　动物从有光无电室穿入到无光无电室的总次数。

（2）主动穿梭平均反应时间　动物完成主动穿梭的平均时间。

（3）被动穿梭总次数　动物从有光有电室穿至无光无电室的总次数。

（4）被动穿梭平均反应时间　动物完成被动穿梭的平均时间。

（5）逃避潜伏期　动物在第一次电击穿至对侧室的时间。

（6）安全区时间　动物在无光无电区和有光无电区停留的时间。

（7）错误区时间　动物在有光有电区停留的时间。

（8）逃避失败次数　动物在设定的非条件性刺激持续时间内未完成逃避反应的总次数。

（9）建立条件反射百分率　连续3次主动穿梭动物数占同组动物总数的比值。

注意事项

同本章跳台、避暗实验。

讨论和小结

穿梭的判断指标

分主动穿梭和被动穿梭两类动作，每类动物指标均包括潜伏期、次数、路程、速度；与安全区、错误区和近口区时间，路程以及条件反射成功率一起作为学习记忆行为评价指标。判断标准一般采用组间比较，如评价指标中的任一指标统计学上有显著性差异（$P<0.05$），其余指标发生同向性改变，则视为穿梭评价学习记忆行为有改变。

五、物体认知

物体认知实验（object recognition test）自20世纪80年代末由Ennaceur和Delacour首次报道后应用越来越多。它是利用啮齿类动物天生喜欢接近和探索新奇物体的本能来检测动物学习记忆能力的一种精细、敏感的认知行为检测方法。根据检测功能的不同分为：新物体识别实验、物体位置识别实验、情景记忆实验和时序记忆实验四种实验模式。物体认知实验行为方法完全基于啮齿类动物的自发行为、实验周期较短、模式多样。

实验装置

物体认知实验装置包括测试箱、物体、摄像机。由于目前动物的"嗅探"行为计算机智能识别难度大，现有实验很多是采用摄像后人工加入处理计数。实验装置如图2-12所示。

1. 测试箱

不同文献中所用测试箱在材料、尺寸、形状和颜色等方面存在一定差异。测试箱的材料主要有胶合板、树脂玻璃、塑料、木材、聚氯乙烯（PVC），其中以树脂玻璃和PVC居多；测试箱体的形

图2-12 物体认知实验装置示意图
（北京康森益友科技有限公司）

状主要是矩形和方形，矩形测试箱内径的基本参数（长×宽×高）一般为大鼠90cm×50cm×50cm，小鼠70cm×60cm×30cm；方形测试箱的内径的基本参数（长×宽×高）一般为大鼠90cm×90cm×90cm；小鼠40cm×40cm×40cm；测试箱内部颜色一般为黑色、灰色或白色。

2. 物体

不同文献中所用物体在材料、尺寸、形状和颜色等方面存在一定差异。报道居多的物体主要是圆柱体及立方体，圆柱体基本参数（直径×高）大鼠为4cm×10cm，小鼠为4cm×7cm；立方体基本参数（长×宽×高）一般大鼠为22cm×32cm×30cm，小鼠为8cm×8cm×8cm，而物体的颜色和材料则迥异。

操作步骤

物体认知实验包括新物体识别实验、物体位置识别实验、情景记忆实验和时序记忆实验四种实验模式。

1. 新物体识别实验

新物体识别实验（novel object recognition task，NOR）是一种用于检测动物短时、非空间的物体识别记忆能力的认知行为检测方法。实验的基本程序主要有三个阶段组成：适应期（habituation phase）、熟悉期（familiar phase）和测试期（test phase）。适应期时将动物依次放入没有任何物体的实验装置中，使其自由探索以便适应进行实验的测试箱环境，尽量减少动物的应激性。熟悉期时在测试装置底板的相邻或相对位置放入两个完全相同的物体（A_1和A_2），将动物以背对两个物体的方式放入测试箱中，一定时间后将动物取出放回动物饲养笼。间隔

相应时间后（delay），进行测试期实验。测试期和熟悉期过程类似，只是将两个完全相同的物体中的一个换成另一个不同物体，相对于熟悉期的两个物体测试期时的物体分别被称为熟悉物体（A_3）和新奇物体（B）（图2-13）。测试期，动物在新奇偏爱性这种内在动力的驱动下，会对B物体表现出更大的兴趣，具体体现在更多地接近B物体并对B物体进行较多的探索活动。

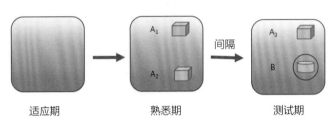

图2-13　新物体识别实验程序示意图

2. 物体位置识别实验

物体位置识别实验（object location recognition task，OLR）是一种用于检测动物对物体空间位置记忆能力的认知行为检测方法。与NOR相同，OLR也包括适应期、熟悉期和测试期三个阶段。前两个阶段完全相同，只是在测试期时会将熟悉期中两个完全相同的物体A_1和A_2中的一个移到另外一个不同的位置（图2-14）。这个移动到新位置的物体更能引起动物的兴趣，因此动物就会表现出对新位置上的物体更多的探索活动，具体体现在接触时间相对较多。

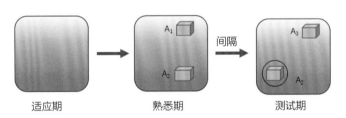

图2-14　物体位置识别实验程序示意图

3. 时序记忆实验

时序记忆实验（temporal order memory task，TOM）是一种用于检测动物对物体出现先后顺序记忆能力的认知行为检测方法。与上述两种方法的实验程序有所不同，TOM包括两个熟悉期，先后进行的熟悉期1和熟悉期2。在适应期结束后，先在实验箱中放入两个完全相同的物体A_1和A_2进行熟悉期1实验，经过一定的时间间隔（delay1），再在实验箱中放入另外两个完全相同的物体B₁和B₂进行熟悉期2实验。熟悉期2后再经过一定的时间间隔（delay2），进行测试期实验（图2-15）。由于在两个熟悉期中引入两对物体刺激对的时间存在先后，测试期时熟悉期1中先被引入的物体相对于熟悉期2中被引入的物体刺激更能引起动物的兴趣，因为随着时间的推移，熟悉期1中的物体特征被动物遗忘的更多，因此相对的具有了"新"的特征，动物探索的活动越多。

图2-15　时序记忆实验程序示意图

4. 物体情景记忆实验

物体情景记忆实验（object context recognition task，OCR）是用于检测动物对物体所处实验背景的记忆能力的方法。与TOM相同除了适应期和测试期外，也包括两个熟悉期，但是在两种不同背景环境的实验箱中进行。实验时动物需要分别适应两种背景下的实验箱。熟悉期1发生在第一种背景的实验箱中，此种背景下包括两个完全相同的物体A₁和A₂，熟悉期2发生在第二种背景的实验箱中，此种背景下存在另外两个完全相同的物体B₁和B₂，两个熟悉期间存在一定的时间间隔（delay1）。熟悉期2后再经过一定的时间间隔（delay2）在一种背景下的实验箱中进行测试期实验，这时与此种实验箱背景不匹配的物体更能引起动物的兴趣（图2-16）。

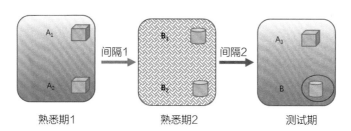

图2-16　物体情景记忆实验程序示意图

物体认知基本的程序包括适应期、熟悉期和测试期，每个时期的持续天数、次数和每个时期每次持续时间不同。适应期一般是每天一次，每次10min，连续适应2~3天。熟悉期和测试期通常在同一天内进行，每次实验时间3~5min最为常用。

对于小鼠，熟悉期和测试期的间隔时间最好为20～30min；而对于大鼠，间隔时间为1h，能更好地评价动物的辨别记忆能力。

评价指标

（1）新奇偏爱指数：$T_n/(T_n+T_f)$。T_n表示测试期时动物对新奇物体的探索时间，T_f表示测试期时动物对熟悉物体的探索时间。

（2）相对辨别指数（RI）：测试期实验时动物对新奇物体的探索时间和对熟悉物体的探索时间之差除以总探索时间计算得到的，具体的计算公式为：$RI=(T_n-T_f)/(T_n+T_f)$。

注意事项

（1）操作轻柔。为尽可能减轻动物的应激感，在每天进行实验前，实验员最好对实验动物进行轻柔的抚触，动作尽量温和。

（2）将动物放入测试箱内要背对物体，从中间位置放入。

（3）避免偏爱性为了防止实验动物对某个物体或某个位置产生偏爱性导致出现实验误差，在进行测试期实验时，需对熟悉物体和新奇物体的功能及位置要相互交换。

（4）排除气味为了避免气味对实验动物的影响，每次实验结束后就要用75%酒精或水对物体和实验箱体及时进行清洗。

讨论和小结

（1）物体认知实验熟悉期的主要目的就是引入"熟悉物体"，一般熟悉期时间为3min时，动物对"新奇物体"的探索明显增多。测试期是检测动物记忆能力的主要阶段，动物凭借对"新奇物体"的偏爱性，对两个不同物体探索时间会有所不同，但随着时间的推移最初的"新奇物体"可能不在具有新奇性，反而会更偏爱"熟悉物体"。因此，为确保实验结果的可靠性，测试期时间的选择要合理。一般来说，熟悉期时对两物体的总探索时间，小鼠的总探索时间应不低于38s，大鼠的总探索时间不应低于30s。

（2）物体认知实验的主要评价指标有新奇偏爱指数和相对辨别指数，通常选择其中一种。新奇偏爱指数大于0.5表明动物对新奇物体具有偏爱性；如该指标小于0.5则暗示动物对熟悉物体更加偏爱。相对辨别指数的数值范围为-1+1。-1表示动物在测试期时完全偏爱熟悉物体，0表示动物在测试期时对熟悉物体和新奇物体的探索时间相同无物体偏爱性，+1表示动物在测试期时完全偏爱新奇物体。负值表明动物偏爱熟悉物体，正值则表明动物更加偏爱新奇物体。正常大、小鼠的新奇物体偏爱指数应为：0.5～1.0；正常大、小鼠的相对辨别指数应为：0～1.0，且4～6周龄ICR雄性小鼠的相对辨别指数应为：0.4～0.6。

六、奖赏性操作条件反射

　　1938年心理学家斯金纳（B.F.Skinner）在经典条件反射基础上提出了操作条件反射，又称工具性条件反射。在操作条件反射的早期研究中常用的为斯金纳箱（skinner box）。操作条件反射被认为是较为高级的一种反射活动。实验动物多选择猴（猕猴、恒河猴），大、小鼠，狗，猫，家兔等。

　　操作条件反射根据条件刺激的不同，可分为奖赏性操作条件反射（rewarding operative conditional reflex）和防御性操作条件反射。奖赏性操作条件反射以能引起奖赏效应的物质（食物、糖水和成瘾性）作为条件刺激信号，结合非条件刺激信号（灯光或声音），动物通过随机发现、主动探索、获得经验，巩固记忆并再现，最终使动物形成条件反射。奖赏效应产生的行为学评价技术对动物的行为和心理伤害刺激小，对相关递质分泌和神经信号传导不产生干扰。操作式防御性条件反射则是通过训练，使动物能够结合非条件刺激信号（灯光或声音），习得通过操作行为预防或终止伤害性刺激（如电刺激）。通过设计条件反射训练、固定比率操作训练、信号辨识和信号消退等组合实验方案，能更精准的研究动物对复杂操作方式与辨识信号的学习记忆能力。

实验装置

　　操作条件反射系统，采用二级测控模式，下位机主要由测试箱、摄像头、操作装置、奖赏装置、信号刺激装置和电路组成（图2-17），上位机由计算机、打印机等组成。由计算机运行的主控程序发生指令，自动控制下位机实验进行，并接受下位机数据，进行统计处理。

　　1. 测试箱

　　奖赏操作实验箱形状一般为立方体构造，不同文献中所用测试箱在材料、尺寸、构造和颜色等方面存在差异。箱体内部尺寸（长×宽×高）一般为：猴90cm×75cm× 90cm；大鼠30cm×30cm× 55cm；小鼠20cm×20cm×25cm，长度和宽度增减幅度±15%。

图2-17　奖赏性操作条件反射装置及软件示意图
（北京康森益友科技有限公司）

2. 操作装置

主要采用的是操作踏板和拉杆，一般由步进电机带动操作装置前进或后退。

3. 奖赏装置

根据奖赏物质的不同，奖赏装置主要分为固体奖赏装置、液体奖赏装置和自身给药注射泵。

（1）固体奖赏装置 固体奖赏物多采用药片形状或颗粒固体奖励物。由步进电机驱动转轮，每转动一圈则给予一片或一粒奖赏物。固体奖赏物如颗粒饲料、巧克力丸等。

（2）液体奖赏装置 通过蠕动泵提供液体奖赏物，每蠕动一次则给予一滴液体奖赏物，可单次或连续多次泵出液体奖赏物。液体奖赏物如蔗糖水、酒精等。

（3）自身给药注射泵 自身给药实验多用于成瘾性研究。动物静脉插管后放在特制饲养笼中，插管通过静脉保护管连到注射泵。动物通过操作行为（如踏板），启动注射泵给药。奖赏物如成瘾性药物吗啡、海洛因、可卡因等。

4. 信号刺激装置

（1）灯光刺激 不同颜色信号灯，如白炽灯、红灯、蓝灯、黄灯等。信号灯刺激时间10～15s。

（2）声音刺激 声音刺激类型包括蜂鸣声、纯音、白噪声等。声音频率范围较广，1～31kHz均有报道。噪声集中在75～90dB。声音刺激时长1～15s。

5. 电刺激装置

大、小鼠实验箱底安装不锈钢或铜电网，通电电击动物脚掌；猴类将皮肤剃毛，安装电极施加电刺激。电流0.5～3.0mA，电压10～70V，电刺激时长5～8s。动物在规定的条件下进行操作（如踩踏板或拉杠杆），可终止电刺激惩罚。

操作步骤

在奖赏操作条件反射过程中，动物通过自由活动，在探索中偶然发现了奖赏物质，在训练过程中学习记忆刺激信号与奖赏物之间的联系；同样，动物通过对踏板的偶然触碰，发现了踏板操作能获得奖励物质。最后，动物能够根据刺激信号的规律进行操作，以获得奖赏强化，形成刺激信号（stimuli）—操作行为反应（response）—结果（outcome）之间的操作条件反射。操作式防御性条件反射的建立类似于上述过程，区别在于动物的操作目的是躲避伤害性刺激，而不是为了获得奖赏物质。

1. 奖赏操作条件反射

（1）训练前准备：限制饮食饮水 开始奖赏操作训练之前，限制动物食物供应。采用固体物质作为奖赏物质时，通过控制动物的食物供应［5～7g食物/（100g体重·天）］，每天监测体重变化（约10天），缓慢地降低动物的体重，使之达到正常饲养体重的80%～90%。而当采用液体物质作为奖赏物质时，除通过限食外，还需要饮水限制。此外，也有研究采用实验前24～48h进行限制饮水。通过限制饮食饮水使动物产生饥渴感，以保持奖赏物质对其驱动力，整个奖赏操作训练阶段要维持饮食饮水限制。

（2）适应训练　在进行奖赏实验之前，使动物在实验箱内进行适应训练，减少应激反应。引入奖赏物质，将动物放进测试箱内适应环境1～3天。适应期间记录动物的探头次数以及运动方面的指标，将探头次数偏离较远的动物剔除掉。

（3）条件反射建立　奖励性条件反射训练3～10天。在每个训练周期中，首先提供非条件性刺激（灯光或声音），然后给予奖赏物质进行强化；随即进入间隔期，间隔期间无非条件刺激和奖赏物质。非条件刺激时间5～15s，奖赏1次，间隔期30s～4min，实验时长20min～4h，训练周期3～7天。

（4）固定比率操作条件反射　动物操作一定次数后给予奖赏物质强化，称为固定比率操作条件反射。

①单次操作条件反射：连续强化方式即为单次操作条件反射训练。每个操作训练周期中，动物进行操作（踏板或拉杆），引发非条件刺激，随即给予奖赏物质进行强化。操作次数FR=1，非条件刺激时间5～15s，奖赏1次，实验时长20min～4h或连续操作10～50次，训练周期3～5天。

②连续多次操作条件反射：连续多次操作条件反射训练是在动物习得单次操作基础上进行的较为复杂的一种学习训练。每个操作训练周期中，动物应在规定时间内（2～6s），连续进行2次、3次、4次……N次操作（踏板或拉杆），才能够引发非条件刺激，给予一次奖赏物质进行强化。如果在规定时间内，达不到操作次数要求，则需要从零计次。操作次数FR=2，3，4……N，非条件刺激时间5～15s，奖赏1次，实验时长30min～4h或连续操作10～50次，训练周期3～5天。

（5）固定间隔操作条件反射　在一次奖赏强化后，需间隔一定时间才对操作行为进行强化，期间即使动物有操作行为也不给予奖赏物，称为固定间隔操作条件反射。每个操作训练周期中，动物进行操作（踏板或拉杆），引发非条件刺激，随即给予奖赏物质进行强化。然后进入间隔期，在此期间操作条件反射不给予强化。在固定间隔操作条件反射中，在强化后最初一段时间内没有条件反应，即明显的初休止期，然后逐渐增加操作频率直至第二次强化。操作次数FR=1，非条件刺激时间5～15s，奖赏1次，实验时长20min～4h或连续操作10～50次，训练周期3～7天。

（6）累进比率操作条件反射　累进比率操作条件反射要求动物在每次奖赏强化后，必须逐渐增加操作次数，才能再次强化。通常按一定公式计算逐渐增加的操作次数，以2N作为递增系数。每个操作训练周期中，动物应在规定时间内，连续进行1次，2次，4次，8次……2N次操作（踏板或拉杆），才能够引发非条件刺激，再给予奖赏物质进行强化。操作次数FR=1，

2，4，8……2N，非条件刺激时间根据操作次数决定，奖赏1次，实验时长30min～4h或连续操作10～50次，训练周期3～7天。

（7）视觉辨识条件反射

①位置信号识别条件反射：位置信号识别条件反射是测试动物对单一刺激信号的不同方位进行判断并做出正确反应。首先选择刺激信号（如灯光或声音），并指定某一方位为正确位置（如左侧）。每个操作训练周期中，刺激信号在正确方位和错误方位交替进行。当刺激信号出现在正确位置时，动物进行操作任务，则为正确操作，即可获得一次奖赏强化；当刺激信号出现在错误位置时，动物不论做出何种反应为错误反应，均无奖赏物。操作次数FR=1，非条件刺激时间5～15s，奖赏1次，实验时长30min～4h或连续操作30～50次，训练周期3～5天。

②视觉信号识别条件反射：视觉信号识别条件反射是测试动物对不同颜色信号刺激进行判断并做出正确反应。首先选择正确颜色信号灯，如蓝灯为正确信号灯，红灯为错误信号灯。每个操作训练周期中，两种信号灯交替闪亮，当正确信号灯亮时，动物进行操作任务，则为正确操作，即可获得一次奖赏强化；当错误信号灯亮时，动物不论做出何种反应为错误反应，均无奖赏物。操作次数FR=1，非条件刺激时间5～15s，奖赏1次，实验时长30min～4h或连续操作30～50次，训练周期3～5天。

（8）消退实验　在非条件性刺激出现，并没有给予奖赏强化，那么两种刺激之间的联系就会逐渐消失，这种现象称为消退。其实验过程与一般奖赏性操作条件反射相同，但没有奖赏物给出。

2. 自身给药条件反射

自身给药条件反射属于操作式条件反射，药物的强化效应可使动物主动操作，操作行为反映了动物的求药欲望和觅药行为。自动给药条件反射训练中，首先引导动物在刺激信号（如灯光或声音）发生时进行操作，随即获得药物注射（如吗啡）。每个操作训练周期中，当刺激信号出现时，动物进行操作（踏板或拉杆），随即给予一次药物注射进行强化。操作次数FR=1，非条件刺激时间5～15s，奖赏1次，实验时长30min～4h或连续操作10～30次，训练周期3～7天。经过一段时间训练后，操作次数与药物注入量（日摄入总量，total daily dose，TDD）趋于稳定。

3. 操作式防御性条件反射

每个操作训练周期中，首先出现刺激信号（如灯光或声音），随即给予动物足部电击刺激。动物应在刺激信号期间进行操作，踩踏板或拉杠杆，则能够断开电路以避免或终止电击。操作次数FR=1，非条件刺激时间5～15s，电刺激时间5～8s，操作训练10～30次，训练周期1～7天。

评价指标

（1）正确操作次数　在正确刺激信号时，动物操作的次数。

（2）错误操作次数　在错误刺激信号时，动物的操作次数。

（3）操作潜伏期　实验开始到第一次有效操作的时间。

（4）鼻触总次数　动物头部进入奖赏区域内探索次数。

（5）正确鼻触次数　在记录时间内发生的正确鼻触的次数。

（6）有效鼻触次数　在系统给予奖赏后，动物发生的正确鼻触次数。

（7）鼻触正确率　有效鼻触次数/鼻触总次数。

（8）鼻触潜伏期　实验开始后到动物完成第一次有效鼻触的时间。

（9）奖赏获得次数　动物在操作任务中获得奖赏物质次数。

（10）条件反应率　动物建立条件反射的比率。

（11）实验总时间　动物完成连续多次操作任务所需时间。

注意事项

（1）实验期间保持环境安静，减少对动物的干扰。

（2）实验过程中，及时观察刺激信号、奖赏或给药装置、操作装置是否正常工作。

（3）采用声音作为刺激信号时，要注意隔音，避免相互干扰。

（4）随时注意清洁测试箱内动物的粪便和尿液。

讨论和小结

奖赏操作条件反射属于脑的高级神经活动。在操作条件反射基本实验方法基础上，通过变换信号刺激、操作方式、强化条件的组合，可以产生不同难易程度、不同类型的认知功能检测方法，用于评价兴趣、注意力、学习记忆、决策能力、执行能力等，因此其在脑功能研究中发挥重要作用。相关参数总结如下：

（1）根据实验目的和实验动物的不同，操作条件反射装置尺寸和构造差异较大，实验步骤也不同。奖赏操作条件反射配备刺激信号装置、操作装置、奖赏装置（固体或液体）；自身给药条件反射配备刺激信号装置、操作装置、自身给药注射泵；操作式防御性条件反射配备刺激信号装置、操作装置、惩罚装置（一般为电刺激）。

（2）条件反射建立的标准为，当给予非条件刺激后（如声音或灯光），动物进行操作行为以获得物质奖励或躲避电刺激惩罚，即建立条件反射。条件反射建立的标准为条件反射率达到60%～90%。

（3）操作条件反射的常用评价指标和意义如下：踏板次数反映操作学习能力，鼻触次数反映探索兴趣性，奖赏或给药次数反应条件反射建立情况，辨别指数反映学习记忆能力，运动路程反映自主活动能力等。实验结果一般采用组间比较，如其中行为学指标统计学上有显著性差异（$P<0.05$），且增减幅度大于15%，其余指标发生同向性改变，则视为操作条件反射的学习记忆行为有改变。

（4）目前国内主要利用此方法开展药物成瘾性研究。近年来设计多重复杂操作任务，开展航天等特因环境下学习记忆能力的评价及脑功能增加措施也开始受到国内科学家的重视。

七、触屏操作法

触屏操作法（the touch-screen testing method）是一种新兴的、计算机自动化的动物学习记忆认知行为检测方法，起始于20世纪90年代英国剑桥大学。与奖赏性操作条件反射相同，触屏操作实验方法也是一种基于斯金纳反射理论的动物操作行为检测方法，而两者最大的不同在于动物操作装置和信号呈现方式：前者一般通过操纵杆或操作踏板作为动物操作装置，信号一般是简单的灯光或声音等固定样式的信号；而后者则是通过在触摸屏上呈现任意样式、任意位置的图案作为信号，动物直接触碰屏幕进行操作。

目前触屏操作装置多采用物质奖励作为驱动力，通过触摸屏呈现刺激信号（stimulus，S），动物对触摸屏信号做出相应操作（response，R）从而获得奖励性物质（outcome，O），奖励性物质作为一种增强物，促进动物自身对整个条件反射的学习，达到正性强化，完成完整的斯金纳条件反射（S-R-O）。也有一些实验利用触屏操作装置进行操作式防御性条件反射，使用如底部电击等惩罚作为结果，通过学习预防惩罚建立条件反射。

触屏操作实验操作方法最主要应用于啮齿类动物，包括大鼠和小鼠，其他实验动物也包括灵长类动物如猩猩，以及非灵长类动物如猕猴和狨猴等。由于其具有很高的表观效度，使其在临床前动物实验成果向临床试验转化方面有着很大的潜力。

实验装置

触屏操作装置采用上位机和下位机控制模式，主要包括测试箱、操作装置、奖赏装置、信号刺激装置等。由计算机运行指令，控制下位机自动进行实验，记录数据并统计，制成并输出表格。

1. 测试箱

目前市面上的斯金纳箱一般为立方体，也有助于动物集中注意力的梯形构造，一般将触摸操作测试箱放置于隔音箱内。

动物活动区域范围（长×宽×高）约为：大鼠35cm×35cm×30cm，小鼠20cm×20cm×20cm，不同品牌实验仪器尺寸稍有波动。

2. 操作装置

采用触摸屏作为动物操作装置。

3. 奖赏装置

根据奖赏物质的不同，奖赏装置主要分为固体奖赏装置、液体奖赏装置。

（1）固体奖赏装置　固体奖赏物多采用药片形状或颗粒固体奖励物。由步进电机驱动转轮，每转动一圈则给予一片或一粒奖赏物。固体奖赏物常用颗粒饲料和糖丸等。大鼠实验用固体奖励一般为45mg，小鼠一般为14mg。

（2）液体奖赏装置　通过蠕动泵提供液体奖赏物，每蠕动一次则给予液体奖赏物，一般为7~30μL或1滴，液体奖赏物可单次或连续多次泵出。液体奖赏物常用20%~50%稀释的蔗糖水、奶昔、炼乳等。

4. 信号刺激装置

（1）图像信号　图像的尺寸和形状可以基于不同的实验任务进行调节，包括黑白简单图案、黑白照片等，图像根据实验需求一般保持10~45s，或者直到动物触碰后图像消失。

（2）灯光刺激　一些实验中使用灯光刺激作为辅助信号，如室灯（house light），一般为3W，提示动物实验操作正确或错误；在食物盒上的信号灯，提示动物奖励的发放或者触发实验开始。

（3）声音刺激　声音刺激一般为蜂鸣，声音频率和强度可以调节，频率范围一般在1000~3000Hz，音量约65dB，时间持续0.5~2s。一些实验中使用声音刺激作为辅助信号，提示动物操作结果正确或错误。

5. 条件反射建立标准

屏幕上给予图案信号后，动物主动对图案进行相应触碰，以达到获得奖赏物质或者避免惩罚，可认为成功建立条件反射。一般认为在连续两天训练中，在每次训练时间内完成指定次数操作或正确率达到60%~80%，即认为已成功建立反射，可进行下一阶段训练。

操作步骤

以奖赏物质为驱动力，在触屏奖赏操条件反射建立过程中，动物首先建立刺激（S）与奖赏物质（O）直接的反射：动物通过自主探索，发现图案信号的出现与奖赏物质之间的关系

（S-O）；之后引入触碰屏幕（R）这一引发奖赏物质的必要条件，使动物在信号出现时，只有触碰信号图案才能获得奖赏物质（S-R-O）；最后对动物触碰信号图案的具体操作进行限制，动物通过学习图案信号与奖赏物质出现之间的规律，完成难度逐渐升级的条件反射建立。而基于电击等伤害性结果（O）进行训练的操作式防御性条件反射与上述过程相似，动物在触屏操作中以躲避伤害为条件反射建立的驱动力。

1. 训练前准备：限制饮食饮水

开始奖赏操作训练之前，限制动物食物和饮水的供应：大鼠5~7g食物/（100g体重·天），小鼠2~3g食物/（只·天），以缓慢的降低动物的体重，同时每天监测体重变化，使之达到正常饲养体重的80%~90%，此过程一般进行一周。此外，也有研究采用实验前24~48h进行限制饮水。通过限制饮食饮水使动物产生饥渴感，以保持对奖赏物质的驱动力，整个奖赏操作阶段要维持饮食饮水限制。

2. 适应训练

动物限食限水后进行适应性训练，减少动物的应激反应，增加动物对实验环境和奖赏物质的熟悉度。在适应的同时引入奖赏物质：在实验开始时提供奖赏物质，动物头部进入食物盒后再次给予奖赏物质。在适应训练过程中，动物尝试进入食物盒的次数增多。

该阶段一般进行1~3天，每天20~60min，每次训练进行30~100次实验，以连续两天训练的成功率达到60%~80%为训练结束标准。同时也有部分文献报道不进行适应训练，直接进行条件反射建立阶段。

3. 前期训练阶段

不同文献中触屏操作奖赏的前期条件反射建立阶段不尽相同，一般可以分为两个阶段：

刺激-奖赏反射建立阶段（S-O）：屏幕上出现图案作为刺激信号（不同文献中呈现时间不同，一般呈现15~45s），动物触碰屏幕任意位置或不触碰屏幕，都会引起奖赏物质出现，进入间歇期（持续2s~4min），间歇期结束后开始新一轮实验。实验一般持续20~30min，以动物能连续两天在实验过程中完成50~60次操作为结束标准，也有文献报道动物在30次操作中成功率达到85%以上即可开始下一阶段。

刺激-触屏操作-奖赏反射建立阶段（S-R-O）：在上一阶段的基础上，动物必须触碰屏幕呈现的图案才能触发奖赏物质出现。若动物未在图案信号呈现期间触碰屏幕，则视为失败，没有奖赏物质发放，之后进入间歇期，间歇期结束后开始新一轮实验。实验一般持续20~30min，以动物能连续两天在实验过程中完成50~60次操作为结束标准，也有文献报道动物在30次操作中成功率达到85%以上即可开始下一阶段。

在训练过程中，如果动物对图案信号做出错误反应，那么将进入纠正程序，即在下一轮实验中，刺激图案将重新出现在原来的位置，并且反复呈现，直到动物能做出正确反应。校正程序一般不计入完成总次数中。

4. 检测阶段

基于计算机系统的触屏实验有20余种检测模式，特别是近几年来，越来越多的实验模式被开发，触屏实验的灵活和多样性满足了实验研究更多的可能。接下来将介绍其中最常用的几种实验模式。

（1）视觉辨别与逆转（visual discrimination and reversal，VDR） 此实验中，触摸屏呈现两个图形信号，并设定其中一个为正确信号，另一个为错误信号，若动物触摸正确信号，则认为操作正确，可以获得奖赏物质；反之，若触碰错误信号，则认为操作错误，不能获得奖赏物质（在操作式防御性条件反射中，则给予电刺激等惩罚）。一般以正确率达到85%左右认为动物成功习得该反射。

待动物学会该任务后，将刺激信号逆转，即设定原本正确的信号为错误信号，错误信号为正确信号，其他条件不变，观察动物行为变化，一次实验中可进行多次逆转实验。逆转学习过程分为未习得逆转之前和习得逆转之后两个阶段，结束标准为要求连续两天动物达到一定的正确率：前者要求正确率达到37%以上，后者要求正确率达到85%以上。

（2）配对联结式学习（paired associate learning，PAL） 此实验中，触摸屏被分为三个空间位置并对应出现三个不同图案，设定每个图案都有对应固定正确位置。在每次实验中会随机出现两个图案，其中只有一个图案是出现在正确位置上的，另一个图案出现在两个错误位置之一，第三个位置不呈现图案，即一共可能出现六种可能的图案和位置组合类型。此时动物只有触碰处于正确位置的图案，才能获得奖赏物质，若触碰出现在错误位置的图案则视为错误操作。

（3）空间/位置辨别学习和逆转（spatial/location discrimination and reversal） 在此实验中，屏幕对称两侧呈现两个正方形白色图案刺激信号，并且两个图案之间的距离可以调节，指定屏幕一边的方块为正确刺激，另一个边图案为错误刺激，动物触碰正确刺激图案视为正确操作，得到奖赏物质，若触碰出现在错误位置的图案则视为错误操作，没有奖励物质。在连续8次测试中若有7次正确操作，即可进行逆转训练。根据图案之间的距离可将实验分为高分离度和低分离度任务，神经受损的动物对间隔不同距离的信号刺激辨别能力不同（图2-18）。

图2-18 位置辨别学习和逆转图案信号呈现示意图

（4）5种选择序列反应任务（5-choice serial reaction time task，5-CSRT）　在此实验中，触摸屏出现五个相同的位置，并在其中随机一个位置出现短暂的视觉刺激，设定这个位置为正确位置，动物对出现的正确位置进行触碰视为正确操作，可以获得奖赏物质，若触碰其他位置则视为错误操作，不能获得奖赏物质（图2-19）。

图2-19　5种选择序列反应任务图案信号呈现示意图

（5）独特延迟不匹配位置任务（trial-unique，delayed nonmatching-to-location task，TUNLT）在此实验中，屏幕被分为多行多列，具有多个信号窗口。实验先随机在一个窗口呈现信号，记为样本信号，样本信号消失后进入延迟阶段。延迟阶段结束后，屏幕上呈现样本信号，同时在新位置呈现测试信号。动物在此阶段触碰新出现的测试信号视为正确操作，可以得到奖励物质；否则为错误操作，不能得到奖励物质。

TUNL任务可以通过调整样本信号和测试信号的距离、延迟阶段的时间等，对动物进行精确全面的行为学评价（图2-20）。同时，通过多种信号组合排列方式，TUNL能够有效减轻动物对信号位置的预知，以减少动物的惯性行为对实验结果造成的偏差（mediating strategies）。

阶段1　　　　　　　　　　　阶段2

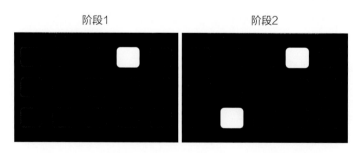

图2-20　独特延迟不匹配位置任务图案信号呈现示意图

（6）消退（extinction）　动物前期建立了条件反射之后，在奖赏刺激信号出现时不给予奖赏物质，随着训练的进行，动物对刺激信号和奖赏物质之间的联系逐渐消失，减少对奖赏刺激信号做出的反应，已建立的条件反射消退。

评价指标

（1）完成时间　动物完成全部操作任务所需时间。

（2）运动路程　动物在实验箱运动的总路程。

（3）运动速度　动物在实验箱内的平均运动速度。

（4）运动轨迹　动物在实验过程中运动的轨迹路线。

（5）达到标准的训练次数/实验次数（session/trail to criterion）　动物训练情况达到实验人员设定的标准所需的训练次数。

（6）正确/错误次数（correct/incorrect trials）　在一次训练中，动物做出正确/错误触屏选择的次数。

（7）正确率/错误率　在一次训练中，动物做出正确/错误触屏选择次数与总反应次数的比值。

（8）校正次数（correction trails）　在一次训练中，动物做出错误触屏选择后，进入校正实验，校正次数即为纠正一次错误所需要矫正实验的次数。

（9）持续指数（perseveration index，PI）　纠正每次错误所需的平均校正错误数，PI=correction trails / incorrect trials。

（10）触屏潜伏期（average choice latency）　从刺激出现开始，到动物做出触屏动作的平均时间。

（11）摄食潜伏期（average magazine latency）　从正确触屏操作，到动物收集食物奖励的平均时间。

（12）遗漏率（omissions，%）　图案信号出现后，动物未对屏幕做出相应反应，评价动物的专注力。

（13）过早反应（premature responses，%）　实验每次开始后未出现图案信号的间歇期间，动物即对屏幕做出相应反应，评价动物的冲动性。

（14）持续性反应（perseverative response）　在过早反应、正确反应后的收集奖励之前，和错误反应后的暂停间歇期间，动物对屏幕的持续反应。

注意事项

与奖赏性操作条件反射相似，触屏操作实验方法利用物质奖励作为驱动力使动物做出反应，是啮齿类动物在环境中自然地进行感知学习的结果，故要求实验环境保持安静，减少外界干扰对动物自主活动的影响；每只动物完成检测后，需要清除测试箱内动物的排泄物，并用湿毛巾进行擦拭以尽可能消除前一只动物的气味，以减少对下一只动物的干扰。

同时，有一些其他的影响触屏操作实验的因素，如实验动物的种类（不同动物模型对不同触屏操作任务的敏感性不同）、计算机显示图形（动物对某些图形的自发偏爱以及图案大小等）和实验间隔与实验次数等。

尽管触屏操作实验全程计算机自动化进行，但是在实验过程中仍需要实验人员对实验过程进行监督，以确保仪器正常运行。

讨论和小结

多数认知行为检测将动物暴露于高压负面环境下，如电击环境、水环境等，这种具有强迫性质的检测方法，往往会使动物运动和认知行为的灵活性受到影响，而基于奖励原理的触屏操作实验则避免了这些问题。触屏操作实验的信号复杂、模式复杂，表现在可以通过调整刺激信号的图案、出现位置、出现时间等实验参数可以对触屏操作实验模式进行灵活改变，实现了对动物的认知相关的多方面能力的精确检测。但与此同时，触屏实验也会被实验过程中的相关参数影响，如动物模型对信号的敏感度、动物对某些图形的自发偏爱等。

在触屏实验方法中，动物通过内在驱动力主动探索，奖励物质强化操作行为，对伴随出现的中性信号刺激产生预判，从而形成操作式条件反射。这一过程基于斯金纳操作式条件反射原理，是检测联合型学习记忆（associative learning）的重要方法。与其他认知行为检测方法不同，奖赏操作检测方法需要动物通过辨别信号主动完成指定操作任务，特别适用于航空、航天、航海等军事领域。在失重、密闭空间等特因环境下，操作人员往往需要在陌生的环境中完成精密复杂的操作，在这种特因环境下认知功能的改变以及药效评价显得至关重要。在社会高科技发展的背景下，触屏操作方法更适合精密先进工作领域的脑科学探索，弥补了特因环境下认知功能检测的空缺，是一种革命性的创新型检测方式。

参考文献

[1] 《实验动物小鼠和大鼠学习记忆行为实验规范》实施指南.

[2] 石哲. 基于奖励性操作式条件反射的益智复方中药药效评价方法研究 [D]. 北京: 中国医学科学院 北京协和医学院 药用植物研究所, 2012.

[3] Bear M F, Connors B W, Paradiso M A. Neuroscience: Exploring the Brain, 3rd Edition [M]. Neuroscience : exploring the brain, 2007.

[4] 孙秀萍, 王琼, 石哲, 等. 动物行为实验方法学研究的回顾与展望 [J]. 中国比较医学杂志, 2018, 028 (003): 1-7.

[5] Sutherland R J, Whishaw I Q, Regehr J C. Cholinergic receptor blockade impairs spatial localization by use of distal cues in the rat [J]. Journal of comparative and physiological psychology, 1982, 96 (4): 563.

[6] 刘新民, 王圣平, 于澍仁, 等. 计算机控制的小鼠跳台测试仪 [J]. 中国药理学通报, 1994, 10 (6): 471-472.

[7] 薛丹, 陈善广, 徐淑萍, 等. 构建自动、智能及敏感度高的避暗实验检测系统 [J]. 中国组织工程研究与临床康复, 2010, 14 (15): 2778-2782.

[8] Shi Z, Sun X, Liu X, et al. Evaluation of an Aβ 1–40-induced cognitive deficit in rat using a reward-directed instrumental learning task [J]. Behavioural Brain Research, 2012, 234 (2): 323-333.

[9] 宋广青, 高莉, 孙秀萍, 等. 大鼠物体识别实验装置的研制 [J]. 中国比较医学杂志, 2013, 23 (8): 80-86.

[10] Kezhu W, Pan X, Cong L, et al. Effects of ginsenoside Rg1 on learning and memory in a reward - directed instrumental conditioning task in chronic restraint stressed rats [J]. Phytotherapy Research, 2017, 31 (1): 81-89.

[11] Dang H, Sun L, Liu X, et al. Preventive action of Kai Xin San aqueous extract on depressive-like symptoms and cognition deficit induced by chronic mild stress [J]. Experimental biology and medicine, 2009, 234 (7): 785-793.

[12] Wang Q, Sun L H, Jia W, et al. Comparison of ginsenosides Rg1 and Rb1 for their effects on

improving scopolamine - induced learning and memory impairment in mice [J]. Phytotherapy Research, 2010, 24 (12): 1748-1754.

[13] Hvoslef-Eide M, Mar A C, Nilsson S R O, et al. The NEWMEDS rodent touchscreen test battery for cognition relevant to schizophrenia [J]. Psychopharmacology, 2015, 232 (21): 3853-3872.

[14] Morris R. Developments of a water-maze procedure for studying spatial learning in the rat [J]. Journal of neuroscience methods, 1984, 11 (1): 47-60.

[15] 刘新民, 陈善广, 王圣平, 等. 益智中草药研究中的一种新方法 [J]. 中草药, 1998, 29 (3): 714-177.

[16] Vorhees C V, Williams M T. Morris water maze: procedures for assessing spatial and related forms of learning and memory [J]. Nature protocols, 2006, 1 (2): 848-858.

[17] Rogers J, Churilov L, Hannan A J, et al. Search strategy selection in the Morris water maze indicates allocentric map formation during learning that underpins spatial memory formation [J]. Neurobiology of learning and memory, 2017, 139: 37-49.

[18] Dellu F, Mayo W, Cherkaoui J, et al. A two-trial memory task with automated recording: study in young and aged rats [J]. Brain research, 1992, 588 (1): 132-139.

[19] Kraeuter A K, Guest P C, Sarnyai Z. The Y-maze for assessment of spatial working and reference memory in mice [M]//Pre-clinical models. Humana Press, New York, NY, 2019: 105-111.

[20] Miller R C, Miller E K. Lack of a long-term effect of LSD on Y-maze learning in mice [J]. Nature, 1970, 228 (5276): 1107-1108.

[21] 杨玉洁, 李玉姣, 李杉杉, 等. 用于评价大小鼠学习记忆能力的迷宫实验方法比较 [J]. 中国比较医学杂志, 2018, 28 (12): 129-134.

[22] Dudchenko Paul A. How do animals actually solve the T maze? [J]. Behavioral Neuroscience, 2001, 115 (4): 850-860.

[23] Graeff F G, Viana M B, Tomaz C. The elevated T maze, a new experimental model of anxiety and memory: effect of diazepam. [J]. Brazilian journal of medical and biological research, 1993, 26 (1): 67-70.

[24] Witte Robert S.. Conditional response probability in a T maze. [J]. Journal of Experimental Psychology, 1961, 62 (5): 439-447.

[25] Merrell E. Thompson. Alternation in a T Maze as a Function of Three Variables [J]. Psychological Reports, 1960, 7 (1): 103-110.

[26] Blodgett H C, McCutchan K. Relative strength of place and response learning in the T maze [J]. Journal of Comparative and Physiological Psychology, 1948, 41 (1): 17.

[27] Olton D S, Collison C, Werz M A. Spatial memory and radial arm maze performance of rats [J]. Learning and motivation, 1977, 8 (3): 289-314.

[28] ECKERMAN, DAVID A. Monte Carlo estimation of chance performance for the radial arm maze [J]. Bulletin of the psychonomic society, 1980, 15 (2): 93-95.

[29] 刘波, 王杨, 李志杰. 应用于行为学研究中八臂迷宫实验方法的改良. 实验动物与比较医学, 2019, 39 (3): 226-230.

[30] Barnes CA. Memory deficits associated with senescence: a neurophysiological and behavioral study in the rat. J Comp Physiol Psychol. 1979; 93 (1): 74-104.

[31] Rosenzweig ES, Barnes CA, McNaughton BL. Making room for new memories. Nat Neurosci. 2002; 5 (1): 6-8.

[32] Harrison F E, Reiserer R S, Tomarken A J, et al. Spatial and nonspatial escape strategies in the Barnes maze [J]. Learning & memory, 2006, 13 (6): 809-819.

[33] Wang H, Lv J, Jiang N, et al. Ginsenoside Re protects against chronic restraint stress-induced cognitive deficits through regulation of NLRP3 and Nrf2 pathways in mice [J]. Phytotherapy Research, 2021, 35 (5): 2523-2535.

[34] 黄红, 陈碧清, 姜宁, 吕静薇, 王海霞, 卢聪, 刘新民, 吕光华. 鲜天麻对睡眠干扰诱导小鼠学习记忆障碍的改善作用 [J]. 中草药, 2020, 51 (09): 2509-2516.

[35] 陶雪, 张梦获, 王丽莎, 周云丰, 王智, 刘新民, 常琪. 卵巢摘除对小鼠学习记忆及海马相关蛋白的动态影响 [J]. 神经药理学报, 2019, 9 (04): 59-60.

[36] 卜兰兰, 石哲, 孙秀萍, 刘新民, 赵明耀, 高江晖. 一种辅助改善记忆保健食品功能评价的动物模型 [J]. 中国食品卫生杂志, 2011, 23 (05): 402-406.

[37] 孟慧, 陈善广, 邢志新, 刘新民, 王圣平, 王立为, 肖培根. 基于数字图象处理技术的避暗测控系统设计 [J]. 中国图象图形学报, 1996 (Z1): 437-441.

[38] 党海霞. 穿梭计算机分析系统的建立和开心散改善抑郁症认知功能障碍研究 [D]. 中国协和医科大学, 2008.

[39] 何怡然, 马静遥, 廖端芳, 刘新民. 慢性束缚应激对大鼠的学习记忆功能的影响 [J]. 中国药理学与毒理学杂志, 2012, 26 (03): 450.

[40] 巩臣, 张炎杰, 张檬, 石崝岳, 刘湘, 柳攀, 廖晓玲, 周艺, 刘雪. 一种开源的多功能动物行为学实验系统 [J]. 中国比较医学杂志, 2020, 30 (04): 92-98.

[41] Ennaceur A, Delacour J. A new one-trial test for neurobiological studies of memory in rats. 1:

Behavioral data [J]. Behavioural brain research, 1988, 31 (1): 47-59.

[42] Dix S L, Aggleton J P. Extending the spontaneous preference test of recognition: evidence of object-location and object-context recognition [J]. Behavioural brain research, 1999, 99 (2): 191-200.

[43] Akkerman S, Blokland A, Reneerkens O, et al. Object recognition testing: methodological considerations on exploration and discrimination measures [J]. Behavioural brain research, 2012, 232 (2): 335-347.

[44] 宋广青, 孙秀萍, 刘新民. 大鼠物体识别实验方法综述 [J]. 中国比较医学杂志, 2013, 23 (5): 72-78.

[45] 邹冈, 金国章, 胥彬. 操作式条件反射在神经药理学中的应用 [J]. 生理科学进展, 1963, (01): 58-66.

[46] 石哲, 陈善广, 刘新民, 等. 奖励性操作式条件反射任务在大鼠学习记忆研究中的应用 [J]. 中国实验动物学报, 2012, (04): 9-15.

[47] 乔德才, 刘晓莉. 建立操作式条件反射动物模型的实验性研究 [J]. 中国运动医学杂志, 1999, (03): 252-253+225.

[48] 王克柱, 徐攀, 刘新民, 等. 两品系大鼠在经典条件反射和操作式条件反射中的行为学表现 [J]. 中国实验动物学报, 2016, (01): 65-71.

[49] Shi Z, Chen L, Li S, et al. Chronic scopolamine-injection-induced cognitive deficit on reward-directed instrumental learning in rat is associated with CREB signaling activity in the cerebral cortex and dorsal hippocampus [J]. Psychopharmacology, 2013, 230 (2): 245-260.

[50] Brembs B, Lorenzetti F D, Reyes F D, et al. Operant reward learning in Aplysia: neuronal correlates and mechanisms [J]. Science, 2002, 296 (5573): 1706-1709.

[51] Dumont J R, Salewski R, Beraldo F. Critical mass: The rise of a touchscreen technology community for rodent cognitive testing [J]. Genes, Brain and Behavior, 2021, 20 (1): e12650.

[52] Bussey T J, Padain T L, Skillings E A, et al. The touchscreen cognitive testing method for rodents: how to get the best out of your rat [J]. Learning & memory, 2008, 15 (7): 516-523.

[53] Chudasama Y, Bussey T J, Muir J L. Effects of selective thalamic and prelimbic cortex lesions on two types of visual discrimination and reversal learning [J]. European Journal of Neuroscience, 2001, 14 (6): 1009-1020.

[54] Horner A E, Heath C J, Hvoslef-Eide M, et al. The touchscreen operant platform for testing learning and memory in rats and mice [J]. Nature protocols, 2013, 8 (10): 1961-1984.

[55] Saifullah M, Bin A, Komine O, et al. Touchscreen-based location discrimination and paired

associate learning tasks detect cognitive impairment at an early stage in an App knock-in mouse model of Alzheimer's disease [J]. Molecular Brain, 2020, 13 (1): 1-13.

[56] Tran T P, Christensen H L, Bertelsen F C B, et al. The touchscreen operant platform for assessing cognitive functions in a rat model of depression [J]. Physiology & Behavior, 2016, 161: 74-80.

[57] 姜宁, 张亦文, 黄红, 陈善广, 刘新民. 大小鼠学习记忆行为实验方法分类概述 [J/OL]. 中国实验动物学报: 1-7.

第三章

焦虑行为实验方法

焦虑症（anxiety）作为一种复杂的情绪障碍疾病，其发病是由心理、社会、生理等多方面因素共同作用的结果。是由即将发生但又不可避免的应激危险性事件引起的一种防御性情绪反应，或者兴趣和恐惧场景并存时的矛盾冲突心理而产生的情绪反应。主要表现为发作性或持续性的恐惧、担心和紧张等情绪反应，并伴有自主神经功能失调、肌肉紧张与运动不安等症状。

| 第一节

引言

一、焦虑样行为的定义及发生机制

动物焦虑样行为（anxiety-like behavior）与人焦虑障碍表现类似，包括焦虑、紧张、惊恐不安、探究抑制和逃跑等，生理生化指标表现为心率加快、血浆皮质酮水平增加等。

参与焦虑症发生的脑区主要包括杏仁核、前额皮层、海马、蓝斑、中缝核等。其中杏仁核的中央核控制恐惧和焦虑反应，包括激活交感神经、激活下丘脑-垂体-肾上腺轴（hypothalamus pituitary adrenal axis，HPA）等。前额皮层与杏仁核相互连接，参与焦虑反应的认知调节和控制。海马参与记忆储存，并通过记忆评估应激反应，长期应激、创伤后应激障碍（post-traumatic stress disorder，PTSD）后海马出现萎缩。蓝斑含有去甲肾上腺素能（noradrenergic，NE）神经元胞体，并投射至大脑皮层、边缘系统、小脑等，激活交感神经系统，但蓝斑在焦虑障碍中的作用相对较小。中缝核含有5-羟色胺（5-hydroxytryptamine，5-HT）能神经元胞体并投射至大脑皮层、海马、蓝斑、杏仁核等，5-HT参与情绪、认知、睡眠、食欲、体能等调节。投射至海马和杏仁核的5-HT神经元抑制恐惧反应。

二、焦虑常见的诱导因素

大多数焦虑症患者都曾经历严重的心理应激事件。一些精神病症也可能产生焦虑症状，如精神分裂症、强迫症等精神疾患。其焦虑不一定由实际威胁事件本身所引起，其紧张惊恐程度与实际威胁事件强度不相称。将实验动物置于多种潜在的或实际的威胁事件（天敌暴露、社会隔离、母爱剥夺等）场景，使其产生焦虑情绪是焦虑动物模型常见的诱导方法。值得注意的是，这些威胁事件通常也可引起抑郁、恐惧或学习记忆功能减退等行为表现。

三、焦虑行为实验方法分类

焦虑行为实验方法可分为两大类，非条件反射性焦虑行为实验和条件反射性焦虑行为实验。

非条件反射焦虑行为实验指动物对外界新奇环境或物体的本能好奇探索心理去探索时，同时外界自然存在着恐惧的场景，动物发生焦虑不安。包括探究行为、社会行为和防御行为，经典的实验方法包括旷场、高架十字迷宫、明暗箱、孔板、新奇环境摄食抑制和新奇物体探索实验等。

条件反射焦虑行为实验指动物由于自身驱动（饮食饮水）动力而探索时，人为给予惩罚性刺激，使动物在满足自身驱动动机和避免处罚间产生的矛盾冲突心理叠加，从而产生焦虑。包括饮水冲突、Geller-Seifter冲突等。

四、焦虑行为实验方法的应用领域

焦虑行为实验方法对于研究焦虑的发生发展机制、抗焦虑药物研发具有广泛的应用价值。如极地、高原、深海和太空等不同于地球生活的极限环境，导致的焦虑症状，重大新发突发传染性疾病、地震和战争等诱导的创伤后应激综合征，焦虑是其主要的表现。焦虑行为实验方法在寻找有效的防护措施方面有着重大意义。

| 第二节

焦虑行为实验方法

一、高架十字迷宫

高架十字迷宫（elevated plus-maze test，EPM）是利用啮齿类动物对黑暗、封闭空间的偏好和对高而空旷环境的恐惧产生的矛盾冲突状态，检测动物的焦虑样作用。高架十字迷宫由Montgomery于1955年建立后，Pellow等将其发展成为一种能有效评价大鼠焦虑状态的实验方法。1987年Lister进一步改进装置，用于评价小鼠焦虑状态。

实验装置

高架十字迷宫实验装置包括测试箱、摄像系统和计算机。

测试箱分为大鼠高架十字迷宫和小鼠高架十字迷宫。大鼠高架十字迷宫为包括两个50cm×10cm的相对开臂（open arms）和两个50cm×10cm×40cm的相对闭臂（closed arms），闭臂上部是敞开的，迷宫中央有一10cm×10cm的开阔部；支架为铁材质，高架高度53～56cm。小鼠高架十字迷宫包括两个30cm×5cm的相对开臂和两个30cm×5cm×15cm的相对闭臂，闭臂上部是敞开的，迷宫中央有一5cm×5cm的开阔部。迷宫离地高度60～70cm。动物在迷宫内的行为表现由摄像机捕获后传入计算机。模拟图像转化为数字图像储存并分析得到有关的测试参数。软件分析系统能自动地采集动物的起始位置、进入开合臂、搜索目标等所需时间、运行轨迹等参数，并可将所采集的各种资料进行统计和分析（图3-1）。

图3-1　高架十字迷宫装置及软件示意图（安徽正华生物仪器设备有限公司）

操作步骤

通常选取雄性ICR小鼠[（18±2）g]或雄性SD大鼠[（180±10）g]。

（1）动物适应性饲养至少1周。饲养密度为4～6只/笼，维持饲养温度为（22±2）℃，湿度为50%±10%，保持12h昼夜节律，摄食和饮水自由。

（2）大（小）鼠置于迷宫中央，头朝开臂，观察者距离迷宫中心至少1m以减少干扰。

（3）启动软件，记录小鼠5min内进入开臂和闭臂的次数，在两臂滞留时间（进出臂标准应严格界定，以四肢全部入臂或两只前爪出臂为准）。

评价指标

计算大鼠进入开臂次数和在开臂滞留时间分别占总次数（进入开臂和闭臂的总次数）和总时间（在开臂与闭臂滞留的总时间）的百分比，以此作为评价焦虑的指标。

（1）开臂次数百分比=开臂次数/总次数×100%。

（2）开臂停留时间百分比=开臂停留时间/总停留时间×100%。

注意事项

（1）迷宫离地面至少为50cm，开臂四周应敞开，保证动物实验过程中的恐惧心理。

（2）不需要禁食禁水，不需要训练。动物尽可能不重复使用。

（3）为了提高大、小鼠入臂总次数，避免大、小鼠总是躲在闭臂中，通常在测试前先将大、小鼠放在开阔场地中适应5min后再放入迷宫。

（4）实验前一周每天抚摸大、小鼠可以明显减少大鼠对实验者的恐惧感以及无关刺激对迷宫中大、小鼠的影响。

讨论和小结

（1）高架十字迷宫多选用封闭群Sprague-Dawley、Wistar大鼠；BALAc和C57小鼠。雌雄均有，雄性多见。

（2）评价指标为进入开臂时间和次数、进入闭臂的时间和次数、探究次数，动物进入开臂次数比例、开臂时间比例。通常这两个指标间呈高度相关。如果一个药物增加动物对开臂的偏爱（即增加进入开臂的次数和在开臂滞留时间的百分比），而不改变入臂总次数，则认为该药有抗焦虑作用。类似地，如果药物减少对开臂的偏爱，同时又不改变入臂总次数，则认为该药有致焦虑作用。

二、明暗箱实验

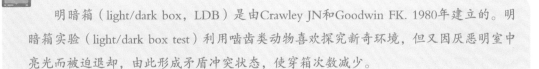

明暗箱（light/dark box，LDB）是由Crawley JN和Goodwin FK. 1980年建立的。明暗箱实验（light/dark box test）利用啮齿类动物喜欢探究新奇环境，但又因厌恶明室中亮光而被迫退却，由此形成矛盾冲突状态，使穿箱次数减少。

实验装置

明暗箱采用二级测控模式，由上位机、下位机组成。上位机由PC机、打印机等组成。下位机包括测试箱、摄像机等（图3-2）。

1. 测试箱

测试箱一般为矩形或方形，分明室和暗室。明箱和暗箱内径的基本参数（长×宽×高）一般为大鼠30cm×30cm×50cm，小鼠20cm×15cm×40cm，长度和宽度增减幅度±20%。明室和暗室间有一椭圆形小孔（直径×高）为大鼠7.0cm×9.0cm，小鼠3.0cm×5.0cm，增减幅度±15%。

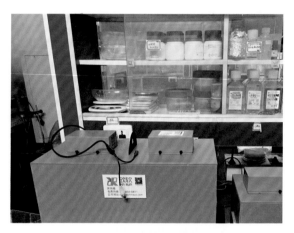

图3-2 明暗箱实验装置示意图
（上海欣软信息科技有限公司）

2. 明室灯光照度

明室灯光照度，需保证动物在暗室停留时间比值至少大于60%，视为明暗环境成立。照度多为300~1000lx。

3. 软件操作系统

动物在明暗箱的穿箱行为由摄像机捕获后送入计算机进行分析处理。获得相关焦虑行为的实验评价指标（图3-2）。

操作步骤

（1）测试动物置于明室中央（或暗室），背朝隔室。

（2）立项启动实验（无适应期），观察实验期内动物的穿箱次数。

（3）测试时间5~30min，一般为10min。

评价指标

1. 基本评价指标

（1）潜伏期　动物第一次从明室（暗室）完全进入暗室（明室）的时间。

（2）入明次数　动物从暗室完全进入明室的次数。

（3）穿箱次数　进入暗室次数与进入明室次数之和。

（4）明室（暗室）时间　动物在明室（暗室）停留的时间。

2. 其他评价指标

（1）运动时间　动物处于运动状态（动物的速度≥运动速度阈值时判断为运动状态）的总时间。

（2）明室（暗室）运动时间　明室（暗室）内，动物处于运动状态的时间。

（3）明室（暗室）静息时间　明室内（暗室），动物处于静息状态的时间。

（4）总路程　动物在实验过程中的总运动路程。

（5）明室（暗室）路程　动物在明室（暗室）的运动路程。

（6）运动速度　动物在实验过程中的平均运动速度=总路程/运动时间。

注意事项

（1）检测前需要将实验动物在实验房间（不是实验装置内）适应至少1h。

（2）由于动物个体的差异较大，5min不进入暗室的动物可剔除。

（3）明暗箱实验一般在下午进行。

讨论和小结

明暗箱实验既可以用来制造焦虑模型，又可以用来评价动物的焦虑样行为。操作简单快速且不需要事先训练动物。基本要点小结如下：

（1）测试箱尺寸　分为A、B两室，两室面积等大或者明室大于暗室。也可采用暗室大于明室的测试箱，高度则以能捕获动物活动图像为准。

（2）钢栅采用耐酸耐碱耐腐蚀栅栏　大鼠测试箱的每根钢栅直径0.3cm，钢栅间距1.5cm；小鼠测试箱的每根钢栅直径0.2cm，钢栅间距1.0cm。增减幅度 ± 10%。

（3）明室灯光照度　需保证动物在暗室停留时间比值至少大于60%，视为明暗环境成立。照度多为300～1000lx。正常动物在暗室停留时间比值至少大于60%，视为明暗环境成功。

（4）明暗箱评价焦虑指标　穿箱次数以及明室滞留时间是评价焦虑的经典指标。潜伏期、次数、路程、速度以及运动总时间和运动总路程等指标，也可作为焦虑行为评价的参考指标。

三、旷场

旷场（open field test）是利用动物面对新的旷场环境会产生探究活动，同时对宽阔、明亮、开放和陌生的环境表现恐惧的原理检测动物焦虑情绪。1934年旷场实验由

Hall提出，1966年用于测量情绪（焦虑/抑郁）反应情况。旷场实验被认为是一种测试经典苯二氮䓬类和5-HT1A激动剂类抗焦虑药的行为效应的模型和检测方式。

旷场实验最早是通过记录动物在箱子里的排泄物数，后来采用数格子的方式记录动物的运动路程来评价动物焦虑行为。目前国内外所使用的大、小鼠自主活动实验设备对动物自主活动信息的获取方法主要有视频追踪技术、红外感应技术等。

实验装置

旷场实验装置由测试箱、摄像机、计算机和软件系统构成（图3-3）。

1. 测试箱

测试箱采用相对封闭的箱体设计，排除光、声、实验外部环境等因素对被测动物以及采集过程的干扰。大鼠测试箱（圆形）尺寸：下直径78cm，上直径80cm，高50cm；小鼠测试箱（圆形）尺寸：下直径28cm，上直径30cm，高28cm。

2. 软件操作系统

采用图像识别跟踪算法，以老鼠头、背、尾三点识别法和质心作为行为记录跟踪点，实时记录、分析动物的运动轨迹，获取动物精细活动信息，提供次数、时间、路程、速度和活动轨迹在内的多项行为学定量指标；设置不同的噪声背景，识别黑白两种毛色的动物；对动物的活动区域进行分区设置（中央区、边缘区），捕捉动物在不同区域的活动轨迹，获得动物在不同轨迹的运动状态和时间；实时显示及保存动物活动轨迹

图3-3　多功能旷场装置示意图
（北京康森益友科技有限公司）

和指标数据，可对轨迹图、参数指标等多种结果进行分析，以.txt、.xls格式输出结果，热点和轨迹自动保存，并可生成完整的实验数据报告，供打印输出。

操作步骤

采用旷场测试动物的焦虑行为，实验检测时间为1～10min。也有文献报道15～30min。常无适应期。实验开始时，将动物放入测试箱中央，开始检测。观察统计动物在测试时间内的

活动情况。

评价指标

（1）总路程　动物在实验记录时间内的运动总路程。

（2）运动总时间　动物在实验记录时间内的运动状态的时间累积。

（3）中央区/周边区时间比值　动物在中央区/周边区停留总时间的比值。为焦虑行为评价的主要指标。中心区宜划分测试箱总面积的30%～50%。正常动物为5%～15%。

（4）中央区/周边区运动路程比值　动物在中央区/周边区运动的路程。正常动物为10%～20%。

其他指标如粪便颗粒数、理毛次数可作为焦虑行为评价的参考指标。

注意事项

（1）不要有适应期。

（2）检测时注意将动物放入测试箱中心开始实验。且保证每次实验从同一位置同一方向放入动物。

（3）采用旷场进行焦虑动物的评价时，灯光尤为重要。一般在旷场上方照明，或在透明地板下方照明，有时使用红外灯。有文献选用中央区的灯光强度为650lx，边缘区的灯光强度为470lx。也有整个照明区域灯光强度为120～550lx。

（4）在中心区域活动的时间增加，以及中央区/周边区运动路程比值增加，或进入中央区域的潜伏期减少可作为抗焦虑的评价指标。

讨论和小结

（1）旷场用于焦虑行为实验时，测试箱体有圆形、方形和矩形，圆形测试箱内径的基本参数（直径×高）一般为大鼠90cm×50cm；小鼠40cm×40cm，方形测试箱的内径的基本参数（长×宽×高）一般为大鼠100cm×90cm×50cm；小鼠40cm×40cm×35cm。增减幅度±25%。旷场内还可以有物体，如平台、柱子等的存在，增加动物的恐惧/探索能力。

（2）焦虑实验时常将动物放在旷场中心，无适应阶段。一般认为适合特质性焦虑的老鼠，即在某种特定环境下出现焦虑行为的老鼠，较为敏感的包括Wistar-Kyoto大鼠、Sprague-Dawley大鼠、Roman 大鼠、撒丁岛嗜酒鼠（Sardinian alcohol-preferring rats），BALB/c系小鼠表现出相当高的焦虑行为，其次为C57BL/6J小鼠。

四、新奇环境摄食抑制实验

新奇环境抑制摄食实验（novelty-suppressed feeding test）是由Britton等于1981年建立，最早用于抗焦虑药物的评价。其原理是禁食动物在一个新奇的环境中会产生摄食欲望和对环境恐惧的矛盾冲突，抗焦虑药物可使动物的冲突反应降低，表现为首次摄食潜伏期缩短。1988年，Bodnoff等首次证实该实验可用于抗抑郁药物评价，新奇抑制摄食实验可用于评价抑郁动物模型出现的焦虑样行为。

实验装置

新奇环境抑制摄食实验装置基本与旷场实验装置类似。不同文献中所用测试箱在材料、尺寸、形状和颜色等方面可能存在一定差异。详见本章旷场实验相关内容。

操作步骤

禁食24～48h（不禁水）的实验动物移入实验环境后，立即放入新奇抑制摄食箱的一角，面朝箱壁，中央摆放数个（5～8粒）同样大小的食丸。放入同时计算大鼠开始摄食的潜伏期。实验时间一般小鼠为5min，大鼠为10～15min。

评价指标

摄食潜伏期：动物自放入测试箱到首次摄取食物的时间（摄食的判定标准是动物开始咀嚼食物，而不是仅嗅闻或摆弄食物摄食潜伏期）。如在测试期内动物仍未摄食，则摄食潜伏期记为检测总时长。

抑郁模型动物的摄食潜伏期延长被认为出现了焦虑样表现，摄食潜伏期缩短被认为抗抑郁药物也具有抗焦虑样作用。

注意事项

（1）实验测试环境要不同于饲养环境，测试环境的光线强度大于饲养环境。
（2）每次应从同一位置、同一方向放入大鼠。

讨论和小结

（1）摄食箱的基本参数：推荐大鼠摄食箱的尺寸为76cm×76cm×46cm。小鼠摄食箱尺寸：

50cm×36cm×20cm。一般在推荐长度和宽度尺寸的基础浮动不超过±20%。

（2）小鼠检测时间为5min，多数正常组小鼠的摄食潜伏期小于4min。大鼠检测时间为15min，多数正常组大鼠的摄食潜伏期小于13min。摄食潜伏期越长，表示焦虑程度越重。摄食潜伏期在统计学上有显著性差异（$P<0.05$），则视为新奇环境摄食抑制实验评价焦虑行为有改变。

五、饮水冲突实验

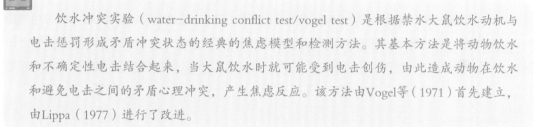

饮水冲突实验（water-drinking conflict test/vogel test）是根据禁水大鼠饮水动机与电击惩罚形成矛盾冲突状态的经典的焦虑模型和检测方法。其基本方法是将动物饮水和不确定性电击结合起来，当大鼠饮水时就可能受到电击创伤，由此造成动物在饮水和避免电击之间的矛盾心理冲突，产生焦虑反应。该方法由Vogel等（1971）首先建立，由Lippa（1977）进行了改进。

实验装置

饮水冲突实验装置由测试箱、饮水冲突采集和软件分析系统组成（图3-4）。

1. 硬件装置

饮水冲突实验硬件装置包括测试箱、电刺激器。大鼠测试箱内径的基本参数（长×宽×高）一般为箱体30cm×25cm×20cm。操作箱底部为不锈钢栅栏，顶部加一网眼状不锈钢盖，顶盖一端插入一个带有不锈钢嘴的水瓶，瓶嘴伸入箱内6cm，距离底部栅栏12cm。并与底部栅栏一起通过导线与刺激器相连。瓶嘴外套一绝缘胶皮，以防大鼠触及瓶嘴但未舔水时遭受电击。

2. 软件操作系统

软件分析系统可以能够定义饮水冲突实验参数，如舔水/电击比例、刺激时长、记录间隔、

图3-4　饮水冲突实验装置示意图
（上海欣软信息科技有限公司）

舔水阈值，直观显示当前动物饮水和电击状态，可以自动实时处理与保存实验数据至excel表。

操作步骤

实验前将动物禁食48h、禁水24h。分两阶段进行。

1. 非惩罚饮水训练

动物给予相应的药物处理一段时间（通常腹腔给药、皮下注射均为30min后，灌胃60min后）后，单个置于操作箱，让其充分探究，直到发现瓶嘴并开始舔水，计数器自动记录动物3min的舔水次数，淘汰舔水少于300次的大鼠。

2. 惩罚实验

上述未被淘汰的动物继续禁水24h（共48h）后置于操作箱。经过第一阶段的训练，动物能很快找到瓶嘴并开始舔水，舔够20次仪器自动开始计时并给予一次电击（舔水与电击次数之比为20:1），电击强度一般为0.2~0.5mA，持续2s，但动物可通过脱离瓶嘴来控制受电击时间的长短。记录惩罚期（3min）动物的舔水次数。

评价指标

（1）非惩罚饮水训练　计数器自动记录大鼠3min的舔水次数。

（2）惩罚实验　记录惩罚期（3min）大鼠的舔水次数。

注意事项

（1）禁食可增加该方法的敏感性。

（2）该实验应该在安静的房间内或者经减音处理的实验箱内实施。

（3）第一阶段非惩罚饮水训练中，凡3min舔水次数少于300次的大鼠视为对饮水实验不敏感动物，应放弃。

（4）每只动物实验结束后，及时清理底部栅栏的粪便、尿液等，防止影响导电性能。

讨论和小结

（1）实验装置　不同文献中所用测试箱在材料、尺寸、形状和颜色等方面存在一定差异。但内径的基本参数（长×宽×高）一般为：大鼠30cm×25cm×20cm，增减幅度±5%。电网和电击参数：强度一般为0.2~0.5mA，持续2s。低电击强度可以提高检测敏感度。

（2）实验动物　对饮水冲突致焦虑动物模型为大鼠选用SD、Wistar大鼠，建议选用SD大鼠。

（3）指标　动物舔吸水管次数与被电击的次数作为主要焦虑评价指标。焦虑模型动物的舔

水次数明显减少，抗焦虑药则可增多动物的舔水次数。测试期内，正常动物惩罚期舔水次数为
200～400次。

六、Geller-Seifter 冲突实验

　　20世纪60年代初，美国学者Geller和Seifter根据Estes在40年代有关惩罚的研究工作，
设计了基于对动物对奖赏物质渴望和惩罚刺激的害怕从而产生的矛盾冲突的用于抗焦
虑药物的评价的Geller-Seifter程序，实验中，通过在给予饥饿大鼠（提前禁食）食物
奖赏的同时给予一定的电击惩罚，抑制这种奖赏的获得，从而使大鼠产生矛盾冲突状
态，给与抗焦虑药物可相应改变这种矛盾冲突状态。后期不少学者纷纷对Geller-Seifter
程序进行改进后，形成了Geller-Seifter冲突实验，用于条件反射焦虑行为检测。

实验装置

　　Geller-Seifter冲突实验装置操作箱尺寸为30cm×22cm×27cm。箱顶、后壁和前门均为有
机玻璃，两侧壁为不锈钢板，底部的不锈钢栅栏与电刺激器相连。箱的左侧壁下方有一扬声
器，可发出声信号；上方离栅栏18cm处有一室灯。箱右侧壁有两个刺激灯（左灯和右灯），
离底部13cm，两灯相距13cm。离灯5cm的下方各有一4.5cm×2cm的不锈钢水平杆（左杆和
右杆），两杆相距8.5cm，其间有一5cm×5cm×3.5cm的外凸式窗，窗底部有一直径3cm，深
0.5cm的食碗，窗的外部通过一管道与有机玻璃食盒（直径10cm，深4.5cm）相连，食丸由此
掉入箱内食碗，供大鼠食用。操作箱放在一个60cm×40cm×37cm的隔音箱内。隔音箱侧壁装
有排风扇，仪器打开后排风扇自动运转，隔音箱门上装有一猫眼，可观察动物在箱内的活动情
况，又不干扰动物的操作。

操作步骤

1. 经典Geller-Seifter程序

　　经典Geller-Seifter程序由变动间期（variable interval，VI）和固定比率（fixed ratio，FR）
两部分组成。操作方法是：大鼠禁食24h（此后的进食以使体重保持在自由摄食大鼠体的80%
为准）后进行压杆训练，以食丸（45mg）作为奖赏（强化，reinforcement）。在每天75min
（15min×5）的训练期内平均每2min的间隔大鼠获得一次强化（即VI-2min）。压杆率较稳定
后，则在间期内的每个15min内给予3min的声刺激。在声刺激期间，食物强化由VI-2min变为

FR1（即每次压杆都有一次食物）。这样大约再过7个训练期，在声刺激间期中给予电击（电流0.6~0.85mA），即在声音出现时每次压杆产生一次食物和一次电击。程序可缩写为"组合VI-2min（食）FR1（食+电击）[mult VI-2min（food）FR1（food+shock）]"，后者常称为冲突期。抗焦虑剂增加冲突期反应，而对非冲突期无明显影响。

2. Davidson-Cook程序

将上述程序中的VI缩短到30s，FR增至10（FR10，每压杆10次给1次食物强化）。声信号改为灯信号。大鼠先训练FR10稳定后，则用VI30s（5min）和FR10（2min）交替组合训练，待其稳定则在FR10期内加入电击（0.8~2.5mA，持续0.1s），大鼠压杆10次获得一粒食丸，同时获得一次足电击。程序缩写为"组合VI-0.5min（食）FR10（食+电击）"。每天的训练期包括7个5min的VI（非惩罚）和6个2min的FR，共47min。此程序最大优点是基线稳定，它可使大鼠在不改变电击水平的情况下维持稳定的基线达2年之久。

3. Pollard-Howard程序

将Geller-Seifter程序中的恒定电流改为电流递增。实验间期缩短为30min，由2个12min的VI-2min（非惩罚）和2个3min的FR10（惩罚）交替组合，即"组合VI-2min（食）FR1或10（食+电击）"，重复一次。电击水平从0开始，以每一反应0.05mA的速度递增。这一程序使训练更容易，基线稳定，药物效应在数量上与原始程序一致。

4. Kennett-Pittaway-Blackburn程序

先训练动物学会FR1操作，再进行5个3min的VI30s和5个3min的FR5的交替组合训练并加电击，即"VI-0.5min（食）FR5（食+电击）"。电击强度在实验前一周最大达0.7mA（持续1s），在5个3min的惩罚期内获强化2~7次。此程序与Davidson-Cook程序相似，但训练间期缩短了17min。

> **评价指标**

无论是Geller-Seifter经典程序还是其改进程序，都记录大鼠分别在非惩罚（VI）期和惩罚（FR）期的压杆率，前者用来检测药物非特异性效应，如镇静或兴奋效应，后者反映动物焦虑情绪的变化。抗焦虑剂选择性增加惩罚期反应，呈阳性结果，而非抗焦虑剂如抗精神病药、兴奋剂等均呈阴性反应。

> **注意事项**

（1）在该实验中电流是十分重要的参数，常常影响动物的训练成绩和实验结果，应严格控制。

（2）动物需长期训练，一旦训练成功，大鼠可重复应用。在设计中，需注意交叉平衡地将动物安排在对照组和用药组中。

讨论和小结

Geller-Seifter冲突实验用于条件反射焦虑行为检测。相关要点总结如下：

（1）一般选用Wistar 大鼠（300～320g/只）或SD大鼠（300～320g/只），多使用雄性大鼠进行实验。

（2）为了获得相对稳定的操作并避免大鼠在冲突期的反应过度被抑制，需要尝试和保持恒定和合适强度的电流刺激。电击强度0.6～0.85mA。

（3）训练期间及时检查食盒，避免食物耗尽。

（4）训练和检测及时清理箱体，避免动物粪便和尿液引起电流的改变。

（5）非惩罚（VI）期作为检测药物非特异性效应的指标，惩罚（FR）期的压杆率作为主要焦虑评价指标。

七、洞板实验

　　洞板实验（hole board test，HBT）是Boissier等在1962年首次建立的，是基于大、小鼠喜欢探洞的天性而设计，原理是利用喜新和恐新的矛盾心态，将小鼠置于有圆洞的平板上，通过探洞行为的改变来反映小鼠对新环境的适应能力和探究能力，可用来研究动物的焦虑行为。起初用于小鼠，后来File等将其改进并应用于大鼠，现在常用于检测动物的自主活动。

实验装置

洞板实验装置由洞板和多功能视频采集分析系统组成，如图3-5所示。大鼠和小鼠的实验装置有所不同。大鼠装置为一个66cm×56cm×47cm的木箱，底板有4个直径为3.8cm、深1cm的等大圆孔，其中两孔离最近壁14cm，另两孔离最近壁17cm，孔板水平抬高12cm；小鼠木箱为44cm×40cm×27cm，4个孔的孔径均为3cm，厚1.8cm，每孔中心离最近壁的距离为10cm。

操作步骤

洞板实验为大、小鼠特异设计的洞穴直径。实验用雄性成年的大鼠或小鼠。将动物置于孔板中央，背朝观察者。动物消失在洞中为一次钻头，记录5～10min的钻头次数及钻头持续时间。

评价指标

（1）探洞次数　头钻入洞内次数，表示探究反射。

（2）探洞时间　记录钻入任何一个洞的累计时间。

（3）其他指标　运动路程、探洞时间和探洞次数的比值等。

注意事项

（1）应尽量在每天固定的时间进行实验，避免引入其他影响因素。

图3-5　洞板实验装置示意图
（安徽正华生物仪器设备有限公司）

（2）可选择洞穴下放嗅觉刺激物。

（3）随着实验时间的延长，动物活动次数减少。一般采用前10min的实验数据。

讨论和小结

洞板实验孔的数量早期多为4孔，现在通常采用16孔板。主要评价指标有活动量、探洞次数、探洞时间、站立次数、站立时间等。不改变动物自主活动状态的情况下，探头次数和时间减少，表明动物的焦虑状态。其他指标如探头潜伏期和自主活动数可作为焦虑行为评价的参考指标。

参考文献

[1] Mann JJ, Oquendo MA, Watson KT, et al. Anxiety in major depression and cerebrospinal fluid free gamma-aminobutyric acid [J]. Depression and Anxiety, 2014, 31 (10): 814-821.

[2] 邵艳霞, 孙航, 周小萍, 等. 急性创伤应激对小鼠行为变化的影响 [J]. 第三军医大学报, 2017, 11: 1130-1136.

[3] Xu Y, Sheng H, Bao Q, et al. NLRP3 inflammasome activation mediates estrogen deficiency-induced depression-and anxiety-like behavior and hippocampal inflammation in mice [J]. Brain, behavior, and immunity, 2016, 56: 175-186.

[4] Julie A. Morgana, Gaurav Singhala, et al. Frances Corrigan The effects of aerobic exercise on depression-like, anxiety-like, and cognition-like behaviours over the healthy adult lifespan of C57BL/6 mice [J]. Behavioural Brain Research, 2018, 337: 193-203.

[5] Andrews N, File S E. Handling history of rats modifies behavioural effects of drugs in the elevated plus-maze test of anxiety [J]. European Journal of Pharmacology, 1993, 235 (1): 109-112.

[6] Fernandes C, File S E. The influence of open arm ledges and maze experience in the elevated plus-maze [J]. Pharmacology Biochemistry and Behavior, 1996, 54 (1): 31-40.

[7] Pellow S, File S E. Anxiolytic and anxiogenic drug effects on exploratory activity in an elevated plus-maze: a novel test of anxiety in the rat [J]. Pharmacology biochemistry and behavior, 1986, 24 (3): 525-529.

[8] Pellow S, Chopin P, File S E, et al. Validation of open: closed arm entries in an elevated plus-maze as a measure of anxiety in the rat [J]. Journal of neuroscience methods, 1985, 14 (3): 149-167.

[9] Zhang X Y, Wei W, Zhang Y Z, et al. The 18 kDa translocator protein (TSPO) overexpression in hippocampal dentate gyrus elicits anxiolytic-like effects in a mouse model of post-traumatic stress disorder [J]. Frontiers in pharmacology, 2018, 9: 1364.

[10] Yao J Q, Liu C, Jin Z L, et al. Serotonergic transmission is required for the anxiolytic-like behavioral effects of YL-IPA08, a selective ligand targeting TSPO [J]. Neuropharmacology,

2020, 178: 108230.

[11] Crawley J, Goodwin F K. Preliminary report of a simple animal behavior model for the anxiolytic effects of benzodiazepines [J]. Pharmacology Biochemistry & Behavior, 1980, 13 (2):167-170.

[12] Costall B, Jones B J, Kelly M E, et al. Exploration of mice in a black and white test box: validation as a model of anxiety [J]. Pharmacology Biochemistry and Behavior, 1989, 32 (3): 777-785.

[13] Bilkei-Gorzo A, Gyertyan I, Levay G. mCPP-induced anxiety in the light-dark box in rats– a new method for screening anxiolytic activity [J]. Psychopharmacology, 1998, 136 (3): 291-298.

[14] Ihne J L, Fitzgerald P J, Hefner K R, et al. Pharmacological modulation of stress-induced behavioral changes in the light/dark exploration test in male C57BL/6J mice [J]. Neuropharmacology, 2012, 62 (1): 464-473.

[15] Hall C S. Emotional behavior in the rat. I. Defecation and urination as measures of individual differences in emotionality [J]. Journal of Comparative psychology, 1934, 18 (3): 385.

[16] Seibenhener M L, Wooten M C. Use of the open field maze to measure locomotor and anxiety-like behavior in mice [J]. JoVE (Journal of Visualized Experiments), 2015 (96): e52434.

[17] Prut L, Belzung C. The open field as a paradigm to measure the effects of drugs on anxiety-like behaviors: a review [J]. European journal of pharmacology, 2003, 463 (1-3): 3-33.

[18] Belzung C, Griebel G. Measuring normal and pathological anxiety-like behaviour in mice: a review [J]. Behavioural brain research, 2001, 125 (1-2): 141-149.

[19] Britton D R, Britton K T. A sensitive open field measure of anxiolytic drug activity[J]. Pharmacology Biochemistry and Behavior, 1981, 15 (4): 577-582.

[20] Bodnoff S R, Suranyi-Cadotte B, Aitken D H, et al. The effects of chronic antidepressant treatment in an animal model of anxiety [J]. Psychopharmacology, 1988, 95 (3): 298-302.

[21] Vogel J R, Beer B, Clody D E. A simple and reliable conflict procedure for testing anti-anxiety agents [J]. Psychopharmacologia, 1971, 21 (1): 1-7.

[22] Zhang L M, Zhao N, Guo W Z, et al. Antidepressant-like and anxiolytic-like effects of YL-IPA08, a potent ligand for the translocator protein (18 kDa) [J]. Neuropharmacology, 2014, 81: 116-125.

[23] Millan M J, Brocco M. The Vogel conflict test: procedural aspects, γ-aminobutyric acid,

glutamate and monoamines [J]. European journal of pharmacology, 2003, 463 (1-3): 67-96.

[24] Kennett G A, Trail B, Bright F. Anxiolytic-like actions of BW 723C86 in the rat Vogel conflict test are 5-HT2B receptor mediated [J]. Neuropharmacology, 1998, 37 (12): 1603-1610.

[25] Stachowicz K, Gołembiowska K, Sowa M, et al. Anxiolytic-like action of MTEP expressed in the conflict drinking Vogel test in rats is serotonin dependent [J]. Neuropharmacology, 2007, 53 (6): 741-748.

[26] Geller I, Seifter J. The effects of meprobamate, barbiturates, d-amphetamine and promazine on experimentally induced conflict in the rat [J]. Psychopharmacology, 1960, 1 (6): 482-492.

[27] Pollard G T, Howard J L. The Geller-Seifter conflict paradigm with incremental shock [J]. Psychopharmacology, 1979, 62 (2): 117-121.

[28] File S E. The use of social interaction as a method for detecting anxiolytic activity of chlordiazepoxide-like drugs. [J]. Journal of Neuroscience Methods, 1980, 2 (3):219-238.

[29] Kuribara H. [Assessment of anxiolytics (1)--Geller-type conflict tests]. [J]. Nihon Shinkei Seishin Yakurigaku Zasshi, 1995, 15 (2):115-123.

[30] Carola V, D'Olimpio F, Brunamonti E, et al. Evaluation of the elevated plus-maze and open-field tests for the assessment of anxiety-related behaviour in inbred mice. [J]. Behavioural Brain Research, 2002, 134 (1–2): 49-57.

[31] File S E, Lippa A S, Beer B, et al. Animal tests of anxiety [J]. Current protocols in neuroscience, 2004, 26 (1): 8.3. 1-8.3. 22.

[32] Walf A A, Frye C A. The use of the elevated plus maze as an assay of anxiety-related behavior in rodents [J]. Nature Protocol, 2007, 2 (2): 322.

[33] Boissier J R. The exploration reaction in mouse [J]. Therapie, 1962, 17: 1225-1232.

[34] Takeda H, Tsuji M, Matsumiya T. Changes in head-dipping behavior in the hole-board test reflect the anxiogenic and/or anxiolytic state in mice [J]. European journal of pharmacology, 1998, 350 (1): 21-29.

[35] 张建军. 清心安虑胶囊抗焦虑作用药效学研究和机理探讨 [D]. 北京中医药大学, 2005.

[36] 姜宁, 姚彩虹, 叶帆, 孙秀萍, 刘新民. 大小鼠焦虑行为实验方法概述 [J/OL]. 中国实验动物学报: 1-7.

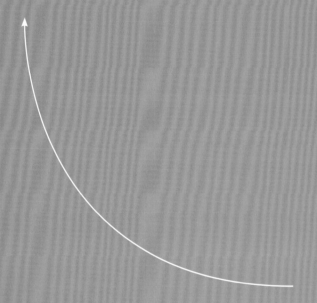

　　抑郁症以显著而持久的情绪低落、思维反应迟钝、意志活动减退等为主要临床症状，并伴有食欲减退、失眠乏力、焦虑等诸多躯体不适症状的神经精神系统常见疾病。狭义的抑郁症主要指情感性精神障碍，而广义的抑郁症则包括各种类型的轻中度抑郁症、反应性抑郁症、产前/产后抑郁症、围绝经期抑郁症、青少年抑郁症、中年抑郁症以及老年抑郁症等。

　　情绪低落是抑郁症表现最显著、最普遍的症状。患者常常压抑、垂头丧气、孤单无助、悲哀、绝望等。情绪低落表现的另外一个症状是兴趣丧失或快感缺乏，患者往往体会不到生活的乐趣，对过去感兴趣的事物，喜欢参加的活动，兴趣降低或者完全丧失。兴趣的丧失往往先是从某一些活动开始的，如积极主动性下降，依赖性增多，遇事犹豫不决，症状严重时日常活动减少，回避社会交往，行动缓慢，卧床时间增加。有时整天披头散发、眉头紧锁、寡言少语，随着抑郁症状的恶化，患者慢慢对几乎所有的东西都失去了兴趣，更有甚者萌发轻生、产生自杀企图和自杀行为。

　　抑郁症患者常伴有认知功能减退。主要表现为思维反应迟钝、注意力难以集中、主动性言语减少、痛苦联想增多等。80%的抑郁症患者存在记忆力减退，而10%～15%的患者有类似痴呆的表现。他们对自己的评价总是消极的，而这种消极的认知方式，使得他们看不到自己的未来。一旦遇到挫折或困难，抑郁症患者往往会把过错归咎于自己。

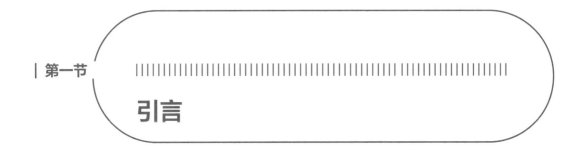

引言

一、抑郁的定义和发生机制

根据发病原因，抑郁症可分为原发性抑郁症、继发性抑郁症与反应性抑郁症。

（1）原发性抑郁症是指抑郁症患者发病前无其他精神疾病或躯体性疾病，无明确病因而导致的抑郁，又称内源性抑郁症。其中每次发作均为抑郁，称为单相抑郁症；如果病史中有过躁狂发作，即情绪高涨、眉飞色舞、思维加速、动作增多、睡眠需要减少，那么，这种抑郁症就称为双相抑郁症，又称躁狂抑郁症。

（2）继发性抑郁症是指在使用某种药物后或在患器质性脑病、严重的躯体疾病以及除情感性精神疾病之外的基础上发生的抑郁症。它是由其他疾病所引发的，有明确的病因，可以分为躯体疾病性抑郁、脑器质性抑郁和药源性抑郁等。

（3）反应性抑郁症又称心因性抑郁症，属于外源性抑郁症。患者的抑郁情绪是由外界的环境因素引起的，如突发的交通事故、长期的学习和工作压力等。在反应性抑郁症的病程发展中，外界的环境因素或社会因素始终起着重要的作用。反应性抑郁症主要分为三种类型，最常见的是抑郁癔症型，表现为大哭大叫，有时有夸张的疑病倾向，少有自责，多责备他人。其次是抑郁妄想型，表现为被迫害妄想表现，还可有人格解体、非现实感等。第三类型是虚弱抑郁型，主要以虚弱和无力为主，也可发展为木僵状态，病程持续比较久。

二、抑郁症的分类

1. 症状分类

按抑郁症状的表现形式，抑郁症可分为精神病性抑郁、神经症性激越性抑郁与神经症性迟滞性抑郁。

（1）精神病性抑郁是指患者除了有典型的抑郁症症状之外，还伴有精神病性症状，包括短暂的幻觉、妄想或抑郁性木僵。

（2）神经症性抑郁则不伴有重性精神病性症状，又可分为神经症性激越性抑郁和神经症性迟滞性抑郁。前者具有精神运动性兴奋表现，而后者则具有精神运动性抑制表现。

2．病程分类

按抑郁症的发病时程分类，抑郁症可分为单相抑郁症与双相抑郁症。每次发作仅为抑郁，无任何躁狂和躁狂发作史的抑郁症称为单相抑郁症；具有躁狂和抑郁两种发作期的抑郁症则为双相抑郁症。

3．年龄分类

按抑郁症的发病年龄阶段划分，抑郁症可分为儿童期抑郁症、青春期抑郁症、产前抑郁症、产后抑郁症、中年期抑郁症、更年期抑郁症与老年期抑郁症。

三、抑郁行为实验方法分类

由于动物的抑郁情绪体验难以用语言表达，行为学实验是其主要的评价方法。科学家建立了多种行为实验方法用于检测动物的情绪行为改变。如糖水偏爱、新奇环境摄食抑制、新奇物体探索、旷场、强迫游泳、悬尾、获得性无助等抑郁行为实验方法。动物抑郁模型包括化学（药物模拟）、物理（手术、电刺激）、生物（基因）等多种制模方法。复合因素所致的慢性不可预测应激模型被认为能较好地模拟人类抑郁样行为，实验动物常采用大、小鼠和非人灵长类动物。

四、抑郁行为实验方法的应用领域

抑郁行为实验方法是抑郁症发生发展机制研究、改善抑郁症药物筛选的基础实验方法，在航空、航天、航海等特因环境以及各种应激所致情绪低落及防护措施研究中具有重大应用价值。

| 第二节

抑郁行为实验方法

一、获得性无助实验

获得性无助实验（learned helplessness test，LHT）是指当动物接受连续无法控制或预知的厌恶性刺激（电击）后，将其放在可以逃避电击的环境中时，呈现出逃避行为欠缺的现象，同时还伴有体重减轻、运动性活动减少、攻击性降低等行为改变。获得性无助实验源于一项关于巴甫洛夫条件性恐惧反应的研究，发展至今已有50多年。最初是发现在束缚状态下的狗在铃声响起后，后爪会受到一段时间温和电击刺激。24h后将狗放入同样的测试箱中测试，测试箱设定为铃声发出时，动物跳跃箱中障碍可终止电击。根据预想，动物听到铃声将引起条件恐惧从而促进动物跳跃障碍的反应，但结果却是狗逃避失败，消极等待电击发生，Seligman等将此现象定义为获得性无助，该方法从20世纪60年代提出至今仍被广泛应用。

实验装置

1. 硬件装置

获得性无助图像实时监测分析系统与穿梭基本相同（图4-1）。采用二级测控模式，下位机由测试箱、摄像头、刺激信号和电网组成，上位机由PC机、打印机等组成。

（1）测试箱 测试箱一般为矩形或方形，分A、B两室，两室面积等大，不同文献中所用测试箱在材料、尺寸、形状和颜色等方面存在一定差异。但两室内径的基本参数（长×宽×高）一般为：大鼠30cm×30cm×50cm；小鼠20cm×15cm×40cm。A、B两室间有一椭圆形小孔（直径×高）为：大鼠7cm×9cm；小鼠3cm×5cm。

（2）电网 采用不锈钢电网。大鼠电网的每根电丝直径0.3cm，电网间距1.5cm；小鼠电网的每根电丝直径0.2cm，电网间距1.0cm。

2. 软件系统

采用KSYY-WZ计算机图像实时分析系统，实时追踪和记录实验动物（大、小鼠）的位置，对动物在测试箱的状态进行实时识别、采集、分析处理和自动保存，建立包括运动/静止、次数、时间、路程和速度四类信息的多项评价指标，结果可导入到Excel，并进行直方图曲线轨迹的处理，在线获取并实时分析动物精细行为活动信息。

图4-1 获得性无助装置示意图
（北京康森益友科技有限公司）

操作步骤

1. 模型建立（1~7天）

模型建立时间无统一标准，建模1~7天均有文献报道，其中建模1~3天较为常见。建模期将动物放入实验箱中，适应3~5min（可选）后，连续进行30~60个（可选）运行周期为1次实验。每个周期为无信号不可逃避的双室足底电击（大鼠0.8mA；小鼠0.25mA），电击持续15s（10~30s），间隔15s（2~60s）。

2. 条件性回避反应学习期（2天）

造模结束后或间歇1天进行条件性回避反应学习，每天1次。训练时，动物放入穿梭箱中，每箱1只，适应3~5min（可选）后，连续进行30个运行周期。每个运行周期的时间为30s，依次为3s条件刺激（灯光刺激/声音刺激），3s条件刺激+非条件刺激（电击：大鼠0.8mA；小鼠0.25mA）和24s间歇期（不给予任何刺激）。

3. 条件性回避反应测试期（1天）

条件性回避反应学习结束后进行。将大鼠放入穿梭箱中，每箱1只，连续进行30个运行周期。每个运行周期的时间为30s，依次为3s条件刺激（灯光刺激/声音刺激），3s条件刺激+非条件刺激（电击；大鼠0.8mA；小鼠0.25mA）和24s间歇期（不给予任何刺激）。

评价指标

（1）逃避失败次数　动物在设定的非条件刺激持续时间内未完成回避反应的总次数。

（2）逃避潜伏期　实验开始后，动物第一次穿梭至对侧测试箱的时间。

（3）其他评价指标　主动回避次数、安全区时间（无电区域）、运动总时间（实验期间动物处于运动状态的时间）、运动总路程（实验期间动物物理位移的总和）等实验指标也作为抑郁行为辅助评价指标。

注意事项

（1）实验中可考虑将动物足部沾湿的方法尽可能避免无效电击。

（2）行为学实验影响因素较多，过程中应尽可能避免混杂因素。对照组置于同样环境前，注意用乙醇清洁，防止因电击动物留下的气味引起正常动物的恐惧紧张心理。

（3）逃避失败次数<5次，动物可剔除。

讨论和小结

获得性无助实验可模拟快感缺乏、对奖赏反应能力下降等，除作为经典的抑郁行为实验外，还是一种理想的抑郁模型。获得性无助用于抑郁行为评价的方法小结如下：

（1）测试箱的尺寸可在文中示例增减幅度 ± 15%。

（2）刺激参数。采用不锈钢电网，增减幅度 ± 10%。电刺激参数为频率：5～15Hz，刺激强度（电压）：30～80V，刺激时间：0～999s。

（3）逃避失败次数和潜伏期时间是获得性无助实验的经典指标，在一个周期（每30次电击为一个周期），动物逃避失败次数大于25次或者与对照组相比有显著性降低（$P<0.05$），可表示动物出现抑郁行为；逃避潜伏期与动物的抑郁程度成正比，逃避潜伏期大于15s或者与对照组相比有显著性降低（$P<0.05$）。判断标准一般采用组间比较，如经典评价指标中的任一指标统计学上有显著性差异（$P<0.05$），其余指标发生同向性改变，则视为获得性无助评价抑郁情绪有改变。

（4）获得性无助模型的缺点是在不接受连续的不可逃避电击后，所有抑郁学特征不能持续太长时间，因此，建模周期的选择是获得性无助模型成功的关键。获得性无助模型建立期则为1～7天，其中建模1～3天最为常见，推荐2～3天建模时间。停止不可逃避电击后，动物抑郁行为表现一般维持在7天左右。

（5）条件性回避反应检测中，动物可通过穿梭、压杆或转轮三种行为操作以逃避惩罚性刺激，这三种方法均适用于大鼠，而对于小鼠实验，穿梭逃避实验更适用。并且，穿梭实验采集的逃避失败次数和逃避潜伏期等指标与另两种方法相比采集的延迟反应时间具有更好的准确性、可靠性和重复性，故穿梭逃避对于获得性无助实验来说更为可靠、适用。

二、悬尾实验

悬尾实验（tail suspension test，TST）是经典抑郁行为评价方法，也是常用的行为绝望抑郁症动物模型，由Steru等于1985年建立，其原理是将小鼠尾巴悬挂，小鼠头部向下成倒悬体位，才开始小鼠会剧烈挣扎试图逃脱这一不适的状态，但挣扎一段时间后发现逃跑无望就会表现出"不动"的绝望状态。

实验装置

悬尾实验通常采用计算机控制的实验设备，包括计算机、测试箱、信息采集器和数据分析系统（图4-2）。

图4-2　小鼠悬尾装置及软件系统示意图（北京康森益友科技有限公司）

1. 测试箱（小鼠）

总体尺寸为81.2cm × 40cm × 28cm（长 × 宽 × 高），每个悬尾箱为17cm × 16.7cm（底面直径 × 高），采用而酸耐碱材料制成。

2. 信号采集器

一般采用压力传感器、摄像头作为行为信息采集装置。采集的行为信号后软件转换为各种数据信号输出。

3. 软件系统

采用KSYY-XW小鼠悬尾实验实时检测分析处理系统，从多个数据通道同时接收多个样本的数据，实时准确、客观规范的采集小鼠悬挂状态的运动情况。

操作步骤

（1）实验开始前，动物尾部悬吊使小鼠呈倒悬体位，头部应与悬尾箱底面保持一定距离。

（2）如同时进行多只动物实验时，每两只动物间需用不透明挡板隔开。

（3）记录测试期动物的不动时间。实验时间应为6min，记录后4min内动物的不动时间。

评价指标

用不动、运动挣扎二类动作行为的时间进行判定。

（1）不动时间（immobility） 动物停止挣扎，身体呈垂直倒悬状态，静止不动的总时间。不动时间越长表明抑郁程度越重。正常组C57小鼠不动时间较长，均值多大于100s；正常组ICR小鼠不动时间均值多小于100s；抑郁行为判断标准：不动时间与对照组相比有显著性增加（$P<0.05$）。

（2）运动挣扎时间（struggle） 动物有明显可见的挣扎运动的总时间。运动挣扎时间越短，表明抑郁程度越重。

注意事项

（1）需采用自发活动测试排除中枢兴奋或抑制造成假阳性或假阴性结果的可能性。

（2）实验过程中可能会出现动物会顺尾巴向上攀爬的情况，影响结果的准确性，该数据建议剔除。

（3）小鼠个体差异较大，一般每组动物数至少10只。

讨论和小结

悬尾实验由于简便易行、结果可靠，是抑郁行为实验中广泛应用的一种行为实验方法。悬尾实验用于抑郁行为评价的方法小结如下：

（1）悬尾实验主要适用于小鼠。C57BL/6和DBA/2品系的小鼠在检测时很容易出现小鼠顺其尾巴向上攀爬的情况，统计时应剔除该数据。也有少数用大鼠进行实验。

（2）不同文献中所用测试装置在材料、尺寸、形状和颜色等方面存在一定差异。基本参数（小鼠）一般推荐内径25cm×25cm×35cm（长×宽×高），增减幅度±20%。小鼠倒悬后头部离箱底约5cm。

（3）由于刚开始动物不动时间少，推荐以6min作为实验周期，记录后4min的累计不动时间。

（4）判断指标 以不动时间为主要的评价指标。判断模型动物是否出现"抑郁样"症状的标准：在不影响动物自发活动的前提下，悬尾累计不动时间增加认为有"抑郁样"表现，减少则认为有"抗抑郁样"作用。抑郁行为判断标准：不动时间与对照组相比有显著性增加（$P<0.05$）。正常C57小鼠不动时间较长，均值为大于100s，正常ICR小鼠不动时间均值为小于100s。

三、强迫游泳实验

　　当啮齿类动物被迫在一个局限且无法逃脱的空间游泳，由于其先天对水的厌恶，它们在水中会拼命挣扎游动，并试图逃离水环境，一段时间后，发现逃离无望时动物停止挣扎表现出"行为绝望"状态（漂浮不动状态），基于此现象，Porsolt等先后于1977年和1978年建立了强迫游泳实验。大、小鼠强迫游泳实验以游泳的不动时间为主要检测指标，是抗抑郁药物初筛以及检测模型动物是否出现"抑郁样"行为的常用实验方法。

实验装置

　　强迫游泳实验装置包括测试箱、摄像机和信号采集部件（图4-3）。摄像机通过螺丝固定在强迫游泳支架上。可以连接任何类型的视频采集卡。捕获的动物行为信息经摄像机送入计算机进入分析处理。配备有防反光、防水部件。支架高度为（80±5）cm，可调节。4个测试箱。每个测试箱直径14cm，高20cm。测试箱间有遮挡板（25cm×25cm）。

　　软件系统采用KSYY-QPYY计算机图像实时分析系统，实时追踪和记录实验动物（大鼠、小鼠）的位置，对动物在测试箱的状态进行实时识别、采集、分析处理和自动保存，建立包括运动/静止、次数、时间、路程和速度四类信息的多项评价指标，结果可导入到Excel，并进行直方图曲线轨迹的处理，在线获取并实时分析动物精细行为活动信息。

图4-3　小鼠强迫游泳实时采集分析处理系统示意图（北京康森益友科技有限公司）

操作步骤

　　（1）实验前调节测试箱内水温，水温应为23～25℃。水深应根据动物体重进行调整，动物尾巴与测试箱底面保持一定距离。

　　（2）大鼠强迫游泳实验，应在实验前一天预游泳（15min），24h后进行强迫游泳实验。记录5min内动物的不动时间、游泳时间及攀爬时间。

　　（3）小鼠强迫游泳实验，应在检测当天进行。

　　（4）小鼠游泳时间应为6min，记录后4min的游泳时间和不动时间。

（1）不动时间　动物在水中停止挣扎，呈漂浮状态，仅有轻微的肢体运动以保持头部浮在水面的时间。

（2）游泳时间　动物进行流畅、协调的运动，动物四肢始终在水面以下的活动时间。

（1）需采用自发活动测试排除中枢兴奋或抑制造成假阳性或假阴性结果的可能性。

（2）为保持头露出水面和身体平衡，游泳实验中动物四肢微小动作较多，加大了"不动"判定的难度，人工记录时需统一标准，以免影响结果的客观性。

强迫游泳实验广泛用于抗抑郁药物初筛以及对其他抑郁症动物模型行为改变。本身也可作为抑郁模型使用。大/小鼠强迫游泳实验用于情绪行为评价的方法小结如下：

（1）游泳装置的基本参数　一般推荐大鼠游泳装置为直径18cm、高40cm的圆形玻璃容器，内装25℃温水，水深23cm。小鼠游泳装置为直径12cm、高20cm的圆形玻璃容器，内装23℃温水，水深10cm。游泳装置直径可上下浮动10%，水深可上下浮动20%，水温可上下浮动10%。水深是影响动物基础不动时间的重要因素，水深的增加会直接导致动物基础不动时间的缩短。

（2）实验模式　①大鼠强迫游泳实验：分为预游阶段和正式实验阶段两部分。药物评价应用中，化学合成药物通常在24h内给药3次效果较稳定，一般分别于正式实验前0.5h（腹腔注射给药）或1h（灌胃给药）、5h和24h给药三次。②小鼠强迫游泳实验：无须预游，直接进行游泳实验即可。药物评价应用中，多数化学合成药物一般单次给药就有效，一般腹腔注射给药30min后或灌胃给药1h后进行游泳实验即可。

（3）判断指标　①大鼠强迫游泳实验：5min内的累计不动时间。由于大鼠提前一天进行了预游，因此统计整个实验周期（5min）的不动时间即可。②小鼠强迫游泳实验：6min内后4min的累计不动时间。由于小鼠在6min的实验周期中，前2min的不动时间较短，因此只记录后4min的累计不动时间即可。不动时间越长表明抑郁程度越重。正常小鼠不动时间在检测时间的40%～80%内；正常大鼠不动时间在检测时间的30%～70%。③抑郁行为判断标准：不动时间与对照组相比显著性增加（$P < 0.05$）。

（4）该实验的敏感性具有品系差异，同品系不同的供应商也存在差异，大鼠中，一般SD大鼠和Wistar大鼠较为常用，有研究发现丙咪嗪在该实验中的抗抑郁作用时发现SD大鼠更敏感，建议选用SD大鼠；小鼠中，封闭群小鼠中ICR小鼠较为常用，近交系小鼠中C57BL/6小鼠较为常用。5-HT重摄取抑制剂（SSRIs）在小鼠强迫游泳模型中可能不够敏感，可选用小鼠悬尾实验。

四、旷场实验

　　旷场实验（open field test，OFT）的原理是利用动物进入新环境好奇而产生探索的心理，检测动物的活动情况。动物的水平运动（运动路程、运动速度、运动时间）反映其自主活动能力，竖直运动（站立）以及对中央区的喜好反映其对新奇环境的兴趣，表现为探究行为。抑郁动物在新环境中的探索行为会减少，具体表现在旷场实验中水平运动与正常组相比会显著性降低，更愿意待在边缘区/角区，并且活动度明显较空白组减少。

实验装置

详见第三章第二节旷场实验。

操作步骤

　　实验前将动物放在测试屋内适应1h，给药后0.5h，实验开始。将动物沿测试箱边缘放入测试箱内，立即开始检测。观察统计动物在测试时间内（常用5min）的活动情况。

评价指标

　　常用的评价指标包括：运动路程，运动时间，直立次数等，抑郁动物的运动路程，运动时间减少，多躲避于旷场一角不动，直立次数显著下降，对外界环境的好奇性或探究兴趣下降。

注意事项

（1）不应有适应期。
（2）检测时应保持实验环境安静，注意将动物面壁放入边缘区开始实验。

讨论和小结

（1）实验时，一般情况下无适应时间，实验检测时间为5、10min。实验设备灯光强度为

120～200lx。旷场抑郁行为评价可作为药物的抗抑郁作用的辅助评价方法，与悬尾、强迫游泳等经典的抑郁行为实验一同评价药物的抗抑郁作用。

（2）在动物品系的选择上，有研究表明 C57BL/6小鼠对新奇环境的探索能力差，相比之下BALB/c、ICR和昆明小鼠更适合旷场抑郁行为实验。而大鼠常用SD大鼠、Wistar大鼠等。

五、新奇物体探索实验

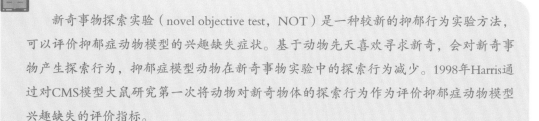

新奇事物探索实验（novel objective test，NOT）是一种较新的抑郁行为实验方法，可以评价抑郁症动物模型的兴趣缺失症状。基于动物先天喜欢寻求新奇，会对新奇事物产生探索行为，抑郁症模型动物在新奇事物实验中的探索行为减少。1998年Harris通过对CMS模型大鼠研究第一次将动物对新奇物体的探索行为作为评价抑郁症动物模型兴趣缺失的评价指标。

实验装置

1. 测试箱

可以选用旷场实验检测的测试箱（具体参数见第三章第二节旷场实验）。

2. 物体

不同文献中所用新奇物体在材料、尺寸、形状和颜色等方面存在一定差异。新奇物体主要是圆柱体及长方体，圆柱体基本参数（半径×高度）大鼠新奇物体为：4cm×10cm，小鼠新奇物体为2cm×4cm，增减幅度±25%。

操作步骤

实验分为两个阶段：适应期及测试期。适应期将动物放在新奇环境中适应10～30min后，取出，放回原笼。24h后，在同一环境中间（圆心处）放置一新奇物体，再将待测大鼠面壁放入测试箱，开始实验，记录检测时间内首次接触圆柱状物的时间（潜伏期）以及探索次数、探索时间。实验检测时间为5～10min。

评价指标

1. 潜伏期

规定时间内动物时间的首次探索物体时间（判断探索行为的标准为：动物的口鼻处离新奇

物体的距离小于2cm或直接接触物体）。

2．探索次数

规定时间内动物对物体的探索总次数。

3．探索时间

规定时间内动物对物体的探索总时间。

注意事项

（1）实验环境保持安静。

（2）实验测试期时，将动物面壁放入测试箱内，避免动物看见物体。

（3）整个实验过程中，每次动物检测结束后，清理动物粪便并用75%酒精擦拭物体及场地去除气味。

讨论和小结

新奇事物探索用于抑郁行为评价小结如下：

（1）测试箱　文献报道多使用旷场测试箱为检测装置，新奇物体颜色、形状、大小不同，形状多为圆柱体。

（2）新奇事物探索的判断指标　包括潜伏期、探索次数和探索总时间。以潜伏期为主要参考指标，潜伏期越长，表明动物抑郁程度越重。判断标准一般采用组间比较，潜伏期在统计学上有显著性差异。

六、糖水偏爱实验

糖水偏爱实验（sucrose preference test，SPT）是评价快感缺失的经典行为学检测实验，其原理是利用啮齿类动物对甜味的偏好而设计一种检测方法，动物禁食一段时间后，同时给予白水和低浓度蔗糖水，以动物对蔗糖水的偏嗜度（糖水偏爱指数）为指标检测去判断动物是否出现快感缺失这一抑郁症状。1981年，Katz等首次在抑郁大鼠造模过程中发现，应激后的大鼠蔗糖和糖精水的消耗减少达50%，并进一步发现三环类抗抑郁药丙咪嗪可显著增加模型组大鼠糖水的消耗量。目前该实验多用于检测慢性不可预知应激后的快感缺失行为。

实验装置

定制饮水瓶，不同文献中所用测试箱在材料、尺寸、形状和颜色等方面存在一定差异，一般推荐大鼠饮水瓶容量大于为100mL，小鼠饮水瓶容量大于50mL。

操作步骤

1. 大鼠糖水偏爱实验

训练期：动物应单笼饲养，进行48h的蔗糖饮水训练。前24h给予两瓶蔗糖含量为1%～2%的水，24h后，一瓶给予蔗糖含量为1%～2%的水，另一瓶给予饮用纯水（中间交换两个水瓶位置）。大鼠禁食禁水14～23h后，进行糖水偏爱指数的测定：测定1h内大鼠对两瓶水的饮用量（g）。

2. 小鼠糖水偏爱实验

操作流程同大鼠。但在48h饮水训练时，应全程给予1%～2%蔗糖水和饮用水（中间交换两个水瓶位置）。训练期结束后，禁水（不禁食）9～16h，测定8～15h内（中间宜交换两瓶位置1次）小鼠对两瓶水的饮用量（g）。

评价指标

糖水偏爱指数=蔗糖水饮用量/（蔗糖水饮用量+饮用水饮用量）×100%。

注意事项

（1）糖水偏爱实验对环境变化非常敏感，是影响实验成功与否的关键因素，检测应在独立房间进行，保持环境安静，且实验期间保持温度湿度适宜。

（2）基线测试阶段，对于多次训练但基线仍不稳定，或饮水量过多或过少的动物需剔除。

讨论和小结

糖水偏爱实验可以评价抑郁模型动物是否出现人类抑郁症核心症状——快感缺失，具有较高的可信度。糖水偏爱实验用于抑郁行为评价的方法小结如下。

1. 饮水瓶的基本参数

一般推荐大鼠饮水瓶容量大于100mL，小鼠饮水瓶水容量大于50mL，但关键因素是瓶嘴不自动向外滴水，只有动物舔舐时才出水。

2. 实验模式

糖水偏爱实验分为蔗糖饮水训练、基线测定、根据基线分组、抑郁模型复制和药物处理、蔗糖饮水测试几部分。该实验在慢性应激模型中应用最广泛，一般应激4～5周，模型动物糖水偏爱指数出现显著降低。此外，该实验为抗抑郁药物起效速率研究的最主要行为学检测方法，因此在药物处理阶段可进行周期性检测。

3. 判断指标

糖水偏爱指数为主要的评价指标，抑郁行为判断标准：糖水偏爱指数低于0.4或者与对照组相比有显著性减低。空白对照组大鼠的糖水偏爱指数大于80%，空白对照组小鼠的糖水偏爱指数大于70%。

参考文献

[1] Seligman M E, Beagley G. Learned helplessness in the rat.[J]. Journal of Comparative & Physiological Psychology, 1975, 88 (2): 534-541.

[2] Sherman A D, Sacquitne J L, Petty F. Specificity of the learned helplessness model of depression [J]. Pharmacology Biochemistry & Behavior, 1982, 16 (3): 449-454.

[3] Takamori K, Yoshida S, Okuyama S. Availability of Learned Helplessness Test as a Model of Depression Compared to a Forced Swimming Test in Rats [J]. Pharmacology, 2001, 63 (3): 147.

[4] Vollmayr B, Henn FA. Stress models of depression. Clin Neurosci Res 2003, 3: 245-251.

[5] Pryce C R, Azzinnari D, Sigrist H, et al. Establishing a learned-helplessness effect paradigm in C57BL/6 mice: Behavioural evidence for emotional, motivational and cognitive effects of aversive uncontrollability per se [J]. Neuropharmacology, 2012, 62 (1): 358-372.

[6] Landgraf D, Long J, Deravakian A, et al. Dissociation of Learned Helplessness and Fear Conditioning in Mice: A Mouse Model of Depression [J]. Plos One, 2015, 10 (4): e0125892.

[7] An L, Li J, Yu ST, Xue R, Yu NJ, Chen HX, Zhang LM, Zhao N, Li YF, Zhang YZ. Effects of the total flavonoid extract of Xiaobuxin-Tang on depression-like behavior induced by lipopolysaccharide and proinflammatory cytokine levels in mice. Journal of Ethnopharmacology. 2015, 163: 83-87.

[8] Steru L, Chermat R, Thierry B, et al. The tail suspension test: A new method for screening antidepressants in mice. Psychopharmacology, 1985, 85: 367-370.

[9] Trullas R, Jackson B, Skolnick P. Genetic differences in a tail suspension test for evaluating antidepressant activity. Psychopharmacol, 1989, 99: 287-288.

[10] Vaugeois JM, Passera G, Zuccaro F, et al. Individual differences in response to imipramine in the mouse tail suspension test. Psychopharmacol, 1997, 134: 387-391.

[11] Bucketl WR, Fletcher J, Hopcroft RH, et al. Automated appraratus for behavioural testing of typical and atypical antidepressant activity in mice.Br J Pharmacol, 1982, 75: 170p.

[12] Porsolt RD, Bertin A, Jalfre M. Behavioural despair in micc: A primary screening test for

antidepressants. Arch Int Pharmacodyn, 1977, 229: 327-336.

[13] Porsolt RD, Le Pichon M, Jalfre M. Depression: A new animal model sensitive to antidepressant treatments. Nature, 1977, 266: 730-732.

[14] Hall CS. Emotional behaviour in the rat: I. Defecation and urination as measures of individual differences in emotionality [J]. J Comp Psychol, 1934, 18: 385-403.

[15] Cunha J M, Masur J. Evaluation of psychotropic drugs with a modified open field test [J]. Pharmacology, 1978, 16 (5): 259-267.

[16] 李腾飞, 孙秀萍, 石哲, 等. 不同品系小鼠在三种常见抑郁检测方法中的行为学表现 [J]. 中国比较医学杂志, 2011, 21 (008): 20-23.

[17] Harris R B S, Zhou J, Youngblood B D, et al. Failure to Change Exploration or Saccharin Preference In Rats Exposed to Chronic Mild Stress [J]. Physiology & Behavior, 1998, 63 (1): 91-100.

[18] Zimmermann A, Stauffacher M, Langhans W, et al. Enrichment-dependent differences in novelty exploration in rats can be explained by habituation.[J]. Behavioural Brain Research, 2001, 121 (1-2): 11.

[19] 薛涛, 邬丽莎, 刘新民, 等. 抑郁症动物模型及评价方法研究进展 [J]. 中国实验动物学报, 2015 (3): 321-326.

[20] Papp M. Models of affective illness: chronic mild atress in the rat. Current Protocols in Pharmacology 5.9.1-5.9.11, June 2012. Animal Models of Disease 5.9.1. Supplement 57. Published online June 2012 in Wiley Online Library (wileyonlinelibrary.com) .

[21] Willner P, Towell A, Sampson D, Sophokleous S, Muscat R. Reduction of sucrose preference by chronic unpredictable mild stress, and its restoration by a tricyclic antidepressant. Pscychopharmacology (1987) , 93: 358-364.

[22] Serchov, T., van Calker, D. and Biber, K. (2016). Sucrose Preference Test to Measure Anhedonic Behaviour in Mice. Bio-protocol 6 (19): e1958.

[23] Jiang N, Zhang Y, Yao C, Huang H, Wang Q, Huang S, He Q, Liu XM. Ginsenosides Rb1 Attenuates Chronic Social Defeat Stress-Induced Depressive Behavior via Regulation of SIRT1-NLRP3/Nrf2 Pathways. Front Nutr. 2022 May 12;9:868833. doi: 10.3389/fnut.2022.868833. PMID: 35634375; PMCID: PMC9133844.

第五章

恐惧行为实验方法

　　恐惧（fear）是生物体在面临某种危险情境，企图摆脱而又无能为力时，而试图回避所产生的一种消极情绪，也是生物体适应复杂生存环境的保护性机制之一。恐惧同时会引起一系列的神经内分泌变化，包括交感神经兴奋和下丘脑-垂体-肾上腺轴（HPA）的激活，释放去甲肾上腺素和糖皮质激素，导致生物体出现排粪（失禁）、心率与血压改变、尖叫、流汗、痛觉丧失、颤抖等。

　　恐惧让生物体得以趋利避害，以获得生物最基本的生存权利。对威胁生存的因素产生适度的恐惧反应是生物体自我保护的重要机制，而过度的恐惧反应会导致生物体产生强烈的情绪、躯体和神经内分泌反应，是焦虑和抑郁等精神性疾病发生的重要原因。

| 第一节

||||||||||||||||||||||||||||||||||||||||||||||||||||||||||||||||||||||

引言

一、恐惧的定义和发生机制

恐惧行为（fearful behavior）是生物体在面临威胁时所发生的一系列行为，主要包括逃跑、僵滞（freeze）、惊愕（startle）等，又称恐惧样行为（fear-like behavior）。基于进化论的恐惧模块理论认为人类有关恐惧的相关机制是进化而来的，对进化史上重复出现的威胁性刺激（如蛇）尤为敏感，恐惧模块具有选择性、自主性、封闭性以及特定的神经网络基础。

恐惧分为先天性恐惧（innate fear）以及条件性恐惧（conditional fear）。条件性恐惧是把条件刺激（如声音、颜色、光等）和非条件性刺激（如电击等）进行重复关联学习，生物体通过学习记忆形成了关联性的恐惧记忆，如"一朝被蛇咬、十年怕井绳"就是典型的条件性恐惧；先天性恐惧是不需要经历后天的学习经验，是生物体进化的结果，如老鼠天生怕猫、灵长类动物天生怕蛇等。

研究表明杏仁核及前额叶、海马与杏仁核之间的神经环路在条件性恐惧行为的产生、维持、储存、提取以及消退中发挥着关键性的作用。杏仁核作为恐惧记忆的调节核心，可协同恐惧信息（听觉信息）传入与行为输出的相关脑区共同组成恐惧记忆的经典神经环路，如听觉信息（声音刺激）经听觉皮层到达丘脑的内侧膝状体核、后侧板内核等核团传入杏仁核外侧区的兴奋性神经元，随后杏仁核外侧区的兴奋性神经元直接投射至中央杏仁核或间接经基底杏仁核区投射至中央杏仁核，最后中央杏仁核的抑制性中间神经元下行投射至脑干和下丘脑相应区域（如导水管周围灰质），进而产生恐惧行为。

损毁杏仁核将对条件性恐惧造成严重的影响，如特异性毁损大鼠杏仁核可以阻断其对天敌——猫和新奇事物的恐惧反应；进一步的研究发现基底外侧杏仁核（basal lateral amygdala，BLA）在条件性恐惧行为中发挥着重要作用，损毁BLA显著影响条件性恐惧的学习以及恐惧记忆的提取。前扣带回（anterior cingulate cortex，ACC）以及其到BLA的投射束在天敌气味诱导的先天性恐惧中发挥着重要的调节作用，光抑制ACC可以增强对天敌气味的僵住反应，但不影响条件性僵住反应；与此相反的是，刺激ACC可以抑制先天性以及条件性僵住行为。最新研究发现外侧僵核（lateral habenular nucleus，LHb）到背外侧被盖区（laterodorsal tegmental nucleus，LDT）这一通路在天敌气味诱导的先天性恐惧中起到决定性的作用，进一步研究发现LDT中两类不同亚型的抑制性神经元（PV$^+$与SOM$^+$）对恐惧反应具有完全相反的调节功能，提示条件性恐惧和先天性恐惧可能是由不同的神经环路所调控。

二、恐惧常见的诱导因素

1. 声音刺激

短暂而强烈的声音刺激（一般需要大于80dB）可以引起震惊反射。动物会对突然出现的声音产生反应，表现为僵住、失禁等行为。

2. 足底电击

短暂而强烈的电流刺激可以使动物产生恐惧反应。足底电击作为一种厌恶性刺激会导致动物会表现出显著的僵住行为。

3. 天敌恐吓

动物在面对其天敌以及嗅到天敌气味时会产生恐惧行为反应，表现为逃避等行为。

4. 创伤情景

动物处在先前已经体验过的创伤、应激环境中时，也会产生强烈的恐惧反应，如僵住行为等。

三、恐惧行为实验方法分类

常用实验方法包括足底电击诱导僵住（foot shock-induced freezing）、恐惧诱导性惊愕（fear-potentiated startle）、声惊反应、大鼠单程长时应激/时间依赖性敏化应激、天敌诱导恐惧等。

四、恐惧行为实验方法的应用领域

恐惧行为实验方法广泛用于神经科学、神经生理学、神经药理学和认知功能减退性疾病，以及抑郁、焦虑发生发展机制和防护措施研究。在军事生物效应、反恐维稳装置研发等军事医学领域具有重大应用价值。

| 第二节

恐惧行为实验方法

一、震惊条件反射

震惊条件反射实验（startle reflex，SR）的原理是突然而强烈的声音刺激会引起动物的惊吓反应，大鼠的反应表现出全身肌肉的紧缩和躯体的瞬间跳动，其跳动的幅度与声音刺激的强度呈正相关。

实验装置

震惊条件反射系统由实验模块和控制模块组成（图5-1）。控制模块的组件包括软件系统、电脑、信号集息卡、接口盒、声音信号检测装置、信号发生器、放大器等。实验模块则包括隔音箱、动物束缚器、实验台、声音信号刺激器、光电信号刺激器、激适配器等。

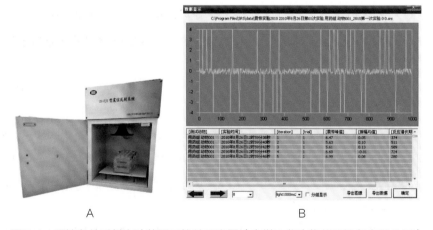

A   B

图5-1 震惊条件反射实验装置及软件示意图（安徽正华生物仪器设备有限公司）

A 震惊箱正视图；B 震惊分析数据

操作步骤

将大鼠放在一个8cm×8cm×16cm的窄小的笼中，以限制其运动范围，但又不形成制动。将笼置于一个带有隔音室的平台上，隔音室中用一风扇提供背景噪声，以防外界无关噪声的干扰。实验噪声为98或124dB的短脉冲式音响，持续20ms。大鼠躯体运动转变为电压，再由电传感器转换为重量，并数字化，由电脑予以记录。

动物如无预处理，即为单纯性声震惊反射（acoustic startle reflex，ASR）；如使用增强型ASR（potentiated ASR），可预先给大鼠足部或背部电击、强光照射等非条件刺激。也可将这些非条件刺激与条件刺激匹配，实验时不再预处理，只给条件刺激，称作恐惧增强惊跳反应（fear-potentiated startle）。实验采取自身对照法，每只动物在隔音室内观察记录240ms。实验结果以对照值与实验值的变化百分率表示，用多因素方差分析法统计分析，两两比较则用Dunnet't检验。

评价指标

可以通过记录分析通过重量传感器产生的动物移动信号，测量每个静止事件持续时间、震惊反应最大幅度、最大震惊反应潜伏期、最大震惊反应持续时间、震惊反应平均值等。这种惊跳反应可以用预处理的办法使其增强（potentiated）或使其弱化（weakened）或使其习惯（habited）。

注意事项

（1）采用自身对照法，注意实验顺序安排的交叉平衡性。

（2）大鼠的种属和体重影响实验结果，应注意掌握。

（3）每次实验后清理排泄物并用30%酒精（或4%醋酸）擦拭震惊箱，避免气味对后续大鼠产生影响。

讨论和小结

震惊条件反射是哺乳动物对外界刺激自然产生的简单行为反应，也是评价动物反应性的一个敏感指标。震惊条件反射实验用于恐惧行为评价的方法小结如下：

（1）对照测定与实验测定的间期要适中，间期太短则易出现脱敏或习惯化，间期太长会使体重有较大的差异。

（2）为保证声音刺激和实验数据的准确性，设备应配备标准仪器，在每次实验前用标准仪器对设备进行校准。

二、场景恐惧

场景恐惧（contextual fear）是一种条件性恐惧，是基于巴普洛夫条件反射而建立的，通过训练将场景这一条件性刺激与厌恶性非条件刺激建立起条件反射。最常用的程序是由LeDoux及其团队和Fanselow及其团队设计的。将动物置于恐惧箱中，之后对动物进行足部电击，经过多次将场景——恐惧箱（条件刺激）与足部电击（非条件刺激）进行配对，动物会形成电击和周围环境（恐惧箱）之间的条件反射，再次给予动物条件性刺激（将动物放入电击箱环境）时，即使不给予电击（非条件刺激），动物也会表现出僵住反应。

实验装置

实验装置主要包括条件性恐惧箱、隔音箱、场景箱、自动录像装置及分析软件等（图5-2）。

（1）条件性恐惧箱　包括与箱底格栅地板相连的电击发生器（可产生0.1~1.0mA的各种强度的电击）、声音发生器（可产生宽频的咔嗒声或低频音），并与计算机相连。

（2）隔音箱　装有一灯、一小风扇（用于通风和产生背景音）以及一个与声音发生器相联的扩音器。有些隔音箱门上有一猫眼，用于观察操作箱内的动物。

（3）场景箱　通常由透明有机玻璃制成，有可移动的格栅式地板和纱窗式顶部。为防止动物滑至格栅下面，格栅条之间距离应足够短。对于小鼠和年幼大鼠，关联条件箱通常为26cm×21cm×10cm；格栅地板由不锈钢条（直径1.5mm，中央间距小鼠为0.5cm，年幼大鼠为1.2cm）组成。对于成年大鼠，关联箱通常为23.5cm×29cm×19.5cm，格栅地板包括16根不锈钢条（直径2.5cm，中央间距为1.25cm）。

A　　　　　　　　　　　B

图5-2　典型的用于场景恐惧条件反射的设备（美国Med Associates公司）

A 隔音箱外部视图；B 隔音箱内部视图，有摄像头、场景箱、格栅地板灯和扬声器等
格栅地板，由16根不锈钢条组成，与电击发生器相连；场景箱，通常由透明有机玻璃制成。

（4）自动录像装置及分析软件　最初的实验通过人工计数僵住时间，现在可以通过专业软件，例如Video Freeze软件，自动记录并分析实验动物的僵住时间以及僵住次数。此外，还有电压计和声强计，用来检测刺激强度。

操作步骤

实验方法参考张黎明等文献，操作流程见图5-3。

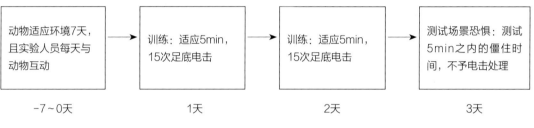

图5-3　场景恐惧实验流程

训练阶段：共分为2天。第1天，将小鼠放入条件性恐惧箱中适应5min，之后每只小鼠都将受到由不锈钢栅栏传输的15次间断的、不可逃避的足底电击（电流：0.8mA，持续：10s，间隔：10s），共计5min。对照组小鼠放入同一装置10min，但不给予电击。训练第2天的程序与第1天相同。

测试阶段：在第3天（可根据实验设计进行调整，建议不超过2周）进行小鼠的场景恐惧测试，注意测试用场景、运行程序与训练当日相同。将小鼠重新置入第1、2天训练阶段的条件性恐惧箱内5min，但不给予任何电击处理，测试5min内的僵住时间，以期评价环境相关的条件性恐惧。

评价指标

实验结束后通过软件分析系统对记录的数据进行分析，评价指标为：僵住时间百分率=僵住时间（s）/总时间（s）×100%，僵住时间百分率一般与动物恐惧样行为成正相关。消除恐惧的药物可以降低僵住行为。

注意事项

（1）要使动物在场景测试中表现僵住行为，必须让其在场景箱内有适当的时间。应避免将动物放入箱内便立即给予电刺激，因为这样动物没有时间在电击与箱内场景之间形成联系。

（2）训练及测试时需保持周围安静，尤其注意正在进行实验的动物和等待进行实验的动物不能发在同一房间之内，不能让其他实验动物听到接受电击刺激实验动物的叫声，因为这也可能会对实验动物产生恐惧反应。

（3）每次测试时，若同时测试多只动物，应注意随机选取不同组别的动物进行检测，避免不同时段动物活动度不同对实验结果的影响。

讨论和小结

场景恐惧实验常用于研究动物恐惧的行为模式，在解析恐惧的神经调控机制研究领域发挥了重要作用。场景恐惧实验方法要点如下：

（1）每次造模后清理排泄物并用30%酒精（或4%醋酸）擦拭不锈钢栅栏和托盘，避免气味对后续小鼠的恐惧记忆产生影响。

（2）在场景恐惧测试时，仍然使用与训练时相同的恐惧箱，依次检测实验动物对场景提示的恐惧记忆的表现。这种测试可以在训练结束后立刻或几天后进行，可以提供在条件信号影响下短期和长期记忆的信息。

（3）大鼠和小鼠都被广泛用于条件性恐惧模型，其实验方案非常相似。差异在于刺激强度和恐惧箱的大小。实验组的规模与其他实验规模相似，通常需要8~12只/组，才能获得统计学意义。

（4）即使是动物居住条件的短期变化也可能产生很大影响，在训练和测试期间，不要更换垫料，动物回到新环境会影响对环境的学习。

三、条件性恐惧

> 条件性恐惧（fear conditioning）与场景恐惧相同，也是基于巴普洛夫条件反射而建立的一种条件性恐惧反应。通常用声音线索作为条件刺激（conditioning stimulus，CS），以厌恶性刺激（如足底电击）作为非条件刺激（unconditioned stimulus，US），二者配对出现。经过多次CS-US训练，动物会学会声音和电击之间存在联系，这是声音线索条件性恐惧的原理。

实验装置

与场景恐惧相同，唯一不同之处是在进行场景恐惧记忆测试时，仍然使用训练时使用过的A箱，这是为了检测实验动物对空间提示的恐惧记忆的表现；而在声音线索的条件性恐惧记忆测试时，把A箱变换为B箱，是为了改变环境，避免空间记忆干扰声音提示的恐惧记忆的测试（图5-4）。

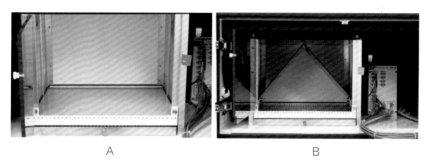

图5-4　典型的条件性恐惧设备示意图（美国Med Associates公司）

A 进行条件性恐惧记忆训练的测试箱；B 进行条件性恐惧记忆测试的测试箱

操作步骤

1. 第一阶段

条件性训练（第1天），在A箱中进行，适应120s之后，给予声音信号（CS，30s，85dB，5000Hz），之后在声音的最后2s开始给予电击（US：2s，0.6mA），与声音同时结束，间歇120s后（CS-US-间歇期），重复5次（CS-US-间歇期）。

2. 第二阶段

测试阶段：通常在训练后的第2天进行，可根据实验进行调整，测试阶段没有电击刺激，在更换为场景B箱之后，适应120s后仅给予1次30s声音刺激，检测僵住时间。具体参数设置和检测时间，可根据所需实验进行调整。

条件性恐惧训练与测试过程如图5-5所示。

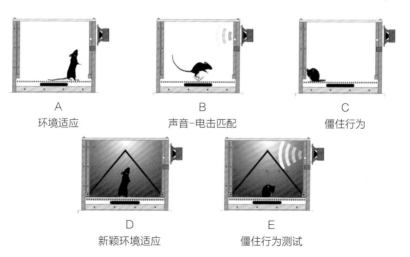

| A | B | C |
| 环境适应 | 声音-电击匹配 | 僵住行为 |

| D | E |
| 新颖环境适应 | 僵住行为测试 |

图5-5　条件性恐惧训练与测试示意图

A 小鼠在A箱中适应一段时间；B 给予声音刺激和足底电击；C 观察小鼠的僵住行为；

D 小鼠在B箱中适应一段时间；E 在B箱中仅给予声音刺激，观察小鼠的僵住行为

评价指标

实验结束后通过软件分析系统对记录的数据进行分析。评价指标为：僵住时间百分率=僵住时间（s）/总时间（s）×100%。僵住时间百分率一般与动物恐惧样行为成正相关，消除恐惧的药物可以降低僵住行为。

注意事项

（1）需注意训练和测试阶段所使用的场景、气味完全不同，仅保留声音线索与训练阶段相同。

（2）动物必须只在训练和测试期间暴露于听觉条件反射刺激。只有那些正在接受训练或测试的动物在训练和测试时才应该在测试室内。避免其他动物不经意间接受听觉刺激。

（3）由于老年动物听力减弱甚至丧失，对听觉暗示可能反应迟钝或无反应。此外，有些品系的小鼠，即使在成年早期，对高频刺激的反应尤其减弱。因此，用这一模型测定老年动物或某些品系的小鼠时应特别谨慎，并避免用高频刺激。

讨论和小结

条件性恐惧实验系统（场景恐惧系统）用于小型啮齿类动物（大、小鼠）环境相关条件性恐惧实验研究，是研究动物恐惧行为神经调控机制以及抗恐惧药物活性评价与研发的最常用实验方法之一，实际操作中可根据实验目的选择合适的实验程序，条件性恐惧实验方法要点如下：

（1）实验前一周每天抚摸小鼠可以明显减少小鼠对实验人员的恐惧感以及无关刺激对小鼠的影响。

（2）每次造模后清理排泄物并用30%酒精（或4%醋酸）擦拭不锈钢栅栏和托盘，避免气味对后续小鼠的恐惧记忆产生影响。

（3）与场景恐惧相同，足部电击是非条件刺激，场景A箱、场景B箱和声音则是条件刺激，通常在训练阶段使用场景A箱，在测试阶段使用与场景A箱形状、颜色、气味以及灯光都完全不同的场景B箱，以排除实验动物对场景记忆的影响；与场景恐惧相同，啮齿类动物对不同环境下同样的声音信号都也会做出明显的条件性恐惧反应，表现为僵住。

（4）场景B箱与A箱形状、颜色、气味都不同，可在实验箱中放入一个分隔板、改变光源和背景噪声或用其他溶液清洗实验箱等，之后观察动物的条件性恐惧程度。

（5）电流刺激大小需要根据每批次动物的应激情况来调节。

四、创伤后应激障碍

创伤后应激障碍（post-traumatic stress disorder，PTSD）是指在暴露于极端创伤事件后（如暴力人身攻击、严重交通事故、自然灾害和战争）引发的慢性精神疾病。PTSD的症状包括侵入性创伤记忆重复体验，回避创伤相关刺激，过度警觉（威胁敏感性增强或对潜在危险的高度关注），负性认知和心境改变，注意力不集中，情绪低落，睡眠困难和噩梦等，PTSD严重降低患者生活质量且增加其自杀风险。目前PTSD的发病机制仍不明确，并且无特定生物标志物用于疾病诊断。临床前常用的PTSD啮齿类动物模型主要有以下两种，大鼠单程长时应激与时间依赖性敏化应激、小鼠不可回避足底电击。

（一）大鼠单程长时应激与时间依赖性敏化应激

大鼠单程长时应激SPS（single prolonged stress，SPS）模型是2005年2月于日本召开的"PTSD的基础和临床"研究进展大会上确立的PTSD模型，也是目前国际上研究PTSD公认的动物模型。该模型是以环境条件刺激作为应激刺激，其长期行为或生理改变的症状具有良好的表面效度和结构效度；此模型所导致的症状可以被抗焦虑药和抗抑郁药改善，具有良好的预测效度。

大鼠时间依赖性敏化应激与大鼠单程长时应激模型相似，都是通过模拟动物心理、生理和内分泌等强烈应激来建立PTSD模型，模拟了PTSD发生发展的过程；与SPS模型不同的是，时间依赖性敏化应激（time-dependent sensitization，TDS）模型需要在SPS的基础上，在7天后再次进行强迫游泳应激。

实验装置

大鼠单程长时应激与时间依赖性敏化应激模型都需要用到制动、强迫游泳以及乙醚麻醉装置，具体如图5-6所示。

操作步骤

雄性SD大鼠，适应环境至少2周。大鼠在聚乙烯固定盒中固定2h（大鼠置于其中，仅尾巴可以活动）；固定完成之后立即进行强迫游泳（游泳缸为24cm的半径，50cm的高度），水深为缸高度的2/3，水温（24±1）℃，时间为20min；大鼠恢复15min后，暴露于麻醉乙醚中直至失去知觉。大鼠苏醒后归笼，正常饲养。第2天开始给予受试药物或者溶剂对照。

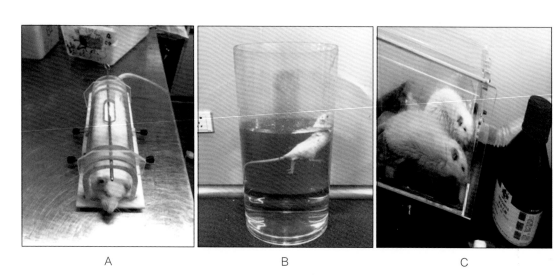

图5-6 大鼠单程长时应激示意图（自研设备）
A 大鼠制动装置；B 大鼠强迫游泳水缸（直径25cm，高60cm）；C 乙醚麻醉装置（直径30cm，高20cm）

评价指标

实验结束后通过软件分析系统对记录的数据进行分析。僵住时间检测：僵住行为是一种普遍见于啮齿类的防御行为，表现为刻板式的蹲伏姿势，可以有一定程度的摇摆，大鼠外观除呼吸运动以外其余的肌肉运动均消失，是大鼠恐惧表达的行为方式。检测时将大鼠置于条件性装置中［180s，（32.5cm × 28.0cm × 50.0cm）］给予不可逃避的足底电击1次（0.8mA，4s）。24h后将大鼠再次置于接受过电击的装置中，检测僵住持续时间，僵住时间是评价动物恐惧记忆的重要指标。

自发活动检测：在不可逃避的足底电击（同上）24h后，检测大鼠的自发活动（5min）。

大鼠高架十字迷宫：详见第三章第二节。

大鼠单程长时应激可以导致僵住时间延长，自发活动减弱，在高架十字迷宫实验中表现出焦虑样症状。抗PTSD的药物可以有效地逆转这些现象。

注意事项

（1）固定大鼠时，调节固定盒的大小，在束缚时密切观察大鼠，防止过紧导致大鼠窒息死亡。

（2）强迫游泳时，密切注视大鼠在水缸内的反应，大鼠体力不支时及时将其从水中取出（防止实验动物溺死）；强迫游泳结束后，可用干毛巾擦拭大鼠身上的水珠。

（3）乙醚麻醉要适量，防止麻醉过度；另外，尽量在通风较好的环境中进行操作以减少实验人员的吸入。

讨论和小结

大鼠SPS和TDS模型是常用于评价抗PTSD药物行为学活性的动物模型，为抗PTSD药物研发提供了重要的研究途径。大鼠SPS与TDS模型用于PTSD行为评价的方法小结如下：

（1）在动物适应环境1周，且实验人员每天抓取动物，让动物习惯实验人员的气味及操作之后，开始正式实验。

（2）大鼠僵住行为检测时，首先将动物运输至测试房间的就近房间，适应周围环境，避免运输途中应激反应对实验动物的影响。

（3）每次造模后清理排泄物并用30%酒精（或4%醋酸）擦拭不锈钢栅栏和托盘，避免气味对后续小鼠的恐惧记忆产生影响。

（二）小鼠不可回避足底电击

在小鼠不可回避足底电击（inescapable electric foot-shock，FS）中，小鼠首先接受不可逃避的电击刺激后，将小鼠重新暴露于训练过的环境下，小鼠表现出对该整体环境恐惧（contextual fear）的条件性恐惧反应。此模型能够阐明PTSD动物对恐惧性刺激的情绪记忆编码过程，因此常被用来研究条件性恐惧的获得、保持与消退过程。

实验装置

条件性恐惧箱为进口设备，外隔音箱规格：63.5cm×66.0cm×35.5cm，内电击箱规格30.0cm×23.5cm×25.0cm，生产厂家为Med Associates公司，分析软件为美国Video Freeze软件，电流输出稳定，僵住时间记录精准（图5-7）。

操作步骤

雄性ICR小鼠，8周龄，5只/笼，正常饲养，适应环境2周。模型建立过程如下：

（1）采用有机玻璃盒（30.0cm×30.0cm×35.0cm），底部有不锈钢的栅栏（4mm直径，9mm间隔），总共给予15次间断的不可逃避的电击（0.8mA，间隔10s，持续10s），共计5min，连续2天给予足底电击。在接下来的3周时间里，第3天、第8天和第15天将动物置于电击箱中不给予任何刺激（环境重现）。

（2）药物处理　从模型制备的第2天起开始给药。

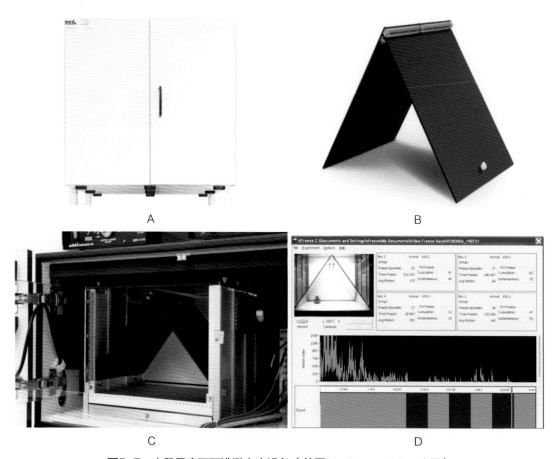

图5-7　小鼠足底不可逃避电击设备（美国Med Associates公司）

A 小鼠足底电击箱外部图；B 适配于小鼠的三角隔离板；C 小鼠足底电击箱内部图；D 小鼠僵住行为分析软件图

（3）行为学检测

①僵住时间的检测：在环境重现时，记录小鼠总的僵住时间。

②自发活动检测（详见第三章第二节）。

③小鼠高架十字迷宫（详见第三章第二节）。

④小鼠明暗箱实验（详见第三章第二节）。

评价指标

实验结束后通过软件分析系统对记录的数据进行分析，具体评价指标：僵住时间、自发活动以及高架十字迷宫测验。造模成功后小鼠僵住时间延长，自发活动减弱，在高架十字迷宫实验和小鼠明暗穿梭实验中表现出焦虑样症状。抗PTSD的药物可以有效逆转这些现象的发生。

注意事项

（1）在正式实验开始之前，每天轻抚动物1~2次，以减少实验过程中对动物造成不必要的应激。

（2）电击开始前，最好将动物放在安静环境中适应2h后再进行实验。

（3）实验动物被电击后发出的叫声影响其余实验动物，因此电击时，其余动物运输至测试房间的就近房间，避免动物叫声对其造成影响。

讨论和小结

小鼠不可逃避足底电击模型是啮齿类动物恐惧模型中最常见的厌恶性应激源之一。足底电击并不会影响模型动物的运动和社交能力，不同实验室的实验参数不同，主要包括电击强度、电击次数以及持续时间，采用的动物物种和品系也不相同。对小鼠不可逃避足底电击实验的方法小结如下：

（1）动物务必适应环境至少1周，且实验人员要每天抓取动物，让动物习惯实验人员的气味及操作之后，才能开始正式实验。

（2）每次造模后清理排泄物并用30%酒精（或4%醋酸）擦拭不锈钢栅栏和托盘，避免气味对后续小鼠的恐惧记忆产生影响。

综上所述，恐惧样行为的诱导因素较多，如声音、电流、创伤情景等均可以使动物产生不同的恐惧样行为反应。不同的恐惧行为实验对诱导因素、实验环境等要求有所差异，由不同诱导因素所产生的恐惧样行为，其评价指标以及应用领域也会有所差异，可根据研究目的选择合适的恐惧行为学实验。这些恐惧行为实验对于研究恐惧行为模式以及解析恐惧神经调控机制都是十分重要的，为抗恐惧药物活性评价与研发提供了重要的研究途径（表5-1）。

表5-1　恐惧行为实验评价指标和用途

恐惧行为实验	评价指标	用途
震惊条件反射	静止事件持续时间、震惊反应最大幅度、最大震惊反应潜伏期、最大震惊反应持续时间、震惊反应平均值等	①广泛用于学习记忆功能、认知神经科学、神经生理学、神经药理学、认知功能退行性变性等实验研究方面的研究；②在精神药物的评价方面，主要用于抗焦虑剂和抗精神病药物的评价
场景恐惧	僵住时间百分率	广泛应用于创伤后应激障碍的机制以及治疗策略研究

续表

恐惧行为实验	评价指标	用途
条件性恐惧	僵住时间百分率	广泛应用于小型啮齿类动物（大、小鼠）的恐惧记忆相关研究
①大鼠单程长时应激 ②时间依赖敏化应激	僵住时间百分率；自发活动；高架十字迷宫等	①可用于抗PTSD药物评价，预测化合物的抗PTSD活性；②也可用于研究PTSD疾病发生发展的机制和药物治疗的作用机制
小鼠不可逃避足底电击	僵住时间百分率；自发活动；高架十字迷宫；明暗穿梭箱等	①可用于抗PTSD药物评价，预测化合物的抗PTSD活性；②也可用于研究PTSD疾病发生发展的机制和药物治疗的作用机制

参考文献

[1]   Cornwall J, Cooper J D, Phillipson O T. Projections to the rostral reticular thalamic nucleus in the rat [J]. Experimental brain research, 1990, 80 (1): 157-171.

[2]   Dejean C, Courtin J, Rozeske R R, et al. Neuronal circuits for fear expression and recovery: recent advances and potential therapeutic strategies [J]. Biological psychiatry, 2015, 78 (5): 298-306.

[3]   Fox R J, Sorenson C A. Bilateral lesions of the amygdala attenuate analgesia induced by diverse environmental challenges [J]. Brain research, 1994, 648 (2): 215-221.

[4]   Maren S, Quirk G J. Neuronal signalling of fear memory [J]. Nature reviews neuroscience, 2004, 5 (11): 844-852.

[5]   Öhman A, Mineka S. The malicious serpent: Snakes as a prototypical stimulus for an evolved module of fear [J]. Current directions in psychological science, 2003, 12 (1): 5-9.

[6]   Öhman A, Mineka S. Fears, phobias, and preparedness: toward an evolved module of fear and fear learning [J]. Psychological review, 2001, 108 (3): 483.

[7]   Quirk G J, Garcia R, González-Lima F. Prefrontal mechanisms in extinction of conditioned fear [J]. Biological psychiatry, 2006, 60 (4): 337-343.

[8]   Sotres-Bayon F, Cain C K, LeDoux J E. Brain mechanisms of fear extinction: historical perspectives on the contribution of prefrontal cortex [J]. Biological psychiatry, 2006, 60 (4): 329-336.

[9]   刘蕊, 李继涛, 司天梅. 杏仁核相关恐惧记忆神经环路研究进展 [J]. 中国神经精神疾病杂志, 2018, 44 (7): 441-444.

[10]   Carlsson SG. Startle response of rats after the production of lesions at the junction of the mesencephalon and the diencephalon [J]. Nature, 1966, 212 (5069): 1504.

[11]   Bacq A, Astori S, Gebara E, et al. Amygdala GluN2B-NMDAR dysfunction is critical in abnormal aggression of neurodevelopmental origin induced by St8sia2 deficiency [J]. Molecular psychiatry, 2020, 25 (9): 2144-2161.

[12]   Lauer A M, Behrens D, Klump G. Acoustic startle modification as a tool for evaluating

auditory function of the mouse: progress, pitfalls, and potential [J]. Neuroscience & Biobehavioral Reviews, 2017, 77: 194-208.

[13] 王皓月, 黄丹仪, 李俊, 吴文婷, 应悦, 王维刚, 费俭. 震惊反射系统在研究小鼠感觉运动门控功能中的应用 [J]. 中国细胞生物学学报, 2014, 36 (07): 956-962.

[14] Fanselow M S. Factors governing one-trial contextual conditioning[J]. Animal Learning & Behavior, 1990, 18 (3): 264-270.

[15] LeDoux J E. Emotion circuits in the brain [J]. Annual Review of Neuroscience, 2000, 23: 155-84.

[16] Wehner J M, Radcliffe R A. Cued and contextual fear conditioning in mice [J]. Current Protocols in neuroscience, 2004, 27 (1): 8.5 C. 1-8.5 C. 14.

[17] Liu W G, Zhang L M, Yao J Q, et al. Anti-PTSD effects of hypidone hydrochloride (YL-0919): a novel combined selective 5-HT reuptake inhibitor/5-HT1A receptor partial agonist/5-HT6 receptor full agonist [J]. Frontiers in Pharmacology, 2021, 12: 625547.

[18] Zhang L M, Qiu Z K, Chen X F, et al. Involvement of allopregnanolone in the anti-PTSD-like effects of AC-5216 [J]. Journal of Psychopharmacology, 2016, 30 (5): 474-481.

[19] Zhang L M, Yao J Z, Li Y, et al. Anxiolytic effects of flavonoids in animal models of posttraumatic stress disorder [J]. Evidence-Based Complementary and Alternative Medicine, 2012, 2012.

[20] 薛瑞, 魏肇余, 张森品, et al. 小鼠条件性恐惧模型的建立和品系敏感性研究 [J]. 中国药理学与毒理学杂志, 2020, 34 (2): 119-124.

[21] Liberzon I, Krstov M, Young E A. Stress-restress: effects on ACTH and fast feedback [J]. Psychoneuroendocrinology, 1997, 22 (6): 443-453.

[22] Wu Z, Tian Q, Li F, et al. Behavioral changes over time in post-traumatic stress disorder: Insights from a rat model of single prolonged stress [J]. Behavioural processes, 2016, 124: 123-129.

[23] Whitaker A M, Gilpin N W, Edwards S. Animal models of post-traumatic stress disorder and recent neurobiological insights [J]. Behavioural pharmacology, 2014, 25: 398.

[24] Zhang L M, Qiu Z K, Zhao N, et al. Anxiolytic-like effects of YL-IPA08, a potent ligand for the translocator protein (18 kDa) in animal models of post-traumatic stress disorder [J]. International Journal of Neuropsychopharmacology, 2014, 17 (10): 1659-1669.

[25] Siegmund A, Wotjak C T. A mouse model of posttraumatic stress disorder that distinguishes between conditioned and sensitised fear [J]. Journal of psychiatric research, 2007, 41 (10):

848-860.

[26] Zhang LM, Yao JZ, Li Y, Li K, Chen HX, Zhang YZ, Li YF. Anxiolytic effects of flavonoids in animal models of posttraumatic stress disorder. Evid Based Complement Alternat Med. 2012;2012:623753. doi: 10.1155/2012/623753. Epub 2012 Dec 13. PMID: 23316258; PMCID: PMC3539772.

[27] Flandreau E I, Toth M. Animal models of PTSD: a critical review [J]. Behavioral Neurobiology of PTSD, 2017: 47-68.

[28] Qiu Z K, Zhang L M, Zhao N, et al. Repeated administration of AC-5216, a ligand for the 18 kDa translocator protein, improves behavioral deficits in a mouse model of post-traumatic stress disorder [J]. Progress in Neuro-Psychopharmacology and Biological Psychiatry, 2013, 45: 40-46.

第六章

运动行为实验方法

　　运动是机体的主要功能，它与感觉功能密不可分，彼此反馈并相互协调，是人和动物维系生命最基本的活动之一。运动行为是动物存活、觅食、繁殖、趋利避害、不断适应环境与进化的基础。运动行为的正常协调有赖于神经系统、肢体和躯干肌群的功能正常，当其中的任何部分发生病变都可以导致机体运动行为发生异常。运动行为实验对于探究运动控制的脑机制、进一步了解脑的高级认知功能、寻找运动异常疾病的防治措施提供方法学基础。

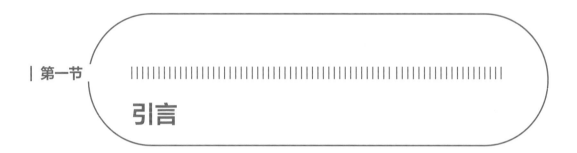

第一节

引言

一、运动行为的定义和发生机制

根据中枢调控的机制可以将运动分为反射运动、随意运动和节律运动三类。本章动物行为实验主要指随意运动。一般认为随意运动的启动起自皮层联络区，信息在大脑皮层与皮层下的两个重要运动区基底神经节和皮层小脑之间不断进行交流，然后运动指令被传送到运动皮层区，即中央前回和运动前区，由此发出运动指令，经运动传出通路到达脊髓和脑干运动神经元，最终到达他们支配的骨骼肌而产生运动。

在运动过程中，不同水平的运动调控中枢要不断接受感觉信息的传入，以便调整运动中枢的活动进而调节运动过程。在运动发起前，基底神经节和皮层小脑对运动调控中枢进行运动的策划和一些精巧动作学习过程的编程有重要作用；在运动的过程中，脊髓小脑利用它与脊髓和脑干以及大脑皮层之间的纤维联系，将来自肌肉、关节等处的感觉信息与皮层运动区发出的运动指令反复比较，找出差异，中枢收到这些差异反馈信息，及时纠正运动偏差保证正确的运动轨迹；在脊髓和脑干，感觉信息通过引起反射，调整机体运动前和运动中的身体姿势，以配合运动的发起和执行。神经系统对运动的调节过程也包含对姿势的调节。

机体运动行为需要多级神经网络的协调运作才能进行，脑皮层运动区、基底神经节、皮层小脑经过复杂的回路联系进行复杂运动策划，将策划形成的运动指令经皮层脊髓束和皮层脑干束传到脑干和脊髓，最终经脊髓前角的 α 运动神经元负责执行并支配相关的肌群表现相应的运动行为。皮层脊髓束的侧支将有关运动指令传至脊髓小脑。脊髓小脑及皮层小脑可以接受来自外周的视觉、听觉、前庭位置、脊髓等反馈信息，通过和指令比对，分析运动指令和运动执行之间的偏差，通过上行纤维向大脑皮层发出矫正信号，修正运动皮层的活动，同时通过脑干—脊髓下行通路调节肌肉的活动，纠正运动的偏差，使运动能按照预定的目标和轨道准确运行。上述发放指令、传递指令、校正指令、执行指令中的任何环节发生问题都会引起运动行为出现异常。

二、运动行为异常的常见疾病

运动行为是最后输出的共同行为，神经细胞体、轴突、树突，神经递质、受体、传感器、肌肉、肌腱、骨骼等任何一个部分发生损伤，都将损害运动功能。临床上表现运动行为异常的疾病包括脑部、脊髓和周围神经损伤等疾病所致的运动行为异常。疼痛性疾病、机体处于兴奋/镇静状态、疲劳状态或药物中毒等也可导致机体的运动行为异常。

（一）帕金森病

帕金森病（Parkinson's disease，PD）是一种以运动迟缓、肌强直、姿势异常及静止性震颤为四大临床核心症状表现，以黑质致密区多巴胺能神经元的特异性丢失及脑干、脊髓和皮层等区域出现聚集的突触核蛋白堆积甚至形成路易小体为典型病理特征的神经退行性疾病。

（二）亨廷顿病

亨廷顿病（Huntington's disease，HD）又称大舞蹈病或者亨廷顿舞蹈症，是一种常染色体显性遗传性神经退行性疾病，1872年由美国医生乔治亨廷顿发现得名。主要表现为舞蹈样不自主动作、精神障碍和进行性痴呆"三联征"，发病隐匿，并缓慢进行性加重，少年多以肌张力障碍为主，或伴有癫痫和共济失调。

（三）肌萎缩侧索硬化

肌萎缩侧索硬化（amyotrophic lateral sclerosis，ALS）是一种运动神经元病。由于上运动神经元和下运动神经元损伤后，导致四肢、躯干、胸腹部的肌肉萎缩、无力，是一种慢行、进行性神经系统变性疾病。2018年被纳入我国《第一批罕见病目录》，肢体起病型首发症状是四肢进行性萎缩、无力，可表现为进展性的运动行为改变。延髓起病型则可能更多表现吞咽困难和讲话困难。

（四）周围神经损伤

尺神经、桡神经、坐骨神经损伤等可导致相关肢体部位的运动行为异常。

（五）疼痛性疾病

肌肉拉伤、撕裂、水肿、炎症、骨关节炎等引起病变肢体部位的运动行为异常。

（六）兴奋和疲劳

机体处于兴奋或疲劳等状态时，运动行为也会有异常改变。

（七）其他疾病

运动行为异常也可见于阿尔茨海默病、抑郁、焦虑和恐惧、心脑血管等疾病。

三、运动行为实验方法分类

按照运动行为实验所反映的动物运动行为的特点不同，我们将运动行为实验划分为测试动物自主活动的一般行为学实验、反映动物运动耐力的运动行为实验、考察动物运动平衡能力和协调性的运动行为实验。

（一）一般运动能力的行为学评价实验

测试动物在自由清醒状态下进行的平行或者上下移动，如行走、跑步、站立、跳跃等行为实验。用于评价动物排除外力干预下的自主活动特征的一类运动行为实验，常用的实验方法如步态分析实验、旷场实验等。

（二）运动耐力的行为学评价实验

运动耐力行为实验主要是测试和评价动物能够承受的运动负荷。运动负荷可反映机体的运动应激耐力，以及心血管功能、神经系统及骨骼肌肉等系统的功能对机体耐力的影响。常用的行为实验方法包括负重游泳、转棒、跑台，抓力等。

（三）运动协调能力的行为学评价实验

协调能力是指在机体运动的过程中，调节和综合机体各个部分的活动，使之能在时间和空间上相互配合、协调，有效完成某一运动的能力。运动协调能力是集机体平衡力、活动速度、柔韧性的一种综合能力。常用的行为实验包括步态仪、转轮、平衡木等。

四、运动行为实验方法的应用领域

运动行为实验方法可用于观察动物兴奋、抑郁、焦虑、疲劳、睡眠等不同状态下的自主活动情况，也可用于观察大脑、脊髓、周围神经疾病对运动功能的影响，在心理学、药理学、毒理学、军事医学，以及神经精神疾病和发生机制、防护药物和健康产品研发中具有广泛的应用价值。

第二节

第二节 主要的运动行为实验方法

一、一般运动能力的行为学评价实验

（一）旷场实验

旷场实验（open field test，OFT）是测试动物在规定时间内在一定区域自发活动情况，是研究小型动物活动能力的主要行为学测试方法之一，反映中枢神经系统的兴奋或抑制状态。中枢兴奋药物可以明显增加自主的活动而减少探究行为，一定剂量的抗精神病药物可以减少探究行为而不影响自主活动。在采用动物行为学实验评价神经精神类药物药效时，旷场（自主活动）是最基础的行为学检测方法，只有在自主活动没有显著性差异的情况下，后续的行为学检测才具备意义。

实验装置

通常采用圆形或者方形的测试箱，利用计算机视觉技术捕获动物清醒状态下的自发活动行为。详见第三章第二节旷场实验。

操作步骤

与焦虑、抑郁行为实验方法不同，测定自发活动的旷场实验要有适应期。

（1）实验动物放入检测实验室，适应1h。

（2）动物放入测试箱内适应5～10min后，开始检测。

（3）启动计算机上的旷场软件操作系统，进入自发活动检测模式。设定实验时间、样本数、运动阈值等实验参数后，开始自发活动检测。一般检测时间为5～15min。

评价指标

（1）总路程　动物在实验记录时间内的运动总路程。为自主活动检测的主要参考指标。小鼠5min内的总路程为1000～2500cm，速度为3～8cm/s。

（2）运动（静息）总时间　动物在实验记录时间内的运动状态的时间累积。为自主活动检测的主要参考指标。

（3）平均速度　总路程与运动总时间的比值。为自主活动检测的参考指标。

（4）运动（静息）时间比率　运动（静息）时间与总时间的比率。

（5）站立次数　动物在实验记录时间内的站立总次数。为评价自发活动的主要指标。

（6）站立时间　动物在实验记录时间内的站立总时间。为评价自发活动的主要指标。

注意事项

（1）实验环境保持安静。

（2）保证每次实验从同一位置同一方向放入动物。

（3）整个实验过程中，每次动物检测结束后，清理动物粪便并用75%酒精擦拭场地去除气味。两组实验之间间隔5～10min，以便酒精挥发完全。

讨论和小结

旷场实验可用于自发活动、抑郁、焦虑和恐惧行为实验。本节介绍的是自发活动，用于评价动物的自主活动和镇静/兴奋作用。与前述不同的是需要有适应期（3～15min），测试时间为5～15min。常用实验动物为大鼠、小鼠。

（二）步态分析

步态分析（gait analysis，GA）是利用力学的方法和已经掌握的解剖学、生理学知识，对机体行走功能状态进行对比分析的一种研究方法。起初，研究人员通过手工方法对动物进行分析，如将墨汁涂于动物足底，然后令其在白纸上行走，再用直尺测量白纸上的墨迹，得出步态的基本参数。20世纪90年代，人们利用了光线在玻璃介质内的全反射现象，在黑暗环境下将照明光线从玻璃板边缘侧面射入，结合视频分析技术，使步态分析的自动化和精确性得到了提升。目前，基于光线全反射现象的自动化视频分析技术所研制的步态分析系统在动物步态研究中的应用最为广泛。

实验装置

全自动步态分析仪硬件包括视频采集分析计算机、老鼠步行通道、高速摄像机、足迹增强板和背景增强系统，如图6-1所示。其中，步行通道、高速摄像机、足迹增强板、背景增强系统、诱导箱组合安装，用于实现实验动物在足迹增强板上行走过程中足迹的提取，诱导箱为实验动物提供熟悉的小环境，诱导实验动物顺利通过足迹增强板。高速摄像机与视频采集分析计算机用网线连接，通过计算机的千兆网卡实现图像数据采集。

图6-1　全自动步态分析仪示意图
（北京康森益友科技有限公司）

软件包括两个模块：步态视频采集模块和步态分析模块。采集软件进行步态视频的采集和保存；视频分析软件模块自动提取足迹区域，得到步态相关的各个方面信息，如距离方面、时间方面、体态方面、压力方面和速度。

操作步骤

（1）训练　准备一个空鼠盒，先将动物转移至该鼠盒内，将饲养小鼠的鼠盒置于步态仪后端的鼠盒托架中，以建立一个熟悉的环境。将小鼠置于步态仪前端的采样跑道上，并且从动物后方给相应刺激直至动物跑完全程，并进入分析仪后端暗箱中，并且堵上暗箱入口，让该动物在其中适应30s，如果动物适应完暗箱环境后没有从暗箱的出口跳入下方的饲养鼠盒内，可以将动物置于该鼠盒中，适应1min，这样算是完成一次训练。取出鼠盒，准备下一只。按照此种方法完成所有动物的训练，即完成一轮训练。第一天训练时，大概每只动物需要3min时间，以后会逐渐加快。每只动物每天训练3次，连续训练7天，直至所有的动物在没有刺激的条件下可以不停顿地完成在跑道上的行走。

（2）仪器调试　测试前调试仪器采光系统，设置动物和背景噪声系数，保证在实验条件下，动物足印在采集图像窗口中清晰可见。完成实验时间、样本数等实验参数设置后，以测量尺的实际尺寸为标准，进行定标存图，对图像中的距离进行标定（图6-2）。

图6-2　步态视频采集软件示意图
（北京康森益友科技有限公司）

（3）测试　将动物放到跑台入口，使其不间断连续通过跑台，并通过高频摄像机记录步态录像。

（4）数据分析　通过计算机步态分析系统对所采集步态数据进行图像分析，计算统计步态指标。

评价指标

（1）整体运动障碍类指标　步行周期、总速度、摆动时间。

①步行周期：动物行走时一侧足跟着地到该侧足跟再次着地的过程被称为一个步行周期，一个步行周期可分为支撑相（stance phase）和摆动相（swing phase）。

②总速度：在一次行走过程中，步幅的总和/步行周期的总和。

③摆动时间：一次步行周期内动物肢体摆动的时间。

（2）运动距离类指标　步幅、步基、步宽。

①步幅：动物在一个步行周期中，同一前肢或后肢连续两个最大脚印横坐标中点之间的距离。

②步基：动物在一个步行周期中，左前肢连续两个最大脚印横坐标中点与左后肢连续两个最大脚印横坐标中点之间的距离。

③步宽：在行走中左、右两足间的距离称为步宽，通常以足爪中点为测量参考点。

（3）运动速度类指标　摆动速度、瞬时速度、步速。

①摆动速度：步幅/摆动时间。

②瞬时速度：每只爪子的步幅/步行周期。

③步速：步幅/步行周期。

（4）协调性障碍指标　同源协调性、同侧协调性、对侧协调性。

①同源协调性：被观测足爪（RH或LH）的摆动时间或支撑时间与对照足爪（LH或LF）的步行周期的比值。

②同侧协调性：被观测足爪（RH或LH）的摆动时间或支撑时间与对照足爪（RF或LF）的步行周期的比值。

③对侧协调性：被观测足爪（RH或LH）的摆动时间或支撑时间与对照足爪（LF或RF）的步行周期的比值。

（5）体态异常类（行走姿势）指标　平均体转角、体转角标准偏差、平均侧向移动。

①平均体转角：老鼠嘴尖与尾根形成的轴线的方向和正前方向轴之间的夹角的平均值，如老鼠移动的方向偏离正前方向5°。

②体转角标准偏差：老鼠嘴尖与尾根形成的轴线方向和正前方向轴之间的夹角的标准偏差。

③平均侧向移动：动物质量中心沿Y轴侧向移动的距离。

（6）肢体使用障碍类指标　单支撑时相、双支撑时相、三支撑时相。

①单支撑时相：通常指一足着地到该足离地的过程。

②双支撑时相：在一个步行周期中产生的双足同时着地的阶段。

③三支撑时相：在一个步行周期中产生的三足同时着地的阶段。

（7）肢体控制障碍类指标　足迹最大面积、足迹平均面积、足迹最大强度、足迹平均强度。

①足迹最大面积：支撑相的足迹面积，计算公式为足迹横轴×纵轴。

②足迹平均面积：每帧图像足迹面积之和/总帧数。

③足迹最大强度：t为足爪接触地面的最大强度时刻，即足迹在图像中颜色的最大像素值。

④足迹平均强度：每帧图像足迹强度之和/总帧数。

注意事项

（1）实验应在一个没有噪声的房间里进行，并且要保证光线条件适宜，动物足印在采集图像窗口中清晰可见。

（2）测试时要进行3次实时步态行为录像，合格的录像要求为此次录像中必须包含有3个连续的脚印信息，而且中间没有停顿。之后用专用分析软件分析，取各个指标均值。

（3）数据采集过程中，应保持跑道干燥和清洁，因为如果跑道潮湿或肮脏，平均强度或足迹面积等参数会显著改变。

讨论和小结

在步态分析实验中，动物的训练、大、小鼠及其品系选择、动物体型的差异都会影响实验结果，应根据不同的实验目的进行调整。

在训练过程中应保证动物在跑道上形成不间断、具有可比性的步态轨迹，以获得可重现的指标数据。根据实验经验，大、小鼠至少要经过一周的每日训练（一共训练7天，每天3次）才能获得有效数据，保证动物可以以大约80cm/s的平均速度穿过跑道，或者穿过跑道的时长控制在1～2s。

在步态分析实验中要注意大、小鼠间的差异，一般而言大鼠的体重比小鼠重8～12倍，大鼠爪子压力比小鼠大得多，在仪器调试过程中应需要仔细校准检测设置。另一方面，实验人员在对小鼠进行实验操作时，小鼠与大鼠相比，小鼠的应激能力较差，可能由于应激的原因而导致小鼠运动改变，从而影响实验数据。

根据不同的实验目的，选择不同品系的动物对于步态分析实验至关重要。在大鼠中，

Lewis、Wistar和Sprague-Dawley是三种常见的大鼠品系，Wistar大鼠的后肢步宽明显比Lewis和Sprague-Dawley大鼠更宽。三种品系大鼠中，体重最大的大鼠（即Sprague-Dawley大鼠），步幅最大，步行周期与支撑时长也最长。在运动障碍模型中，大鼠品系的选择也至关重要，如Wistar大鼠脊髓背侧横断或挫伤模型，后肢步宽显著增加。相反，Lewis大鼠脊髓背侧横断模型，并没有观察到后肢步宽增加现象。对于小鼠而言，C57BL/6、BALB/c、ICR与昆明小鼠等常见品系小鼠，根据不同的实验需求，常都应用于步态分析实验中。

重要的是，啮齿动物体型的差异可能会影响步态分析实验的结果，在利用转基因动物模型研究中，尽管大多数研究人员使用成年动物，动物的身体大小相似并且相对稳定，同时将临床前动物模型与同年龄的野生型相对比。然而，此类方法弥补不了由于不同基因型动物所导致的体型差异。为了解决此类问题，研究人员常通过动物的体重与体长对步态行为指标进行定标（如CatWalk基于体重对步长进行定标，LocoMouse基于体重对步态参数进行定标）。而对于啮齿动物的步态，基于体长定标测量方法可能比基于体重定标测量方法更加可靠。

（三）联合开场实验

　　联合开场实验（unite open - field test）是通过旷场实验观察分析动物进入开阔环境后的各种行为，并配合洞板实验观察动物的探究行为。是基于大鼠喜欢探洞的天性而设计的，它能有效反映大鼠对新环境的探索能力。有焦虑情绪的动物自发活动和探究行为会随环境状态改变；动物的觉醒状态时活动增加，而镇静剂则使活动减少；新奇性环境会增加动物的探究性行为，熟悉环境则引起习惯化致活动减少。

实验装置

　　联合开场实验装置是集旷场、洞板于一体的多功能视频采集分析系统，主要由大、小鼠活动箱，视频采集及分析系统两部分组成，实验装置如图6-3所示。

　　（1）活动箱　活动箱有大鼠和小鼠两种规格。大鼠活动箱：（90～100）cm×（90～100）cm×（30～40）cm；小鼠活动箱：（40～50）cm×（40～50）cm×（35～40）cm。板材多为亚克力板材或树脂，铝合金支架，一般可同时测定多只动物的运动行为，通常联合开场实验可同步测定8～16只动物，最多可进行30只动物的同步观测。

　　活动箱内侧面全部为黑色，内侧底部用6mm宽度白线割裂有16个面积相同的正方形，一般设定中央的四个小正方形为中央区，其余为边缘区。

（2）视频采集及分析系统　视频采集及分析系统包括摄像机、计算机、视频分析软件，摄像机通过红外检测跟踪动物活动轨迹，视频分析系统接受相关轨迹信号，记录鼠的自主活动、站立、探洞行为等，并实时记录相关数据。通常实验时可以设定每15s接受一次数据，并计算1min时间箱的平均值，记录持续时间可以是2h或更长时间。

操作步骤

测试前先将动物放在实验环境试应，一周后开始实验。

①启动计算机及联合开场视频分析系统。

②设置观察时间（30min～2h）。

③将动物在同一起点同时放入活动箱，进入活动箱后任其自由活动。

④放入动物同时开启视频采集系统，同时监控多只大鼠在箱内活动情况。

⑤测试完毕，将采集到的大鼠活动视频、轨迹、指标导出，进行统计学分析。

图6-3　联合开场实验装置示意图
（安徽正华生物仪器设备有限公司）

评价指标

联合开场实验的观察指标包括以下三方面的指标，这些指标的数据分析可采取固定时间段和任意时间段两种形式进行。

（1）水平活动度　包括总路程（总活动度）、平均速度、休息时间、活动时间、活动次数、线性度等指标，这些指标主要记录动物在观察时间全程活动度的总量、速度、活动与休息交替时间。

（2）垂直活动度　包括站立次数、站立时间、探洞次数，主要记录动物在垂直面的活动情况。

（3）区域分布指标　即中央区、周边区、四周、四角、四边的活动情况等，主要反映动物活动区域分布范围。

一般认为，焦虑状态可以使动物的水平或垂直活动度减少，周边范围的活动增加，而中心活动减少。此外，联合开场中动物排便的频率和数量也可以作为衡量动物恐惧程度、焦虑程度，焦虑状态的动物排便次数增加。

注意事项

（1）联合开场对动物进行观察的时间应固定，如上午8：00—11：00进行，实验前1小时使动物适应周围环境。动物自主活动的记录一般是每5min记录一次数据，持续30～120min，以区分在动物在每个活动箱的外围和中心区域的水平和垂直方向活动。

（2）实验应在一个安静、通风和温度控制良好的环境进行。照明首选低强度，以减少焦虑和刻板行为（如果低强度照明是研究的观察项目除外）。

（3）如果要检查兴奋剂或镇静剂的作用，动物应适应一段时间（5～30min）后进行。如研究焦虑、抑郁或恐惧情绪，则无适应过程。

（4）测试完毕，喷洒用75%酒精，并对实验箱内部包括探洞板、探孔内内壁进行彻底清洁，保证消除粪便痕迹和异味，防止残遗痕迹及气味影响后续大鼠的活动。

讨论和小结

联合开场实验与旷场实验一样，可以用于自发活动、学习记忆、焦虑、抑郁和恐惧实验。动物在联合开场中的活动受到时间、情绪、环境的新奇性、动物的年龄、品系等的影响。如鼠类在一个新奇的环境下会表现更多的探究性行为，而再次进入同样的环境时活动就会减少，即习惯化；食物剥夺会增加鼠类的活动；年轻健康的动物比老年动物更活跃；C57BL/6小鼠比129品系的动物更活跃等。此外，动物的运动功能和药物本身也可能对实验结果产生影响。因此需要足够数量，才能用于统计分析。

（四）食物拉线实验

啮齿动物具有拉线的天性。在20世纪90年代，利用这一特点在细绳末端绑有食物，啮齿动物进行拉线自发活动并且获得食物奖励。食物拉线实验（string-pulling test）是啮齿动物以直立姿势（坐或站）实现的鼻尖与双手协调运动，这种行为涉及一些精细行为动作，包括用鼻子或触须识别并追踪绳子、双手交替伸展、抓握和收缩动作，以获取系在绳子末端的食物。2017年，研究人员首次采用摄像头描述了一种定性和定量分析方法，以研究自发和食物奖励的大鼠拉线行为相关的运动组织，对大鼠在拉线过程中双手的动作进行了定性分析，对拉线行为过程中出现的运动功能单元的轨迹和运动学特征进行定量分析。随着计算机视觉与深度学习计算的发展，对拉线行为分析越来越趋向于精细化与自动化。

实验装置

（1）训练装置 拉线实验训练装置由啮齿动物家笼（家笼上有金属网，大小为：46cm×26cm×26cm）与多根细绳组成，装置放置在离地面1.5m的桌上，如图6-4所示。

（2）测试装置 拉线行为分析系统由安装了控制与分析处理软件的主控计算机与拉线行为视频采集系统组成，其中包括：绳线滑轮装置（红色）、旋转编码器（橙色）、高架平台（蓝色）、食物存储装置（绿色）、高速摄像机（黄色），主控计算机（白色），实验装置如图6-5所示。

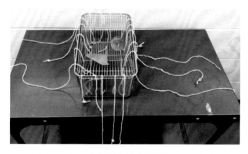

图6-4 拉线实验训练装置示意图
引自Integrated Behavior Quantification System for the Measurement of Movement Kinematics and Neural Activityin the String Pulling Task（Master's thesis, University of Arizona, Tucson, USA）。

图6-5 拉线行为分析系统示意图
引自Integrated Behavior Quantification System for the Measurement of Movement Kinematics and Neural Activityin the String Pulling Task（Master's thesis, University of Arizona, Tucson, USA）。

操作步骤（以大鼠为例）

（1）训练阶段

①在训练阶段的第一天，将动物单独放置在家笼中。20根不同长度的绳子（30~100cm）被吊入装置中，一半绳子用一小块腰果作诱饵。将动物放在装置里，直到所有的绳子都拉进去或者1h过去。如果动物在1h内没有拉完所有的绳子，那么另外20根绳子（10根诱饵绳）会被挂在相应动物家笼的边缘过夜。

②第二天，动物进行八次实验，用一根100cm长的绳子来取一块腰果。若八次实验中，有一次测试失败（20min内未能取到腰果），动物继续每天用100cm长的绳子进行训练，直到在所有八次实验中成功地取回腰果。

③在达到标准后，所有八次实验中，绳的长度都延长到150cm（在所有八次实验中动物可以使用150cm线取到腰果表明训练阶段完成）。

（2）测试阶段　训练阶段结束后的一开始测试阶段。测试阶段同样包括八次实验，每次实验用150cm绳进行腰果诱饵拉线实验。

评价指标

（1）整体运动障碍指标　总距离、接近时间、拉动时间、峰值速度。

①总距离：双手移动的总距离。

②接近时间：动物放置在仪器中和首次接触细绳之间经过的时间。

③拉动时间：从第一次接触到取回食物之间经过的时间。

④峰值速度：双手分别在伸展阶段与收缩阶段最大速度（伸展阶段：双手向上运动，不与细绳接触；收缩阶段：双手向下运动，与细绳接触）。

（2）嘴手协调性障碍指标　嘴接触百分比、头部偏航。

嘴接触百分比：嘴接触的总数（嘴与细绳的闭合）/所有接触总数（双手与嘴接触）。

（3）头部运动障碍指标　头部偏航、头部间距。

①头部偏航：右耳到鼻子的距离与左耳到鼻子的距离之比的对数值。值为0表示偏航角为0。

②头部间距：鼻子和连接耳朵的直线之间的垂直距离。正值和负值分别对应于在鼻子的上方或下方。

（4）双手协调性障碍类指标　左（右）手接触百分比、双手协调性。

①左（右）手接触百分比：左（右）手接触总次数/双手接触总次数（接触：手与细绳闭合）。

②双手协调性：每只手在Y轴内移动的距离之间的相关性。

（5）角度类指标　运动航向、集中参数。

①运动航向：通过运动路径起点和终点坐标计算，路径的起点是原点（0，0），终点坐标的角度是相对于极坐标系计算（0°：右；90°：上；180°：左；270°：下）；

②集中参数：航向的变异性。范围值为：0（航向均匀分布在360°上）～1.0（航向在同一方向上）。

注意事项

（1）大、小鼠采用的食物诱饵可以是块状腰果，小鼠为50mg的块状腰果，大鼠为100mg的块状腰果。

（2）整个实验过程中，大鼠采用的线最长长度为150cm，小鼠采用的线最长长度为100cm。

（3）测试阶段都需要进行8次测试，为了保证实验数据的精确性取第1次、第2次与第5次测试的平均值作为实验结果。

（4）在训练与测试阶段，绳子末端应当绑有重物，以防止绳子挂有食物时从装置中掉落下来。

（5）在整个实验过程中（包括训练与测试阶段），动物完成一次实验后，应更换细绳，用氨水清洁剂擦拭装置，并在进行下一只动物实验前进行干燥。

讨论和小结

与传统的啮齿类动物运动能力测试实验相比（如单颗粒食物伸展实验和阶梯实验），拉线实验具有许多优势，可以用来评价精细化运动功能。首先，实验装置简单、动物训练周期较短，只需在数天至数周内，动物即可学会拉线行为。其次，拉线任务需要动物使用双侧肢体，可以对动物双手进行协调性评估。第三，动物在执行拉线任务时，动物处于相对稳定和直立的位置，实验人员进行视频记录和定量分析更加简单。第四，拉线的抓握准确度很高，在一次训练中可以收集到许多成功的伸展尝试。第五，拉线任务具有很大的运动自由特征，可以对疾病运动障碍恢复/补偿过程进行详细研究。

在拉线实验中，小鼠比大鼠更加容易进行自发拉线行为，因此大鼠相对于小鼠而言可能需要更加复杂的训练。同时，选择实验动物时，应充分考虑动物品系间的差异。有研究指出Swiss和C57/BL6小鼠所表现出的拉线动作和行为非常相似，并且两种小鼠都很容易自发地进行拉线。但是，Swiss-Webster白化小鼠手臂或者手的运动可能存在损伤，并使用上臂和身体运动进行补偿。同时，二者在身体位置变化、身体速度与伸展周期时间上存在明显差异。

二、运动耐力的行为学评价实验

（一）负重游泳实验

实验原理

负重游泳实验（weight loading swimming test，WLST）是在动物身上施加一定的负重，然后强迫其进行游泳运动，通过观测动物在游泳过程中的表现评价其耐力情况。负重游泳实验通常选用雄性大鼠和小鼠进行，是经典且使用最为广泛的运动耐力检测方法，常用于抗疲劳保健品的功效评价。

实验装置

负重游泳实验的检测多采用人工记录的方法，只需把具恒温装置且有一定深度的圆形或方形桶作为动物的游泳测试箱即可，通过计时器直接计时或录像后回放计时的方式测得动物在游泳过程中的耐力情况。随着计算机视频采集技术和图像分析技术的发展，目前已研制出了具有高自动化和智能化的小鼠负重游泳测试分析装置用于游泳耐力实验。

（1）人工法装置　为使动物具有足够的水面进行游泳。游泳桶的直径应大于20cm，水深大于25cm，水温（26±1）℃。在实验过程中可通过计时器记录下动物游泳的力竭时间等重要指标；也可以在游泳桶前方架设录像设备对负重游泳过程进行全程录像，保证游泳过程清晰可见。后期通过回放录像对负重游泳中的力竭时间等参数进行计时。

（2）自动化负重游泳测试分析装置　负重游泳测试分析系统包括游泳测试箱、摄像系统、背景噪声增益系统和计算机数据采集和处理系统，实验装置如图6-6所示。

单一测试箱尺寸为75cm×35cm×40cm（长×宽×高）的长方体，内含两个上下无底平行放置的有机玻璃圆柱形桶25cm×30cm（直径×高）。侧壁安置可控温的加热棒，功率1000W。保证实验过程中水温恒定［控制范围介于（26±1）℃］。

测试箱上部和侧面安装摄像机，获得动物三维空间的活动信息。

图6-6　小鼠负重游泳实验装置
（北京康森益友科技有限公司）

　　背景噪声增益系统采用红色背景光和亚克力透光板，加强背景噪声与动物之间的差异，解决检测过程中水波干扰导致图像提取不稳定的难题。

　　计算机接收摄像机捕获的三维空间信息，软件采用轮廓提取和双视图同步处理技术。软硬件相互配合可准确捕获、提取并分析动物游泳过程中的多维运动信息，两套游泳测试箱可供4只动物同时进行实验。

　　实验开始后，系统软件通过视频采集系统（在硬件里）同时接收来自4只动物的样本数据。自动快速分析每个样本的游泳状态，并实时更新显示每个样本最新时刻的游泳参数。得到"首次下沉时间、首次连续下沉时间、力竭时间、下沉次数、下沉总时间、平均下沉时间、运动路程、运动时间和运动速度"等9项指标数据。

操作步骤

　　（1）提前准备负重游泳检测用水，需提前将水烧开后放凉备用。测试前一天对小鼠称量体重，并根据体重精确剪取负重所需铅皮（体重的3%～10%，根据具体情况而定）。

　　（2）启动实验操作软件，设定各类实验参数，准备开始实验。

　　（3）将一定重量的铅皮固定在鼠尾根部。

　　（4）将小鼠放入恒温游泳测试箱中开始游泳测试，采用人工计时或自动游泳检测仪监测。记录小鼠自游泳开始至力竭时间段内的行为。在小鼠出现力竭时立刻将其捞出，取下铅皮并用毛巾擦干小鼠身上水分，放回原笼中恢复。

评价指标

　　（1）力竭时间：动物从游泳测试开始到头部完全沉入水中，经7～15s仍不能返回水面所记录的游泳时间。

　　（2）首次下沉时间：动物在负重游泳过程中首次出现头部完全沉入水下的时刻。

　　（3）首次连续下沉时间：动物从负重游泳开始至7s内首次连续出现2次（及以上）头部完全沉入水下的时刻。

　　（4）游泳路程：从游泳开始至力竭，动物游泳的总路程。

　　（5）通常以"力竭时间"的缩短作为负重游泳检测中耐力降低的关键指标，也可通过"首次下沉时刻""首次连续下沉时刻"和"游泳路程"的缩短作为辅助指标佐证运动耐力的降低。

注意事项

　　（1）自来水中所含的空气会增加动物身体的浮力，使游泳时间延长。因此，游泳用水需提前加热至沸并放凉至室温，实验前再调整至需要温度。

（2）水温会影响游泳耐力，温度范围为25～30℃为宜，实验过程中需保持水温恒定。

（3）游泳桶的大小也会对动物游泳耐力产生影响，如其过小会造成动物无法正常游泳而引起恐慌，使得力竭时间缩短。

（4）每只动物需使用单独的游泳桶或测试箱，多只动物放在一起测试会造成互相踩踏，影响实验结果。每个游泳桶的实验条件要完全相同，以保证实验的平行性。

（5）铅皮重量的准确直接影响实验结果，动物负重游泳前不可过早绑上铅皮，否则会咬掉铅皮，使负重变轻。

（6）需注意铅皮不可绑过紧，否则影响小鼠游泳，如果绑得过松可能会造成游泳过程中的脱落。

（7）所负铅皮的重量的选择应根据动物模型，品系已经动物年龄相关，负重量过大会导致游泳时间极大缩短。可提前使用相似动物进行预实验确定负重量。整体实验时间不宜过长，以避免因时间跨度大而导致前后实验结果平行性降低的可能性。

（8）观察者在实验过程中应关注动物表现。如突然力竭或抽筋需及时捞出，以避免动物溺水死亡。如果刚入水时动物漂浮在水面不动，可用借助工具将其毛发润湿。

讨论和小结

负重游泳实验作为运动行为学实验的常用方法，在运动耐力评价上是最重要的检测方法之一。以笔者所在团队的研究基础为重点，结合国内外文献，对负重游泳实验方法小结如下：

负重游泳实验采用的实验动物有大鼠（Wistar和SD）和小鼠（C57/BL6、ICR、BALB/c等），以小鼠最为多用。鼠类天生具备游泳能力且通过负重使动物必须不断游泳，故无须进行适应性训练，可直接开展实验。负重游泳实验需特别注意游泳条件的控制，使用预加热至沸去除空气的水，保持水温恒定和使用大小合适的游泳桶是实验结果准确平行的关键。

相较于人工观察实验，使用高自动化和智能化的负重游泳测试分析系统可以降低人为因素对实验结果的干扰，更客观准确地监测动物的游泳行为，并可捕捉到更多敏感的辅助指标，如游泳过程中的下沉行为、游泳路程和心率变化等，获得的信息量大。

（二）握力（抓力）实验

根据鼠类善于攀爬、喜用爪子抓持物体的习性，设计抓力实验，在鼠抓握物体的同时，实验者以持续的力牵拉鼠尾直至鼠释放抓握的物体，记录该过程所产生的最大抓握力。该实验可评价啮齿类动物肌肉力量或者神经肌肉接头的功能。还可以对动物的衰老情况、神经肌肉损伤程度以及恢复程度进行判定。

实验装置

市面上多用单片机形式的大、小鼠抓力测试仪（grip strength meter）一般不能单独测鼠后肢的抓力，可测鼠前肢或者四肢的抓力，但有些科研实验中仅需要测老鼠后肢的抓力，图6-7为安徽正华生物仪器设备有限公司设计的一款既可以测前肢又可以测后肢抓力的测试系统。无论是哪款测试仪，其结构都比较简单，主要包括供鼠类抓持的金属网或者金属杆、抓力检测及显示记录原件。

一般抓力测试仪的读数精度为0.1g，拉力误差≤0.3g，最大拉力为0～2000g，拉力或金属网有效面积约92mm×92mm（不锈钢金属杆直径3mm，杆间距10mm），设备体积最大的可以是长宽高350mm×260mm×140mm。

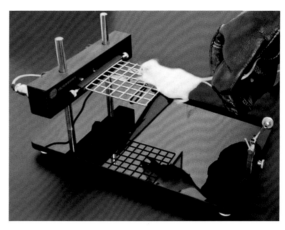

图6-7　抓力测试仪示意图
（安徽正华生物仪器设备有限公司）

操作步骤

前肢或四肢的抓力测定：测试前要将鼠放在测试房间适应15min，并让鼠在抓力测试仪上适应1～3min，测定时，使鼠前肢或者四肢抓紧金属网或金属杆，然后沿着金属网的纵轴方向持续均匀的力度牵拉大鼠尾部，随着牵拉力度的持续增加，直至超过鼠的抓力时，鼠被拉离金属网，此时抓力测试仪记录最大的抓力值。通常每只大鼠测定3次，取最大握力平均值作为鼠前肢或四肢的抓力值。

分别测定前肢和后肢的抓力：分别测试前肢和后肢的抓力需要抓力测试仪有分别供前肢和后肢分别抓握的金属杆，并采用相同方法牵拉鼠尾，分别记录前肢和后肢的最大抓力。

测定单独前肢的抓力：单独测定某一侧前肢的抓力时，一般需用0.5cn×0.75cm的胶带片轻轻束缚另一侧肢体，以便单独测定左侧或者右侧前肢的抓力。

评价指标

抓力测定一只鼠通常需测定3次，然后取最大抓力的平均值作为鼠抓力值，也可将这个值进行标准化，即最大抓力平均值（N）/体重（g）×100，以此评价鼠的抓力。

抓力测定也可以采用连续几天测定，每天测定3～5次，取几天中每天最大抓力值的平均值，或者从开始到最后的最大抓力变化百分率来表示鼠的握力。抓力的单位是牛顿（N）。

注意事项

（1）注意每次测量间隔时间，用70%的乙醇消毒清洁金属网。

（2）多次测定动物抓力，应该在每天的同一时间段，这可以避免由于饮食、睡眠习惯导致的混杂变量的影响。

（3）抓力测量常常出现同一只动物多次的值相差很大，这是由于握力测定仪中的拉力传感器是根据实验者手拉动老鼠尾巴的力量而得出的反馈值，如男性和女性实验者测同一只鼠，因为拉力的不同导致测出的值差异很大，为此测量时应尽量保证前后的测量人员一致，且牵拉鼠尾的力量要控制一致。

讨论和小结

抓力实验设备简单，操作容易，是行为实验常用的方法之一，通过抓力实验可以了解动物肢体肌肉力量和神经肌肉功能。通过运动任务测试，可以了解内源性的脑功能变化的外在表现。对大、小鼠抓力进行抓力检测，可评价啮齿类动物肌肉力量或者神经肌肉接头的功能，是一种常用的啮齿类动物精细运动的测试方法。主要是评价药物、毒物、肌肉松弛剂、中枢神经抑制剂、兴奋剂等对动物肢体肌肉力量的影响，根据抓力测定结果，我们还可以对动物的衰老情况、神经损伤、骨骼损伤、肌肉损伤、韧带损伤程度以及恢复程度进行判定。

在人体进行的相似实验被称为握力测量，不仅可以反映整体肌肉力量，还可以反映机体的营养状态、身体机能，研究显示人的握力还和认知功能障碍程度呈负相关，因此握力测量是身体综合评估的一个组成部分。

（三）爬杆实验

爬杆实验（pole climbing test）是评价小鼠运动协调能力的经典方法，也可借此评价动物的运动耐力，通过记录小鼠由杆的顶端往下爬到底部（双前爪着地）所需时间，比较其运动耐力。

实验装置

爬杆实验装置主要包括底座、连接装置和平衡杆，平衡杆通过连接装置与底座连接，底座的正面设有平衡杆收纳单元，底座的背面设有辅助实验平台收纳单元及磁性收纳盒，底座上位

于平衡杆外侧的一侧面上设有辅助实验
平台连接槽；当小鼠爬杆实验装置处于
收纳状态时，平衡杆置于平衡杆收纳单
元内，辅助实验平台置于辅助实验平台
收纳单元内，调整并固定平衡杆工作角
度用的金属固件置于磁性收纳盒中。实
验装置如图6-8所示。

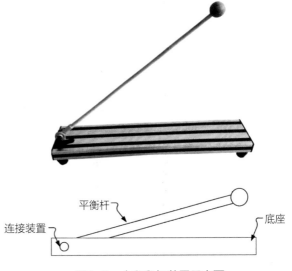

图6-8　小鼠爬杆装置示意图
（安徽正华生物仪器设备有限公司）

操作步骤

（1）实验前1天进行适应性训练，
将动物放到平衡杆的顶部，然后引导动
物从平衡杆顶部爬至底部2次。

（2）进行正式实验时将动物放到平
衡杆的顶部，记录动物转头向下，从顶
部爬至底部的时间。

（3）步骤（2）重复进行2~3次，每次间隔时间5min，计算几次重复测量的平均值作为每
只动物爬杆实验的成绩。

评价指标

主要为头朝上转头向下的时间（从将动物被放到平衡杆的顶部至动物转头向下的时间）、
爬到杆底部的时间（从动物转头向下至其爬到底部的时间，也称为爬杆时间）。

注意事项

（1）平衡杆的顶部可以放置一个直径2.5cm的圆球，方便放置动物。

（2）平衡杆的角度可调，一般在45°~90°。

（3）本实验平衡杆顶部的小球一般为木制的粗糙的小球上，平衡杆是表面粗糙、截面为圆
形的木棒，或者光滑的平衡杆表面要覆盖胶布或纱布，木棒下端底座放置于鼠笼里。

（4）记录从动物放在球上至其转向下的时间、头转向下并在平衡杆上爬行至最低端（双前
爪着地）两个时间，作为统计指标。

讨论和小结

爬杆实验主要以小鼠为实验对象，观察分析小鼠的运动协调能力和运动耐受力，可用于神

经系统及运动系统的疾病研究中，评估损伤所致的运动协调能力和耐受性的变化。爬杆实验作为评估小鼠运动协调能力和运动耐受力的经典实验，实验装置简单，且携带和清理消毒方便，实验操作和观察指标也不复杂，实验误差小，因此是行为学实验方法中非常常用的方法之一。

目前关于本实验的主要观测指标是头转向下的时间和爬杆时间，并将多次测量的平均值进行统计处理。此外也有一些资料对爬杆实验观察的指标进行了一些转换，获得了一些新的观测指标。如将小鼠爬杆时间分为爬完杆长上半部分时间、下半部分时间及全长时间，3s内完成上述任一动作记为3分，6s内完成记为2分，超过6s完成记为1分，然后将3次得分记为总分进行统计。或按小鼠爬行方式进行分级，小鼠如一步一步向下爬记为0级，若向下滑行记为1级，小鼠不能抓住平衡杆为2级，3级则为翻正反射消失，各级的得分分别为0、1、2、3分，然后进行统计处理。

对于完成时间的限定，多数学者将总时间限定在60~120s，对于小鼠抱杆停留、不能爬行或不能抓杆直接掉落的，时间记为60~120s计入统计。统计方法推荐选择单因素方差分析和邓尼特检验（one-way analysis of variance followed by Dunnett's test）。

（四）跑台实验

跑台实验（treadmill excercise，TT）即跑步机训练，常用于小动物如大鼠、小鼠的运动训练、运动及神经功能测试、新陈代谢研究等。跑台的核心部分是一个滚动的传送带，传送带表面的材质有利于动物抓地。通道的后壁安装有刺激电极、发声装置及发光的小灯泡或吹风装置，各个通道的刺激装置是彼此独立的。当动物拒绝跑动或者跑速低于实验要求时，就会在传送带上退行而碰触到后壁的刺激装置，较强的电刺激或声音刺激将迫使动物按照跑台的速度奔跑。

实验装置

跑台训练的实验装置为小动物跑步机，包括动物跑道、刺激器及设备控制元件。通道数一般为5~8个通道，每个跑道长一般为30~60cm，宽8.5cm，高12cm。跑道速度无级可调，范围在0~100m/min（大鼠20m/min；小鼠15m/min），跑台倾角一般在±25°或±35°以下均可调；电刺激一般采用直流恒流可调的刺激模式，电压100V以内，电流为0~4.5mA，步进一般0.05mA，实验装置如图6-9所示。

操作步骤

跑步机训练的方法可因实验目的不同采用不同的形式。但无论采用哪种形式，均需动物提前1周进入实验室适应，并在跑步机上进行适应性训练，然后才能进行正实验。

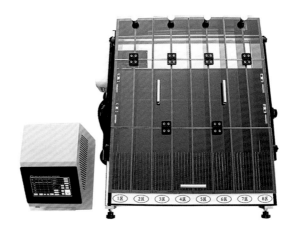

图6-9　实验室常用跑台的基本结构图
（安徽正华生物仪器设备有限公司）

（1）运动训练　经过适应性训练的动物按照预先设定运动程序进行正式运动训练，运动程序通常根据具体的实验目的设定。

（2）适应性训练通常设定速度为15~20m/min，为了获得更好的训练效果，可分段设定不同速度，如第一个3min设定5m/min；第二个3min设定为10m/min，第三个3min设定为15m/min，最后1min设定为20m/min，按这样的方式可使动物能迅速适应训练节奏。这样的训练每次10min，每天1次，一般要训练5~6次。

（3）经过适应训练后，正式运动训练一般每天1次，每次运动20~30min，训练时间一般4~6周（通常为30天），最长可达8周；跑步机的速度可以设定为一天内渐进式，如速度2m/min运行5min，3m/min运行5min，然后5m/min运行20min；或者设定为固定速度如10m/min持续30min。速度也可以设定为一个训练周期内渐进式，即在4~8周内速度逐渐增加（如10m/min—15m/min—20m/min—25m/min），跑步机的倾斜度也可不断提高，以增加运动强度。跑步机速度可根据具体时间确定；

（4）力竭实验　跑步机训练时间30天，每天在跑步机上适应2min，然后以15m/min速度跑步30min，进一步增加至18m/min速度跑步30min，再进一步增加至21m/min，一直保持到筋疲力尽，也可进一步增加速度到力竭。力竭的标志是以电刺激、噪声、戳等刺激动物仍不能奔跑为力竭。

评价指标

常采用动物在力竭实验中的运动距离、电击次数、最大跑步速度、力竭时间，即动物运动达力竭时的运动距离、受到的刺激次数、最大的跑步速度和运动时间等评价动物的运动耐力和耐疲劳程度。运动距离增加、跑步速度快、电击次数减少、力竭时间长，代表动物运动耐力大。

力竭动物的行为表现：动物跟不上预定速度，大鼠臀部压在笼具后壁，后肢随转动皮带后拖达30s，毛刷刺激驱赶无效；行为特征为呼吸深急，精神疲倦，俯卧位垂头，刺激后无反应，最终记录跑步力竭时间。

注意事项

（1）进行跑台实验前动物首先在实验室进行一周的生活环境的适应性饲养。第二周进行跑台适应性运动训练，适应时间可以是几分钟、几天或一周，每天的训练时间、速度及跑步机的倾斜度都可以是渐进性的。

（2）跑台实验通常需要声光刺激。电刺激因直接接触肉体，因此对动物的生理指标可能会产生影响；光刺激一般是无接触刺激，一般不影响生理指标。声光电刺激同时应用时，动物会将电刺激与声光刺激建立联系，听到声音并看到光时，鼠会凭记忆意识到有电刺激，会马上跳上跳台奔跑，这可以减少电刺激对指标的影响。也可采用气体刺激，更温和且对动物无伤害，达到刺激动物奔跑的目的。

（3）可根据实验需求设定跑台的速度和角度；环境温度为（24±2）℃。

（4）跑台实验动物筛选：把鼠放入舱内1min，施加的电刺激0.8mA左右。鼠受刺激后即跳入移动的跑台台面奔跑，拒绝奔跑的动物可剔除。

讨论和小结

跑台实验作为运动行为学实验的常用方法，在各类实验研究中的应用越来越多，因训练强度更加准确容易量化，可取代传统的游泳实验。进行跑台训练时，实验动物一般经过预先的适应性训练，然后按照预先设定程序进行运动训练。跑步机上运动时间、运动距离、耗竭时间等指标，常用于衡量动物的运动耐力和疲劳程度等体能改变，也可以反映动物的运动行为及神经功能损伤及改善情况。

医学研究中跑台实验的设备主要是小动物跑步机，目前市场上的设备多数以采用电脑程序控制动物跑步的各项参数，通过事先设定相关程序确定动物的跑步速度、跑步时间、设备的倾斜度等，通过这些程序可以控制动物运动的强度，对动物的运动强度和运动量进行明确的量化。跑台实验中适应性训练的速度一般可以选择相对较低，如10m/min，正式实验一般选择15～20m/min；运动时间可以选择15min、30min、60min；倾斜度可以由初始0°、2°～3°增至18°。以此为参考研究者可根据自己的实验目的不同设定，没有绝对的数值限定。

跑台速度和训练时间是反映跑步强度的指标，研究目的不同设定的速度不同，一般认为12m/min是"温和"的跑（走）速度，通常跑台慢速运动设定速度为15～20m/min。已有研究认为持续时间每天15min、30min、60min分别代表低、中、高的运动强度。20～25m/min速度跑的总时间为10min，这个强度相当于最大耗氧量的60%～70%。此外也可以提高跑台倾斜度来提高运动强度。

　　跑步机训练也可采用负重的方式进行，一般负重可以是体重的5%、12%、19%、26%，以每天7%增量递增。12%、19%负重可有效改善生长期大鼠骨小梁的结构、增加骨形成，但过量负重则无积极影响。一般不大于26%，具体可根据动物种属及状态确定。铅块是常用的负重选择。

　　对刺激的使用需要注意尽量保持刺激不干扰动物的运动行为，如过度的电刺激往往会造成动物体内肾上腺素升高的应激反应，因此，电刺激的强度一般调为0.5～0.8mA，最多不能超过1mA。更推荐用声、光或吹风等不易对实验造成干扰的刺激。运动训练的时间根据动物的习性安排在晚上有利于实验观察。在运动期间要注意及时加食加水，以免因大量消耗而食水补给不足造成的实验结果误差。

三、运动协调能力行为学评价实验

（一）转棒实验

　　转棒实验（rotarod test，RT）是常用的运动行为学实验方法，转棒实验可以用于测定啮齿类动物的运动功能缺陷。啮齿类动物保持平衡并能够和转棒保持同步的能力被用作运动功能评价的指标。转棒实验对运动协调能力非常敏感，动物必须在旋转的杆上奔跑，以免跌倒。运动协调受损的动物很快就会跌倒。

实验装置

　　转棒实验设备主要包括转棒仪、旋转杆跑步机、转棒疲劳测试仪或疲劳转棒仪（图6-10）。国内市场上转棒仪的转棒直径：小鼠一般为3cm，大鼠为7～9cm，转棒长度：小鼠转棒长度为6cm，大鼠9cm。转速为0～100r/min可调，速度调整步长一般为0.5～1r/min，在限定的时间内（一般为90～100s）不断增加旋转速度，直到动物不能保持原来的位置。新型设备一般有电脑软件跟踪记录系统，能实现USB串行通信，可以对实验现象进行自动跟踪记录、生成Excel表格导出，实验装置如图6-10所示。

操作步骤

　　（1）提前设置转棒的转速、速度调整步长，转速应调至和动物运动功能相适应的速度。

（2）动物训练　训练分别在静止的转棒和转速为0.5～1r/min的转棒上进行，根据实验具体的目的确定训练时间，一种是训练至所有的动物跌落，潜伏期基本相似为准；另一个是统一训练固定天数，不管潜伏期如何变化。

（3）正式实验　采用两种方式进行正式实验，一种是固定转速，即让动物在转棒上适应约5min或者更短甚至不适应，启动设备使转棒以固定的转速10～16r/min旋转，观察直至动物不能维持自身平衡或自身位置跌落的时间，每天2～4次，每次2min，两次间隔时间10～20min，取平均值作为最后观察结果；第二种是转棒逐渐加速，转速0～40r/min一般在60～100s完成，时间最长可为5min。同样记录动物跌落时间。

图6-10　大、小鼠疲劳转棒仪示意图
（安徽正华生物仪器设备有限公司）

评价指标

从实验开始到动物跌落时间即为潜伏期，潜伏期长代表动物的平衡及协调功能好。动物在转棒仪上的重复训练表现可以衡量其运动学习能力。

注意事项

（1）应用转棒观察药物疗效、动物损伤情况等，一般应在药后或者术后24h进行。

（2）对于成年小鼠在60～100s内将转速从0增加至40r/min，他们的表现很好，但对于老年动物或者幼年动物则很困难。

（3）转棒实验将多只动物放进不同的测试通道，然后启动设备并开始计时，当动物不能保持平衡跌落到地板上，通过红外光束的检测中断停止计时。

（4）随着转速的增加，鼠需要走得更快以保持其原来的位置，从开始实验到鼠跌落的时间即为潜伏期，一般来说每只动物测定2～3个潜伏期，取平均值作为运动功能的最后衡量标准。

（5）啮齿类动物的转棒实验表现不是很稳定，因此建议在正式实验之前动物至少要进行2～3次的预训练。训练过程还可以对动物进行筛选，对于活动过多或者活动过少的动物通过训练剔除，有研究通过这样的方法将15%的动物筛选剔除，这样可保障后期实验的均一性。

讨论和小结

转棒实验一般采用小鼠和大鼠进行实验，不同种的动物跌落潜伏期可能存在差异，但经过训练表现可能达到相似的水平。但对于小脑缺陷的小鼠，如小鼠失去了橄榄体，或小脑丢失了颗粒状神经元、普肯耶细胞，会出现走路摇晃蹒跚的状态，这会导致跌落潜伏期明显缩短（0～100s）。转棒实验的设备一般有3种驱动模式：①恒速模式，角速度（round per minute，RPM）是预设的，转速为4～50r/min。可以通过传动带或数字面板输入的方式设定速度，使其适应实验动物的运动能力；②加速模式，操作人员预设开始和结束转速，以及从第一转速到第二转速的时间和步长，如从4r/min到40r/min需要4min，从6r/min到30r/min需要5min等，设备会根据在设定按节奏自动加速；③加速/反转模式，旋转杆在预定的时间内加速到预定的速度，然后在同一时间内减速到零，然后反向加速到相反的方向，这是一种对运动不协调同样敏感的测试，但跌落速度要快得多，任何损伤都可能使动物很快就会掉下来，因此可以检测在其他模式中检测不到的损伤。上述3种模式对动物的协调能力要求逐步提高，我们在实验设计时可以根据实验目的及动物协调水平的变化确定选用哪种模式。

（二）平衡木实验

平衡木实验（balance beam test，BBT）包括平衡实验和行走实验，平衡实验主要检测平衡能力，对前庭功能的缺陷很敏感；行走实验可评估前庭运动协调能力，也能测量平衡缺陷，该实验对小脑或运动相关脑区的损伤很敏感。可以检测动物在一个提高的且相对细的杆子上保持直立行走的能力，可以测定动物更精细的运动功能，并对动物的运动协调能力进行评估。在实验中，正常动物一般不会掉到缓冲垫上或滑到平衡木的一侧，如果有脑损伤或其他原因导致的运动功能及运动协调能力障碍，如单侧脑损伤动物模型可出现偏瘫样症状，动物在杆上可能滑向一侧，一般滑向损伤的对侧，甚至可以出现动物从平衡木上滑脱或掉落的情况。

实验装置

经典的设备是由1～2m长的木条和两端的两个支撑底座组成。两端底座的高度分别为42.5cm和100cm，以保障平衡木维持15°的倾斜度（实验装置如图6-12所示），也可以是离地面高度至少50cm的水平的平衡木。倾斜可避免动物从梁上爬过去而不是走过去。平衡木的宽度各不相同，分别为3、6、12、18和24mm。宽度的变化可通过将不同宽度的平衡木条夹在一起以获得所需的宽度。在平衡木的末端（一般指底座高的一侧）放置了一个鼠笼，这样动物们就可以走过平衡木后进入笼中休整。对于小鼠，平衡木长度一般采用尺寸为长120cm，宽0.6cm，离地面的防护垫约60cm；对于大鼠则需要相对大一点的平衡木，一般为长240cm，宽1.8cm，平台末端应有鼠可以休息的鼠笼或平台（20cm³），以便休息。有些设备中横梁的宽度或直径可变（图6-11）。

图6-11 平衡木实验设备示意图
可以是倾斜度或无倾斜度的水平，
徐州医科大学附属医院提供。

操作步骤

（1）方法1：平衡木行走实验

①前期训练：实验前让鼠学习在平衡木上行走，一般训练五天，让他们学会在平衡木上行走，所有的训练都集中在每天的固定时间段，如上午的9：00—12：00完成。

②正式测试：训练结束后，第6天开始实验，记录鼠从低端走向高端终点"总时间"作为其平衡木实验成绩，如果在限定的时间（1~2min）内不能抵达终点，最长5min。可以手提鼠至终点。鼠在平衡木上行走时常常出现间歇停留不动的情况，记录为"停留时间"或"无运动时间"。这个指标反映鼠在通过平衡木时通过嗅觉、视觉探索周围环境的时间。

（2）方法2：平衡木平衡实验　平衡木实验主要是进行平衡木行走性实验；也可进行平衡木平衡实验，就是用一个悬挂的15mm宽的木杆（根据实验需要可以是各种尺寸），记录动物在上面停留时间，记录时间最长60s。

（3）方法3：平衡木实验的其他改进方法

①在平衡木跑道上设置4个间隔相同的障碍物，在跑道的起始部安装一个90dB的噪声发生器来刺激实验动物，一般要训练动物使他们通过4个障碍。训练结束后测试，评分标准：1分：老鼠从起点沿跑道跑，通过第一个障碍；2分：老鼠从起点沿着跑道跑，通过第二个障碍；3分：老鼠从起点沿着跑道跑，通过第三个障碍；4分：老鼠从起点沿着跑道跑过第四个障碍；5点：老鼠从起点沿着跑道跑到终点。

②4块1.2m长、不同宽度（4.5cm、3.0cm、2.0cm、1.5cm）的木板，高出地面约30cm。把鼠放在木板的一端，让它们在每块不同宽度的木板上进行3次测试。记录每只鼠从木板上从一端走到另一端而不跌落的情况，并按以下标准打分：通过4.5cm记为1分，通过3.0cm记为2分，通过2.0cm记为3分，通过1.5cm记为4分。

③鼠穿过距地面30cm高、直径1.5cm、长70cm的圆形木梁，实验重复3次，根据步行距离

和步态确定评分（0～4分）。计算连续3次测试的平均分。得分越高表明测试成绩越好；0分：鼠标不能抓住木梁或坐在木梁上直接摔下来；1分：鼠标可以抓住木梁或坐在木梁上，不能移动，但可以停留1min；2分：鼠标在木梁上保持平衡，不能通过木梁，但可以停留1min；3分：老鼠可以从梁的一端走到另一端，但出现错误步数；4分：鼠可以自由地从梁的一端移动到梁的另一端。

　　④1.5m长的木制平衡木，一端一个平台，另一端一个盒子（23cm×23cm×20cm），高出地面60cm，被分割成三段50cm的部分。通过两个摄像机记录左右两侧的大鼠穿过平衡木的影像以确定错误步数，分值从0到8。0分是在穿行的过程中没有错误步数；1分是鼠在第三段有错误步数；2分是在第二段有错误步数；3分是在第一段有错误步数；4分是在第一段、第二段有错误步数；5分是在第一段和第三段有错误步数；6分是在第二段、第三段有错误步数；7分是在第一段、第二段、第三段有错误步数；8分是未能完成实验。

评价指标

　　（1）行走实验的评价指标　一般选择走完平衡木全程的"总时间"和一次平衡木行走实验中的"无活动时间"为主要观察指标；其次还可以记录"错误步数"，即动物的前爪或者后爪滑出平衡木表面的步数，通常完成一次平衡木实验的总步数50步为宜，可以在平衡木的一侧进行监控记录或软件自动记录。另一种简单指标是测定鼠从平衡木掉落所需要的时间（潜伏期）。平衡木实验获得的数据一般属于正态分布，因此统计处理一般采用参数方差分析，若考虑时间因素，可采用多重测量的方差分析进行统计。事后检验的Tukey's检验可用于组间的多重比较，一般不用T检验。

　　（2）平衡实验的评价指标　平衡实验评分标准一般根据动物在规定的时间（如60s）内的具体表现进行评分。1分：能保持平衡且四肢均置于木条表面；2分：有一侧爪子握住木条或在木条上摇晃；3分：有一或两个肢体滑下木条；4分：三个肢体滑下木条；5分：在平衡木上试图保持平衡但滑下；6分：试图保持平衡失败悬吊在木条上然后跌落；7分：直接从木条上跌落而无试图保持平衡的过程。

注意事项

　　（1）行走实验对于相对活跃的啮齿类种属比较适合，但不适合活动相对少的动物。在平衡木实验的基础上进行改进未来可能解决这个问题，即训练动物通过平衡木走进相对安全的暗箱。但是应该注意的是，这一设计中动物认知情况可能一定程度影响运动实验结果。

　　（2）还要注意动物的体重，平衡木的宽度应该和动物可以抓住平衡木边缘的能力相匹配，如对于体重相对重的35g的小鼠一般需要平衡木的尺寸为0.9cm宽。

（3）每次实验要注意清洁平衡木和盒子上的鼠粪，并用70%乙醇清洁平衡木，然后再进行下一次实验。

（4）平衡木实验时下方应放置防护垫，以防动物跌落损伤如图6-11。

讨论和小结

平衡木实验主要用于测定动物的运动中的平衡和协调能力，特别对于精细协调和平衡功能有很好的优势，他可以检测因年龄、中枢神经系统病变、药物、遗传等引起的运动缺陷，如脑卒中、帕金森病、亨廷顿病、桑德霍夫病、溶酶体病、脑外伤、脊髓损伤等疾病及苯二氮䓬类药物、增龄引起的运动协调行缺陷。相对于转棒实验，平衡木实验对运动功能损伤更敏感，因此更受到研究者的青睐。

平衡木实验是检测老年鼠的运动功能障碍的一个有效方法，而且前期的练习和动物体重不影响动物的操作结果。平衡木测试可快速测量与协调运动相关的复杂运动能力，对黑质纹状体的功能很敏感。

平衡木实验也可用于药理和移植研究，评估药物治疗和组织移植对黑纹状体疾病的影响。对于其他如外伤、中毒等引起的脑损伤等引起的运动功能障碍，平衡木实验都是可以很好评估模型动物的运动功能改变。相对于水平的平衡木，倾斜的平衡木更能鼓励小鼠先前行走，实验前还可以将鼠放在终点的安全平台中适应几秒，以增加鼠向目的地移动的愿望，如果发现运动障碍，可进一步测试步态、抓力、游泳、爬杆或者阶梯测试进行评估。

（三）前肢步进实验

运动不能是帕金森病最为常见的运动症状之一，主要表现躯体感觉运动功能的缺陷。1992年Schallert引入了"步进实验"用于评估动物前肢的运动启动能力缺陷。该实验可包括两种方法：前肢步进实验（forepaw stepping test，FST）和被动步进调整实验。

实验装置

本实验无特定的实验设备，测试地点为水平的平板桌，要求表面粗糙，摩擦力较大（图6-12）。

操作步骤

（1）步进实验

①训练：测试前每天抚摸大鼠，连续3天，使大鼠熟悉实验者的抓握。然后训练大鼠在平

板上行走。可采用的方法有：在平板的尽头放置大鼠的笼具，给予适当的食物剥夺，可给予食物奖励。具体训练方法可以参照"步态仪测试实验方法"。

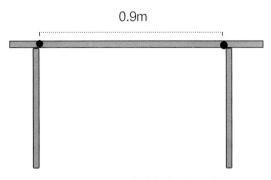

图6-12　前肢步进实验设备示意图

②测试：固定大鼠，一只手固定大鼠的后肢并轻轻抬起大鼠的躯干，呈大约45°，另一只手固定大鼠的其中一个前肢；保持这个姿势让大鼠自由地沿着木板向前运动，记录大鼠前肢起始运动的时间，180s设为终止时间；大鼠完成1.1m木板运动的时间为"步进时间"，步幅则通过木板长度除以步数计算得来；步进实验测试顺序是左前肢、右前肢，然后重复2次。

（2）被动步进调整测试

①大鼠按照上述方法固定，并保持大鼠躯干向上45°。

②轻轻推动大鼠向前运动，运动参数：0.9m，12s。

③记录大鼠每次测试的步态调整次数。

④测试顺序：左前肢、右前肢，轮流进行，重复3次。

评价指标

（1）步进实验中的指标

①前肢运动启动时间：动物某一前肢首次运动的时间。

②运动速度：动物通过一定距离的路程与时间的比值。

（2）被动步进调整测试实验中的指标

步进调整次数：动物通过一定的距离时某一前肢发生步进调整的次数。

讨论和小结

1992年Schallert引入了"步进实验"方法用于评估6-OHDA大鼠前肢运动不能，类似于帕金森病患者四肢运动不能及步态异常等症状。该行为测试最有意义的指标包括前肢运动启动时间，在6-OHDA大鼠模型中前肢运动启动时间可从正常的1~2s延长至大于100s；被动步进调整次数，模型大鼠的步进调整次数可显著降低80%~90%。该行为测试前需要对动物进行抓握适应，以减少应激。另外，运动启动时间等指标可随不同的实验者而不同，变异较大。因此，开展此类实验时，应选择较为熟练地实验人员。理想的方法可用录像机拍摄视频，采用多人同时记录动物运动启动时间，确保测试的准确性。

（四）趴杆测试

 趴杆测试（the bar test）是检测模型动物肌僵直最为常用且最简单的行为方法，最初由Kuschinsky和Hornykiewicz于1972年提出。趴杆测试主要是将动物置于不寻常的姿势，并记录动物调整姿势时的时间，此时间被指定为肌僵直的主要指标。

实验装置

该实验为自制的设备，为圆柱形木棒，不同动物所对应的参数不同。

大鼠：高度12cm，直径1.0cm。

小鼠：高度4.5cm，直径0.3cm。

操作步骤

（1）轻轻抓起动物的颈部，将其前肢搭在木棒上（大鼠离地高度12cm，小鼠离地高度为4.5cm），下肢触地，使得动物躯体不发生扭曲；

（2）记录动物僵直持续时间。大鼠最长记录时间5min，小鼠则为3min。

（3）连续重复3~5次测试，中间间隔1min，取平均值进行统计。

评价指标

动物僵直持续时间：前肢脱落、后肢攀爬或者头部探索性活动等状态时的持续时间。

注意事项

（1）行为测试时需要抓起动物，本身也是一种应激，因此实验前动物应进行抓握适应。

（2）不同的实验者处理动物的手法不同，存在数据的变化，故而选择同一实验者操作。

（3）实验前应该对结束计时的标准进行统一，保证数据较小的变异。

讨论和小结

趴杆测试虽然操作较为简单，但实验中受到的影响因素较多，主要包括评判标准、重复测试次数、动物体重、最大测试时间等。

趴杆测试中导致结果变异最大的则是肌僵直的评判标准，表6-1罗列了文献中常用的评判标准。

表6-1　趴杆测试中使用的不同的测试标准

仪器参数		动物体重/g	标准	最大测试时间/s	得分
高度/cm	直径/cm				
10.0	1.2	200~250	前肢完全脱离或攀爬木棒	60	实际记录时间
6.0	—	130	至少一个前肢落地	300	实际记录时间
12.0	—	150~200	记录大鼠保持不正常姿势的时间	60	540s=100%僵直（max score=75%）
8.0	—	100~180	记录大鼠保持不正常姿势的时间	180	0~10s, 0分 10~30s, 1分 30~60s, 2分 60~120s, 3分 120~180s, 4分 >180s, 5分
8.0	1.3	200~250	记录大鼠保持不正常姿势的时间	未提及	实际记录时间
12.7	—	200~300	记录前肢仍搭在木棒中的时间	1206	0, 0分 6~150s, 1分 156~300s, 2分 306~600, 3分 606~1200, 4分 >1206, 5分
7.5	—	240~280	如果动物维持姿势30s以上仍记录时间	31	每组内部分动物被定义为僵直
10.0	圆柱形	250~280	双前肢仍搭在木棒中	60	实际记录时间
8.8	—	190~200	动物维持异常姿势的时间	300	实际记录时间
10.0	1.25	150~200	前爪脱落停止记录	∝	实际记录时间

（五）睡眠实验

实验原理

睡眠实验（sleep experiment，SE）是根据动物的活动静止行为、翻正反射行为或脑电肌电波形的变化来判断动物的睡眠情况。研究睡眠的实验主要包括直接睡眠实验、巴比妥类药物诱导睡眠实验和脑电肌电监测实验等。常采用的动物有小鼠和大鼠，其中以小鼠最为多用。动物在睡眠时，会呈现静止状态，研究证明动物若保持静止达40s以上，可认为其进入睡眠状态。给予动物镇静催眠药物，若保持仰卧位（即翻正反射消失）达60s以上判定动物入睡，这一标准较早应用于1959年。脑电图肌电图方面，以啮齿类动物为例，脑电图包含α（8~14Hz）、β（14~100Hz）、θ（4~8Hz）和δ（0.5~4Hz）四种波形。根据脑电肌电波可将睡眠过程分为快速眼动睡眠（rapid eye movement sleep，REMS）和非快速眼动睡眠（non-rapid eye movement sleep，NREMS）。REMS以θ波为主，伴有阵发性肌电活动；NREMS以δ波为主，无肌电活动。利用这些特点，可以清晰地观察和监测动物是否入睡、何时觉醒及睡眠时长等参数。可应用睡眠实验进行镇静催眠药物、失眠动物模型和睡眠机制等方面的研究。

实验装置

　　直接睡眠实验和巴比妥类药物诱导睡眠实验普遍采用人工观察的方法，配合计时器记录动物是否入睡、入睡潜伏期和睡眠时长等指标。实验只需使用铺以垫料的动物饲养笼具，无需特殊装置。根据动物的活动静止行为学变化判断其睡眠状态，以翻正反射为标准判断是否入睡。多采用小鼠进行该实验。

操作步骤

　　实验室环境保持安静，室温维持在24~25℃。实验前动物在实验环境中适应60min以上。对动物腹腔注射一定剂量的戊巴比妥钠或巴比妥钠药液后，观察其睡眠情况。

　　动物是否入睡以翻正反射消失为判断标准。以小鼠为例，正常小鼠呈背卧位时，能立即翻正身位。如30~60s不能翻正，即认为翻正反射消失，进入睡眠。当翻正反射首次恢复时，应立即将动物翻转成背卧位，30s内若再次恢复，判断为动物觉醒。

　　根据实验检测的指标不同，需注射的戊巴比妥钠或巴比妥钠剂量不同。阈下剂量即使80%~90%动物不入睡的戊巴比妥钠最大剂量，通常为15~40mg/kg体重戊巴比妥钠或100~200mg/kg体重巴比妥钠。阈上剂量是指使动物100%入睡的戊巴比妥钠最小剂量，一般为30~65mg/kg体重。使动物100%入睡，但又不使睡眠时间过长的巴比妥钠剂量，通常为200~400mg/kg体重。

评价指标

　　腹腔注射诱导睡眠药物戊巴比妥钠（或巴比妥钠），观察动物的睡眠情况。

　　（1）入睡率　入睡动物数目占动物总数比率。

　　（2）睡眠潜伏期　翻正反射消失所需时间。

　　（3）睡眠时间　从翻正反射消失至翻正反射恢复所需时间。

注意事项

（1）实验前，动物应在实验室内适应30min以上。实验过程中要保持环境安静，以免动物被打扰而觉醒，影响实验数据的真实性。

（2）实验前，熟悉动物翻正反射消失前的行为学改变。手动翻转动物时，若翻转太早，会影响动物入睡，导致睡眠潜伏期增加；若翻转太晚，会造成结果不准确。

（3）各批次、种类或不同处理的动物可能对巴比妥类药物的敏感性不同。例如，同等剂量的戊巴比妥钠可使正常组小鼠完全入睡，但不能使模型小鼠100%入睡。故针对不同实验，为达到实验目的，可适当调整巴比妥类药物的注射剂量。

（4）各实验组应交叉进行实验，避免各组之间的实验时间存在较大差异。

（5）一个小鼠笼可放入1~4只小鼠进行该实验。若只数过多，可能因为睡眠空间较小影响实验结果。

讨论和小结

巴比妥类药物诱导睡眠实验常应用于成年小鼠，ICR、KM、BALB/C和C57BL/6等品系均可进行该实验，周龄4~10周，以雄性动物居多。

巴比妥类药物诱导睡眠实验中，关键的判断指标为翻转反射消失，但手动翻转动物这一操作对实验数据有一定主观影响，同时对实验员的经验有一定要求。需熟悉实验流程，多加练习后进行正式实验。

随着计算机视频监测和各种传感等技术的发展，目前已出现一些自动化装置，通过观察、采集动物的肢体活动行为来监测其睡眠情况，无须进行人工翻转操作。这些设备包括采用红外线、视频追踪和压电系统等技术的实验装置。优点为操作简单、非创伤性和侵入性，可进行高通量筛选。

参考文献

[1] Hall C S. Emotional behavior in the rat. I. Defecation and urination as measures of individual differences in emotionality [J]. Journal of Comparative psychology, 1934, 18 (3): 385.

[2] Cunha J M, Masur J. Evaluation of psychotropic drugs with a modified open field test [J]. Pharmacology, 1978, 16 (5): 259-267.

[3] Basso D M, Beattie M S, Bresnahan J C. A sensitive and reliable locomotor rating scale for open field testing in rats. [J]. Journal of Neurotrauma, 1995, 12 (1): 1-21.

[4] 王琼, 买文丽, 李翊华, 等. 自主活动实时测试分析处理系统的建立与开心散安神镇静作用验证 [J]. 中草药, 2009 (11): 1773-1779.

[5] Wenzel D G, Lal H. The relative reliability of the escape reaction and righting-reflex sleeping times in the mouse [J]. Journal of the American Pharmaceutical Association, 1959, 48 (2): 90-91.

[6] Li S D, Shi Z, Zhang H, et al. Assessing gait impairment after permanent middle cerebral artery occlusion in rats using an automated computer-aided control system [J]. Behavioural brain research, 2013, 250: 174-191.

[7] Zeng G, Shao Y, Zhang M, et al. Effect of Ginkgo biloba extract-761 on motor functions in permanent middle cerebral artery occlusion rats [J]. Phytomedicine, 2018, 48: 94-103.

[8] 金剑, 李思迪, 秦川, 张大方, 刘新民. 睡眠干扰所致动物步态行为的改变 [J]. 中国药理学与毒理学杂志, 2012, 26 (3): 450-452.

[9] 李思迪. 基于全自动步态分析系统的复方中药药效评价方法研究 [D]. 北京: 中国医学科学院药用植物研究所, 2013.

[10] Heinzel J, Längle G, Oberhauser V, et al. Use of the CatWalk gait analysis system to assess functional recovery in rodent models of peripheral nerve injury–a systematic review [J]. Journal of Neuroscience Methods, 2020, 345: 108889.

[11] Koopmans G C, Deumens R, Brook G, et al. Strain and locomotor speed affect over-ground locomotion in intact rats [J]. Physiology & behavior, 2007, 92 (5): 993-1001.

[12] Preisig D F, Kulic L, Krüger M, et al. High-speed video gait analysis reveals early and

characteristic locomotor phenotypes in mouse models of neurodegenerative movement disorders [J]. Behavioural brain research, 2016, 311: 340-353.

[13] Lakes E H, Allen K D. Gait analysis methods for rodent models of arthritic disorders: reviews and recommendations [J]. Osteoarthritis and cartilage, 2016, 24 (11): 1837-1849.

[14] Jerry J. Buccafusco. Methods of behavior analysis in neuroscience [M]. CRC press second edition Taylor and Francis Group, LLC, 2009.

[15] Kadam S D, Mulholland J D, Smith D R, et al. Chronic brain injury and behavioral impairments in a mouse model of term neonatal strokes [J]. Behavioural brain research, 2009, 197 (1): 77-83.

[16] Su R J, Zhen J L, Wang W, et al. Time-course behavioral features are correlated with Parkinson's diseaseassociated pathology in a 6-hydroxydopamine hemiparkinsonian rat model [J]. Molecular Medicine Reports, 2018, 17 (2): 3356-3363.

[17] Gao L, Li C, Yang R Y, et al. Ameliorative effects of baicalein in MPTP-induced mouse model of Parkinson's disease: A microarray study, Pharmacology [J]. Biochemistry and Behavior, 2015, 133: 155-163.

[18] 张佳瑞. 用联合开放旷场试验评价大脑介导的痛行为 [D]. 第四军医大学, 2012.

[19] Boissier J R. La reaction d'exploration chez la souris [J]. Therapie, 1962, 17: 1225-1232.

[20] File S E, Wardill A G. The reliability of the hole-board apparatus [J]. Psychopharmacologia, 1975, 44 (1): 47-51.

[21] Wernecke K E A, Fendt M. The olfactory hole-board test in rats: a new paradigm to study aversion and preferences to odors [J]. Frontiers in behavioral neuroscience, 2015, 9: 223.

[22] Brown G R, Nemes C. The exploratory behaviour of rats in the hole-board apparatus: is head-dipping a valid measure of neophilia? [J]. Behavioural processes, 2008, 78 (3): 442-448.

[23] Takeda H, Tsuji M, Matsumiya T. Changes in head-dipping behavior in the hole-board test reflect the anxiogenic and/or anxiolytic state in mice [J]. European journal of pharmacology, 1998, 350 (1): 21-29.

[24] Dutt Garg V, Dhar VJ, Sharma A, et al. Experimetal model for antiaxiety acyivity: a review [J]. Pharmacologyonline, 2011, 1: 394-404.

[25] Souza LS, Silva EF, Santos WB, et al. Lithium and valproate prevent methylphenidate-induced mania-like behaviors in the hole board test [J]. Neuroscience letters, 2016, 629: 143-148.

[26] Himanshu, Dharmila, Deepa Sarkar, et al. A Review of Behavioral Tests to Evaluate Different

Types of Anxiety and Anti-anxiety Effects [J]. Clin Psychopharmacol Neurosci, 2020, 18 (3): 341-351.

[27] Blackwell A A, Köppen J R, Whishaw I Q, et al. String-pulling for food by the rat: assessment of movement, topography and kinematics of a bilaterally skilled forelimb act [J]. Learning and Motivation, 2018, 61: 63-73.

[28] Blackwell A A, Banovetz M T, Whishaw I Q, et al. The structure of arm and hand movements in a spontaneous and food rewarded on-line string-pulling task by the mouse [J]. Behavioural Brain Research, 2018, 345: 49-58.

[29] Blackwell A A, Widick W L, Cheatwood J L, et al. Unilateral forelimb sensorimotor cortex devascularization disrupts the topographic and kinematic characteristics of hand movements while string-pulling for food in the rat [J]. Behavioural Brain Research, 2018, 338: 88-100.

[30] Inayat S, Singh S, Ghasroddashti A, et al. A Matlab-based toolbox for characterizing behavior of rodents engaged in string-pulling [J]. Elife, 2020, 9: e54540.

[31] Blackwell A A, Wallace D G. Effects of string length on the organization of rat string-pulling behavior [J]. Animal cognition, 2020, 23 (2): 415-425.

[32] Blackwell A A, Schell B D, Oltmanns J R O, et al. Skilled movement and posture deficits in rat string-pulling behavior following low dose space radiation (28Si) exposure [J]. Behavioural Brain Research, 2021, 400: 113010.

[33] 谢磊, 李由, 刘新民, 陈善广, 王克柱, 陈怡西, 王琼. 小鼠游泳耐力实验系统的建立与红景天抗疲劳作用的验证 [J]. 中国比较医学杂志, 2016, 26 (05): 71-76.

[34] 黄红, 姜宁, 吕静薇, 杨玉洁, 陈碧清, 王琼, 刘新民, 吕光华. 不同时间睡眠干扰致小鼠体力疲劳模型的建立 [J]. 中国比较医学杂志, 2019, 29 (01): 16-20.

[35] Xu X, Ding Y, Yang Y, et al. β -Glucan salecan improves exercise performance and displays anti-fatigue effects through regulating energy metabolism and oxidative stress in mice [J]. Nutrients, 2018, 10 (7): 858.

[36] Ho C S, Tung Y T, Kung W M, et al. Effect of Coriolus versicolor mycelia extract on exercise performance and physical fatigue in mice [J]. International journal of medical sciences, 2017, 14 (11): 1110.

[37] Hsu Y J, Huang W C, Chiu C C, et al. Capsaicin supplementation reduces physical fatigue and improves exercise performance in mice [J]. Nutrients, 2016, 8 (10): 648.

[38] Wu R E, Huang W C, Liao C C, et al. Resveratrol protects against physical fatigue and improves exercise performance in mice [J]. Molecules, 2013, 18 (4): 4689-4702.

[39] Xia F, Zhong Y, Li M, et al. Antioxidant and anti-fatigue constituents of okra [J]. Nutrients, 2015, 7 (10): 8846-8858.

[40] Li F H, Li T, Su Y, et al. Cardiac basal autophagic activity and increased exercise capacity [J]. The Journal of Physiological Sciences, 2018, 68 (6): 729-742.

[41] Sherry A. Ferguson, C. Delbert Law, Sumit Sarkar. Chronic MPTP treatment produces hyperactivity in male mice which is not alleviated by concurrent trehalose treatment [J]. Behavioural Brain Research, 2015, 292: 68-78.

[42] Justice J N, Carter C S, Beck H J, et al. Battery of behavioral tests in mice that models age-associated changes in human motor function [J]. Age, 2014, 36 (2): 583-595.

[43] Pence B D, Bhattacharya T K, Park P, et al. Long-term supplementation with EGCG and beta-alanine decreases mortality but does not affect cognitive or muscle function in aged mice [J]. Experimental Gerontology, 2017, 98: 22-29.

[44] Aguilar R M, Steward O. A bilateral cervical contusion injury model in mice: assessment of gripping strength as a measure of forelimb motor function [J]. Experimental neurology, 2010, 221 (1): 38-53.

[45] 马鑫, 章亚平, 谢波, 李义, 吴丹, 李安琪. 握力测量的临床应用与预后价值的研究进展 [J]. 护理与康复, 2021, 20 (03): 26-29.

[46] 程言博, 钱进军, 刘春风, 等. C57BL/6N 小鼠运动功能, 自发活动和记忆的增龄性改变 [J]. 实验动物与比较医学, 2007, 27 (2): 86.

[47] Warriar P, Barve K, Prabhakar B. Anti-arthritic effect of garcinol enriched fraction against adjuvant induced arthritis [J]. Recent patents on inflammation & allergy drug discovery, 2019, 13 (1): 49-56.

[48] Li Gao, Chao Li, Ran-Yao Yang, et al. Ameliorative effects of baicalein in MPTP-induced mouse model of Parkinson's disease: A microarray study, Pharmacology [J]. Biochemistry and Behavior, 2015, 133: 155-163.

[49] Lee J M, Kim T W, Park S S, et al. Treadmill exercise improves motor function by suppressing Purkinje cell loss in Parkinson disease rats [J]. International neurourology journal, 2018, 22 (Suppl 3): S147.

[50] De Leon R D, Hodgson J A, Roy R R, et al. Locomotor capacity attributable to step training versus spontaneous recovery after spinalization in adult cats [J]. Journal of neurophysiology, 1998, 79 (3): 1329-1340.

[51] van Der Wiel HE, Lips P, Graafmans WC, Danielsen CC, Nauta J, van Lingen A, et al.

Additional weight-bearing during exercise is more important than duration of exercise for anabolic stimulus of bone: a study of running exercise in female rats [J]. Bone, 1995, 16: 73-80.

[52] Marcílio Coelho Ferreira, Murilo X. Oliveira, Josiane I. Souza, et al. Effects of two intensities of treadmill exercise on neuromuscular recovery after median nerve crush injury in Wistar rats [J]. Journal of Exercise Rehabilitation 2019; 15 (3): 392-400.

[53] Bernardes D, Oliveira A L R. Comprehensive catwalk gait analysis in a chronic model of multiple sclerosis subjected to treadmill exercise training [J]. BMC neurology, 2017, 17 (1): 1-14.

[54] Kıvanç Ergen, Hürrem İnce, Halil Düzova, et al. Acute Effects of Moderate and Strenuous Running on Trace Element Distribution in the Brain, Liver, and Spleen of Trained Rats [J]. Balkan Med J, 2013, 30: 105-110.

[55] Eun Sun Kim, So Yoon Ahn, Geun Ho Im, et al. Human umbilical cord blood–derived mesenchymal stem cell transplantation attenuates severe brain injury by permanent middle cerebral artery occlusion in newborn rats [J], Pediatric Research, 2012, 72 (3): 277-284.

[56] Rui-jun Su, Jun-li Zhen, Wei Wang, et al. Timecourse behavioral features are correlated with Parkinson's diseaseassociated pathology in a 6hydroxydopamine hemiparkinsonian rat model [J]. Molecular medicine reports, 2018, 17: 3356-3363.

[57] Cigdem Gelegen, Thomas C. Gent, Valentina Ferretti, et al. Staying awake-a genetic region that hinders a2 adrenergic receptor agonist-induced sleep[J]. European Journal of Neuroscience, 2014, 40: 2311-2319.

[58] Eric E. Abrahamson; Samuel M. Poloyac; C. Edward Dixon; et al. Acute and chronic effects of single dose memantine after controlled cortical impact injury in adult rats[J]. Restorative Neurology and Neuroscience 2019, 37: 245–263.

[59] von Euler M, Åkesson E, Samuelsson E B, et al. Motor performance score: a new algorithm for accurate behavioral testing of spinal cord injury in rats [J]. Experimental neurology, 1996, 137 (2): 242-254.

[60] Roberto Russo, Fabio Cattaneo, Pellegrino Lippiello, et al. Motor coordination and synaptic plasticity deficits are associated with increased cerebellar activity of NADPH oxidase, CAMKII, and PKC at preplaque stage in the TgCRND8 mouse model of Alzheimer's disease [J]. Neurobiology of Aging, 2018, 68: 123-133.

[61] Drucker-Colín R, García-Hernández F. A new motor test sensitive to aging and dopaminergic

function [J]. Journal of neuroscience methods, 1991, 39 (2): 153-161.

[62] Zhang H, Zhang Z, Wang Z, et al. Research on the changes in balance motion behavior and learning, as well as memory abilities of rats with multiple cerebral concussion-induced chronic traumatic encephalopathy and the underlying mechanism [J]. Experimental and Therapeutic Medicine, 2018, 16 (3): 2295-2302.

[63] Ai Nishitani, Toru Yoshihara, Miyuu Tanaka, et al. Muscle weakness and impaired motor coordination in hyperpolarization-activated cyclic nucleotide-gated potassium channel 1-deficient rats[J]. Experimental Animals, 2020, 69 (1): 11-17.

[64] 陈运才, 姚志彬, 顾耀铭, 等. 长期运动对小鼠运动功能年龄变化的影响——Ⅱ. 平衡木试验 [J]. 中国运动医学杂志, 1996, 15 (2): 95-98.

[65] Schallert T, Norton D, Jones T A. A clinically relevant unilateral rat model of Parkinsonian akinesia [J]. Journal of Neural Transplantation and Plasticity, 1992, 3 (4): 332-333.

[66] Olsson M, Nikkhah G, Bentlage C, et al. Forelimb Akinesia in the Rat Parkinson Model: Differential Effects of Dopamine Agonists and Nigral Transplants as Assessed by a New Stepping Test [J]. The Journal of Neuroscience, 1995, 15 (5): 3863-3875.

[67] Kuschinsky, K, Hornykiewicz, O Morphine catalepsy in the rat. Relation to striatal dopamine metabolism [J]. European Journal of Pharmacology, 1972, 19, 119-122.

[68] Erzin-Waters C, Muller P, Seeman P. Catalepsy induced by morphine or haloperidol: effects of apomorphine and anticholinergic drugs. Can J Physiol Pharmacol. 1976 Aug;54(4):516-9. doi: 10.1139/y76-071. PMID: 10058

[69] Sanberg PR, Bunsey MD, Giordano M, et al. The catalepsy test: its ups and downs [J]. Behavioral Neuroscience. 1988, 102 (5): 748-759.

[70] Garver D L. Disease of the nervous system: Psychiatric disorders [J]. Clinical chemistry: Theory analysis and correlations, 1984: 864-881.

[71] Sanberg, PR, Pevsner, J, Coyle, JT. Parametric influences on catalepsy [J]. Psychopharmacology, 1984, 82, 406-408.

第七章

疼痛行为
实验方法

　　疼痛是一种与实际或潜在的组织损伤相关的不愉快的感觉和情感体验，或与此相似的经历。国际疼痛研究协会（International Association for the Study of Pain，IASP; 2020）认为"疼痛作为一种主观体验，其不同程度地受到生物学、心理学和社会环境等多种因素的影响，并且与伤害性感受不同，单纯生物学意义上的感觉神经元和神经通路的活动并不能代表疼痛"。疼痛常伴有情绪或呼吸和心血管等方面的变化，并进一步导致机体在行为、反应和运动等方面发生改变。利用这些行为改变，可以定量或定性评价疼痛反应的程度。

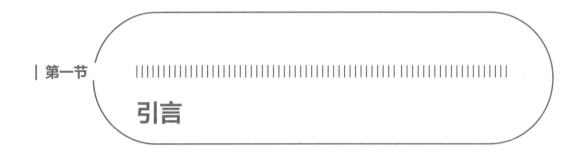

一、疼痛的定义和发生机制

疼痛是实际或潜在的组织损伤引起的痛苦感受。作为一种主观性体验，疼痛反应是伤害性刺激所产生的躯体和内脏反应，往往是自主神经活动、运动反射、心理和情绪反应共同作用产生。

急性疼痛通常可诱发机体疼痛反应，具有保护机体的生理意义。而慢性疼痛是指持续或者反复发作超过3个月的疼痛，根据2018年重新修订的国际疾病分类（ICD-11），慢性疼痛可分为慢性原发性疼痛、慢性癌症相关性疼痛、慢性术后和创伤后疼痛、慢性继发性肌肉骨骼疼痛、慢性继发性内脏痛、慢性神经病理性疼痛和慢性继发性头痛或颌面痛七大类。另一方面，其可表现为自发性痛、痛觉过敏、痛厌恶等。

慢性疼痛根据其性质、程度及机制等可分为不同的类型。基于炎症或躯体感觉系统损伤或功能异常而导致的病理性疼痛可分为炎症性疼痛、神经病理性疼痛以及混合型疼痛；其在临床上常表现为自发性疼痛（spontaneous pain）、触诱发痛（allodynia）和痛觉过敏（hyperalgesia）。疼痛相关的传导途径涉及下列几个层面：

（一）伤害性感受器与传入神经纤维

在伤害性刺激的作用下，伤害性感受器（nociceptor）包括机械性、化学性以及温觉（感知冷、热）性和多觉性感受器被激活，其产生的神经冲动沿初级传入神经纤维如Aδ或C纤维传导至位于背根神经节或三叉神经节的初级感觉神经元（primary sensory neurons），即第一级神经元，后者去极化并发放动作电位。动作电位的频率通常与刺激的强度正相关。

（二）脊髓层面痛觉信息的整合

这些传导伤害性感觉Aδ或C纤维投射到脊髓背角的二级神经元（second-order neurons）形成突触联系。根据Rexed在1952年提出的脊髓分层方法，与疼痛最为密切相关的主要为Rexed I

层（即边缘层，marginal layer）和Ⅱ层（即胶状质），其中第二层又可以进一步分为外层（Ⅱo）和内层（Ⅱi）。然而Ⅲ到Ⅳ也在疼痛感觉中发挥了重要作用。大多数Aδ纤维和一部分Aβ可传导痛觉（尤其是快痛），其兴奋后可释放谷氨酸，并通过AMPA/KA受体或NMDA受体作用于突触后神经元。C纤维可分为两类，一类对神经生长因子（NGF）敏感，并可释放神经肽如P物质、CGRP等作用于突触后神经元；另一类对胶质释放的神经营养因子敏感，可与凝集素-同工凝集素（lectin-isolectin B4，IB4）结合，表达嘌呤受体P2X3和P2Y1。

（三）大脑皮层痛觉信息的感知

自脊髓（主要为Rexed Ⅰ层和Ⅱ层）的神经元发出的纤维投射构成3个主要的上行痛觉传导通路，即新脊髓丘脑束、旧脊髓丘脑束以及古脊髓丘脑束。

新脊髓丘脑束起始于Rexed Ⅰ层的伤害性神经元，终止于丘脑的腹后外侧核和腹后下核，并与该处的三级神经元形成突触联系。伤害性信息在丘脑水平整合后进一步投射至第一躯体感觉皮层，进一步完成信息处理和疼痛感知。而来自头面部和口腔内的伤害性信息则首先汇集于三叉神经节的一级神经元，并进一步上行至脑桥和延髓的三叉神经脊髓核，在此神经元发出的纤维与丘脑腹后内侧核、束旁核和中央内侧核的神经元形成突触联系，伤害性信息整合后继续上行，投射至第一躯体感觉皮层。

旧脊髓丘脑束起始于Rexed Ⅱ层的一级神经元，后者并可弥散性投射至Rexed Ⅳ～Ⅷ层。这些一级神经元发出的纤维投射至中脑网状结构、导水管周围灰质、顶盖，束旁核和中央内侧核。自束旁核和中央内侧核神经元发出的纤维进一步投射至躯体感觉皮层、脑干核和包括扣带与岛叶皮层在内的边缘结构，并与疼痛时伴发的强烈情绪反应和内脏活动相关。

古脊髓丘脑束也参与介导疼痛发生时所伴发的内脏活动和情绪反应，其起始于Rexed Ⅱ层的一级神经元，后者可投射致Rexed Ⅳ～Ⅶ层。来自Rexed Ⅳ～Ⅶ层的纤维投射上行至中脑网状结构和中脑导水管周围灰质，换元后进一步上行至下丘脑、边缘系统相关核团，束旁核和中央内侧核。

此外，在疼痛的上行传导通路中也存在内源性疼痛抑制信号。如阿片受体可见于脊髓以及导水管周围灰质、中缝大核、中缝背核、延髓吻端腹侧区、尾核、中隔核、下丘脑、缰核和海马。在脊髓水平，在Rexed Ⅳ～Ⅶ层的伤害性神经元突触前末梢上存在有G蛋白偶联受体，其可为脑啡肽、强啡肽等所激活，引起突触前膜超极化，抑制包括SP在内的痛觉相关分子的释放。而由导水管周围灰质、蓝斑核、中缝大核以及巨细胞网状核所构成的疼痛下行抑制通路在痛觉调制中也起着重要作用。

二、疼痛相关疾病

疼痛和炎症通常是相伴发的，炎症性疼痛是临床最常见的疼痛类型之一。炎症性痛是指由创伤、细菌或病毒等微生物感染以及外科手术等引起局部组织炎症，进而产生的损伤区原发痛与损伤区域周边的继发性痛。内脏性炎症痛常见于炎性肠道疾病和肠道等内脏的癌症侵袭。骨关节炎性痛则常见于骨关节炎患者，由于生物学的危险因素和生物力学因素，引起骨关节滑膜、软骨以及软骨下骨等炎性改变进而诱发疼痛产生。痛风性关节炎疼痛则系关节腔内尿酸钠结晶沉积所致炎症变化而诱发的痛反应。

炎症性痛对应的动物模型包括：角叉菜胶引起的急性炎症痛、完全弗氏佐剂引起的慢性炎症痛、甲醛直肠黏膜下注射引起的内脏炎症痛、前交叉韧带切断引起的膝关节炎症痛以及尿酸钠结晶关节腔内注射引起的踝关节炎症痛等。

三、疼痛行为实验方法

动物身体不同部位受到伤害刺激时，可能出现舔后足、甩尾、扭体、缩腿等反应，利用疼痛诱发的这些行为改变，可以评价疼痛程度及疼痛治疗等干预措施的有效性。

1. 自发性痛

其疼痛性质表现为灼伤样、电击样或钝痛等；其行为学评估主要依赖于对动物自发性痛行为的直接观察，包括保护性体位、舔舐、跛行、咬足等。

2. 痛觉过敏

依据刺激类型，可分为机械性、热痛觉过敏，系指由能引起受试者轻微疼痛的刺激而诱发出强烈的持续性疼痛反应，这一类痛觉行为，一般可采用von-Frey丝和热板测痛仪进行检测。

3. 非伤害性刺激诱发痛

系指由原先的非痛刺激，如触摸、轻压等机械性刺激或冷、热等刺激引发的明确的疼痛反应。

4. 痛厌恶

属于疼痛的情绪体验部分，与疼痛的感觉分辨成分相对应。疼痛的情绪反应是指与疼痛刺激密切相关的厌恶、焦虑、恐惧以及想迫切终止疼痛刺激的强烈愿望等，其可分为对痛刺激做出即时反应的"原发性不愉快感"和"继发性不愉快感"，后者涉及疼痛、学习记忆和认知等因素，需要大脑高级中枢对相关信息进行整合。

针对上述不同的痛反应，科研工作者已设计出不同的检测方法或工具对痛反应的程度进行评估，包括热板法检测后肢舔舐反应、辐射热检测抬腿或甩尾潜伏期、醋酸诱发的小鼠扭体反应、福尔马林诱发的痛情绪反应检测等。

四、疼痛行为实验方法的应用领域

疼痛相关行为学检测可广泛应用于疼痛神经生物学的基础研究、镇痛药的药物筛选与评价研究以及临床上病患疼痛程度的评价与疼痛干预效果的评估等。

| 第二节

疼痛行为实验方法

根据疼痛反射的生理学效应，啮齿类动物一般采用保护性反应，如抬足、甩尾、舔足、缩足、逃离等，因此疼痛行为的观察一般根据动物本能的疼痛保护反应来实现。

一、热板法疼痛行为实验

热板法疼痛行为实验（hot-plate pain test，HPPT）是一个经典的用于中枢镇痛药的筛选实验，其早期应用可追溯于1944年由Woolfe G和Macdonald AD发表的工作中。其基本原理为将小鼠置于恒热的金属板上（55℃±1℃），热刺激小鼠足部产生疼痛反应（即舔舐后足），自小鼠放置于板上开始至出现舔足反应的时间为痛反应指标。

实验装置

热板测痛仪由加热板、温控装置、计时器以及有机玻璃罩或另增脚踏板、手揿控制板以及打印装置组成，实验装置如图7-1所示。

仪器大小为：长300mm，宽200mm，高310mm，一般由观察箱、温控底板、触控按钮、计时装置等部件组成。热板的表面应当有良好的热传导性和一定的光洁度，使动物的足底与热板有充分的接触面积以便于热量的传导，达到致痛的目的。温度控制是冷热板测痛仪的核心问题，温度控制波动过大将造成动物痛反应潜伏时间出现误差，一般热板表面温度控制在 ± 0.2℃之内为宜。此外计时装置的灵敏度也会影响动物痛阈值。

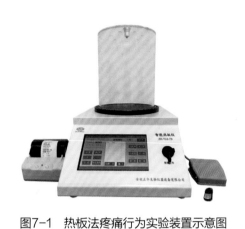

图7-1　热板法疼痛行为实验装置示意图
（安徽正华生物仪器设备有限公司）

操作步骤

（1）将小鼠置于检测房间内，称重，并适应环境15～30min；

（2）设置温度，将热板加热至适当温度，通常为55℃；

（3）将动物置于热板上，并立即开始计时；

（4）当动物产生痛反应（即舔足反应）时，停止计时，此时仪器会自动记录动物发生反应的时间；此时间为基础反应时间（baseline）；

（5）配制相关受试药物；

（6）给予动物相应药物后，等待适当时间；

（7）重复上述步骤（3）和（4），所测得的痛反应时间为测试时间（test time）；

（8）若动物直至"截止时间（cut-off time）"仍未产生痛反应，则记录此截止时间为其痛反应时间；

（9）汇总数据，进行统计学分析。数据通常以最大可能作用百分比表示。最大可能作用百分比=（测试时间-基础反应时间）/（截止时间-基础反应时间）×100。

评价指标

自小鼠置于热板至其出现舔足反应的时间即为痛反应时间；时间越短，表明动物对热痛刺激越敏感。

注意事项

（1）由于雄性小鼠受热后阴囊下垂，阴囊皮肤对热敏感，易致动物跳跃，无法观察到舔足反应，故实验多选用雌性小鼠。

（2）环境温度宜控制在18～20℃；加热板温度设定在（55±0.5）℃。

（3）实验开始前应对动物进行环境适应训练；应设立截止时间，以避免组织烫伤。

（4）记录时间点通常包括给药前基础值、给药后30min、60min、90min和120min；测量基础值时应对动物进行初筛，以剔除反应不敏感或极敏感的动物。

（5）具有镇静、肌松等作用的药物常出现假阳性，不宜应用本法进行药效筛选与评价。

讨论和小结

热板法疼痛行为实验（HPPT）通过测量动物对热刺激的反应时间，以间接评估其疼痛感受阈值。该方法简单易行，可以快速地评估疼痛感受阈值，并且可以对不同类型的疼痛进行评估。热板法作为常用的作用于中枢系统的镇痛药筛选方法，已得到广泛而有效的应用，其与醋酸扭体实验相结合，能初步区分镇痛药是作用于中枢还是外周；而与福尔马林诱导的痛反应检测相结合，则可进一步明确镇痛药的中枢或外周作用位点。

然而，该实验方法也存在一些缺点。在实验过程中会不可避免地对动物造成一定的压力和痛苦，而且结果可能会受到许多外来因素的影响，如环境温度、动物情绪等。

总的来说，热板法疼痛行为学实验是一种重要的动物行为学实验，可以用于评估疼痛感受阈值。在使用该方法时，需要注意动物福利和伦理规定，结合其他方法进行综合评估，以获得更加准确和全面的结果。

二、热刺激甩尾行为实验

依据热刺激源的不同，热刺激甩尾行为实验（heat stimulus-induced tail-flick pain test，HSITFPT）可分为辐射热甩尾法、热水甩尾法等。本书主要介绍辐射热甩尾法，其实验基本原理如下：

根据D'Amour& Smith（1941）的设计原理，将热源对准大鼠尾部（距尾根部1cm），持续照射可产生热痛觉，达到热痛阈后大鼠通过甩尾反射逃避热痛刺激，记录自照射开始至甩尾反射发生的时间，即为甩尾反应潜伏期（tail-flick latency）。

实验装置

辐射热测痛仪装置如图7-2所示：由热源辐射器和微电脑控制主机两部分组成，仪器外形尺寸长335mm，宽230mm，高120mm。

甩尾测试是一种基于对啮齿动物中热刺激回避反应的潜伏期测量的疼痛实验。在动物尾部持续施加辐射热，当动物感到不适时会出现甩尾，此时仪器自动停止刺激，并记录动物反应时间。甩尾测痛仪通常由一个刺

图7-2　辐射热测痛仪
（安徽正华生物仪器设备有限公司）

激单元（热刺激）和一个电子控制单元组成。将动物放置观察箱中，尾巴置于热刺激光束下，但动物出现甩尾时，记录甩尾反应潜伏期。

操作步骤

（1）将大鼠置于检测房间内，称重，并适应环境15～30min。

（2）调节辐射热光源强度，使得甩尾潜伏期基础值在一定范围内，如2～3s。

（3）在保持上述辐射热光源强度不变的基础上，测试给予受试药物后动物的甩尾潜伏期。

（4）设置截止时间（通常为10s），以免组织受损伤。

（5）汇总数据，进行统计学分析。

评价指标

自辐射热刺激施加于大鼠鼠尾开始至其出现甩尾反应的时间即为甩尾潜伏期；时间越短，表明动物对热痛刺激越敏感；时间显著延长，则提示受试物具有一定的镇痛效果。

注意事项

（1）实验检测环境需安静、温度设定在（25±1）℃。

（2）实验操作人员需对动物进行适应性训练，并对反应异常动物（对热刺激反应不敏感或异常敏感）进行剔除。

（3）基础反应时间需依据热刺激强度进行调整，使其处于适当水平。

（4）应设置截止时间（10s），以避免组织损伤。

讨论和小结

热刺激甩尾行为实验（HSITFPT）作为一种常用的动物行为学实验，常用于评估疼痛感受阈值。该实验利用热刺激引起动物的甩尾反应，以间接评估其疼痛感受阈值。实验过程中，动物被放置在一定的温度下，然后通过给予热刺激来观察其甩尾反应。

热刺激甩尾行为实验的优点是简单易行，可以快速地评估疼痛感受阈值，并且可以对不同类型的疼痛进行评估。同时，该方法不会对动物造成过多的压力和痛苦，对动物福利的影响较小。

然而，该实验方法也存在一些缺点。例如，结果可能会受到如环境温度、动物情绪等因素的影响。因此，在进行实验时需要注意控制这些因素，以获得更加准确和可靠的结果。

总的来说，热刺激甩尾行为实验是一种常用的动物行为学实验，可以用于评估疼痛感受阈值。在使用该方法时，需要注意动物福利和实验控制，以获得更加准确和可靠的结果。同时，结合其他方法进行综合评估，以获得更加全面的疼痛评估。

三、缩腿行为实验

　　依据刺激源的不同，缩腿行为实验（paw-withdrawal pain test，PWPT）分为辐射热刺激和von-Frey丝的机械刺激。

实验装置

　　1. 辐射热刺激诱发的缩腿潜伏期检测

　　此法由Kenneth Hargreaves建立，用于检测由热痛刺激引发的行为学反应；常与Randall和Selitto机械刺激（足压力）检测相结合，用于评价镇痛药可能的抗热痛和机械痛的作用。由实验箱、温控自加热玻璃板、热辐射光源以及信号采集系统构成。

　　ZH-200仪器工作台长800mm，宽400mm，高170mm；三个大鼠箱长620mm，宽210mm，高202mm（图7-3）。包括分隔的多个观察箱，玻璃底板，红外热辐射发射器和电子控制单元。分隔的多个观察箱可同时对多只动物进行实验。红外热辐射发射器可在底部移动，刺激不同动物的足底。电子控制单元可设置刺激强度，并自动记录缩足时间。

　　2. 机械刺激诱发的缩腿阈值检测

　　本法为评估大、小鼠机械性触痛的标准方法，最早由生理学家Maximilian von Frey开发。实验装置由凿孔工作台（台面为由激光切冲而成的方形孔，孔尺寸5mm×5mm；空间距为1mm）、置放动物用的有机玻璃盒子以及包括不同刺激力的von Frey丝组成，实验装置如图7-4所示：

图7-3　足底热辐射刺痛仪示意图
（安徽正华生物仪器设备有限公司）

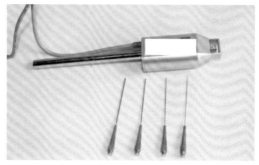

图7-4　足底机械刺痛仪示意图
（安徽正华生物仪器设备有限公司）

操作步骤

1. 辐射热刺激

（1）将待测动物置于实验箱（透明、有机玻璃）内，动物足底与玻璃板接触。

（2）将自动聚焦的微弱热源对准待测足底，启动热源。

（3）记录自热源启动至出现缩足反应的时间，即为缩腿潜伏期（paw-withdrawal latency）。调整热源刺激强度，使其基础值范围在10~12s。

2. 机械刺激

（1）将动物置于透明、有机玻璃盒内（长120mm，宽240mm，高120mm）。

（2）动物足底与工作台底部充分接触。

（3）以定制的von Frey细丝触压后肢足底，由低强度开始，每一强度施加5次刺激，每次刺激间隔5min。

评价指标

1. 热辐射

自辐射热刺激施加于大鼠足底开始至其出现缩腿反应的时间即为缩腿潜伏期；时间越短，表明动物对热痛刺激越敏感；时间显著延长，则提示受试物具有一定的镇痛效果。

2. 机械刺激

由低强度的von Frey丝刺激足底，致引起50%缩足反应百分数所对应的刺激强度，作为缩腿反应阈值（PWT）。PWT值越大，表明动物对机械刺激越不敏感。

注意事项

（1）基础反应时间依据热刺激强度进行调整，使其处于适当水平（10~12s）。

（2）对热刺激反应异常的动物，如异常敏感或不敏感，应予以剔除。

（3）应设置截止时间（通常设定20s），以免造成组织热损伤。

（4）纤维丝应垂直施加于足底，且持续8s。

（5）缩足反应的发生应在纤维丝持续给予阶段，而非刚接触或已撤离时。

讨论和小结

热辐射刺激与机械刺激均可引起动物后肢肢体缩腿反射。热辐射刺激诱发的PWT最初由Kenneth Hargreaves建立，用于检测由热痛刺激引发的行为学反应。考虑到实验操作的便易性，实验动物多选择大鼠。而机械刺激诱发的缩腿阈值检测最先由生理学家Maximilian von

Frey开发，可用于大、小鼠机械痛觉的检测。关于机械痛刺激诱发的缩腿反应检测，目前已有电子von Frey触痛仪，可以持续检测触痛阈值，较传统的应用不同量程的纤维丝进行触痛检测，更加快捷方便。

四、机械压痛行为实验

机械压痛行为实验（randall-selitto test，RST）是根据Randall-Selitto理论设计，应用压痛仪进行加压（如压足爪）实验。通过逐步提高作用于动物足爪上的机械压力，测量并记录动物产生逃避反应时的瞬间最大压力。该法通常与热痛刺激联用，用于判断镇痛药的作用性质。

实验装置

仪器包括特定的压力传感器和相关的控制器，以将压痛仪转变为全数字设备。仪器长400mm，宽160mm，高140mm；实验时将小鼠后肢脚掌放置在带有圆形尖端的锥形推动器下方的小底座上。按下踏板开关以启动施加力：力以恒定速率增加，从而能够实现可重复测量。松开踏板后电机立即停止，实验装置如图7-5所示。

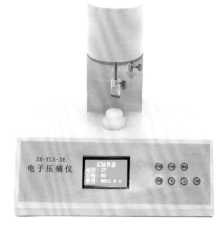

图7-5　压力测痛仪示意图
（安徽正华生物仪器设备有限公司）

操作步骤

（1）将动物后肢脚掌置于压痛仪圆柱形底座。

（2）踩压脚踏板，使上方的圆柱形推进器施加压力于爪上。

（3）动物出现后足缩回或嘶叫挣扎时，停止加压，并记录此时的压力，为机械压痛基础阈值。

评价指标

通过逐步提高作用于动物爪子上的机械压力，测量并记录动物产生逃避反应时的瞬间最大压力，作为机械压痛阈值。

注意事项

（1）实验环境安静、恒温。实验前动物预适应实验环境。

（2）应测量动物基础机械压痛阈值，剔除反应特别敏感或特别迟钝的动物。

讨论和小结

不同于热痛刺激，压力测痛仪用于机械压痛和钝痛的痛觉测量，常用于辨别左右足不同的痛觉反应。通过脚踏板逐步施加压力于鼠足上，可有效检测动物因压痛而产生逃避反应的瞬间最大压力。

本法适用于大、小鼠，且不区分性别。施压时，压痛部位一般选择在距尾尖端1/3鼠尾位置（大鼠；小鼠则为距尾根1cm处）或足爪。机械刺激后引起动物的疼痛反应可表现为嘶叫（压鼠尾）、足爪缩回。与其他外加刺激一样，施加机械压力时也要设置cut-off值，以防组织出现压伤。

五、温度偏好行为实验

温度偏好实验（thermal place perference test，TPPT）检测系统是基于Moqrich A等2005年发表于*Science*的文章（2005，Vol307：1468-1472）观察鼠对冷热温度偏好实验设计的。根据冷热板在一定的范围内（2～66℃）可任意调节温度，对检测板按温度由低至高的梯度设定，对动物在每一既定温度下在检测板上的停留时间长短进行分析，以分析动物对温度的偏好。在此过程中，作为参照板的温度始终设定在25℃。

实验装置

仪器包括一个冷热板，一个附加热板，一套特殊的活动笼，和一个连接冷热板和附加热板的大、小鼠走道（图7-6）。加热板是一个基本装置，在前面板将温度从室温设至65℃。热/冷板是一种更复杂的设备，允许在触摸面板上设置温度，范围为-5～65℃，步进为0.5℃，精度为0.1℃。只要室温保持在18～24℃的范围内，就可以满足仪器需要的温度范围。两种工作模式允许在固定温度或逐步变温（升高或降低）下进行测试。用于小鼠的一套附件由两个特殊活动笼组成，带有一个45mm×95mm的开口，通过一个金属桥连接，其最小宽度为4cm。大鼠活动笼具有87mm×110mm的开口和4cm宽的金属桥。热/冷板侧的活动笼配有盖子，以减少低温时板上的湿度冷凝，实验装置如图7-6所示。

仪器两个底板的温度可分别设置，上方有一个较大的观察箱，动物可在观察箱内自由选择活动的区域。通过摄像系统记录动物的实验中位置，并自动分析在每个区域中停留的时间和位置。

操作步骤

（1）在5～50℃温度范围内，由低至高进行梯度设定（如5、10、15、20、25、30、35、40、45、50℃）。

（2）对设置的每一特定温度，观察动物在3min内在检测板上的停留时间。

（3）测定其在各温度下的停留时间作为基础值。

图7-6　热逃逸实验仪示意图
（安徽正华生物仪器设备有限公司）

评价指标

观察动物在特定温度下在检测板上的停留时间，停留时间的长短提示动物对该温度下的位置偏爱程度。

注意事项

（1）在正式实验前需对动物进行适应检测环境饲养：即将检测板和参照板的温度均设定为25℃，动物在此条件下每天自由活动5min，连续2天。

（2）经过上述适应后，动物应能在两个板上停留的时间大致相等（3min观察期内每板停留时间为10～110s）。

（3）需控制环境温度和湿度；在制冷状态下，注意仪器的进风口和出风口通畅。

讨论和小结

应用温度偏好实验检测装置时，测试温度可在一定范围内自由设定。单独应用冷热板痛觉检测时，如将温度设定为4℃时，坐骨神经病理痛模型动物在冷板上的抬足时间和次数明显增加；而当温度设定为55℃时，可准确测定动物的生理性痛阈水平。此实验装置可用于大鼠、小鼠痛相关行为检测，且不分性别。

与甩尾检测、机械压痛检测等不同，在温度偏好实验中，动物在检测板内可自由移动，其活动状态由红外摄像系统全程捕捉，可最大限度地消除由实验操作者对实验动物可能造成的应激。当实验动物感知到伤害性刺激或察觉到令其不舒服的温度时，可自由逃离检测板，回至参照板。

本检测装置的不足之处在于：①动物需保持良好的探索活动能力；②实验中要求动物四肢与检测板充分接触，因此对于接受坐骨神经结扎、关节注射完全弗氏佐剂的动物，对其实验数据的解释需谨慎。

六、醋酸扭体行为实验

在醋酸扭体行为实验（acetic acid writhing test，AAWT）中，动物经腹注射醋酸后，其可刺激腹腔，触发包括组胺、血清素、缓激肽、SP以及前列腺素等炎症介质的合成和释放，进而激活初级传入伤害性感受器，诱发化学介质引发的内脏痛，其主要体征为腹部肌肉的收缩，后肢的伸展以及躯干的扭转，即扭体反应。Koster等于1959年建立该实验方法。

实验装置

化学法诱导无须特殊装置。可增加视频录像装置，以便回放。

操作步骤

（1）实验动物禁食12～16h后，经腹腔给予醋酸（小鼠：0.6%；大鼠：1%；用量为10mL/kg体重）。

（2）醋酸注射后5min开始计数动物扭体次数以及扭体出现时间。

（3）连续观察20min。

评价指标

经腹腔注射醋酸后，会引起腹部肌肉的收缩、前肢以及躯干的伸展，此为扭体反应。扭体次数的减少表明具有镇痛作用。

注意事项

（1）配制醋酸时，宜先配制高浓度的醋酸，然后稀释为工作液（均在冰面上操作）。

（2）控制室内温度以及药液的温度，给药时药液工作液预先水浴3min，水浴温度37℃。

（3）动物观察盒下放置加热毯（温度约24℃）。

讨论和小结

　　醋酸扭体反应是一种常用的动物疼痛模型，常用于评估药物和治疗方法对疼痛的影响。在这个实验中，将醋酸注射到小鼠的腹腔，会腹部肌肉的收缩，后肢的伸展以及躯干的扭转。这个反应可以被量化并与其他组进行比较，以评估药物或治疗方法的效果。该实验是一种简单而有效的方法来评估疼痛敏感性。它可以用于评价不同类型的疼痛，如炎症性疼痛和神经性疼痛。

　　然而，这个实验中使用的动物模型可能无法完全反映人类的疼痛反应。因此，需要谨慎解释实验结果，并在进行临床试验之前进行更深入的研究。同时，环境温度、动物情绪等因素对实验结果也存在一定的干扰。因此，在实验过程中，要尽量避免这些因素的干扰，以获得更加准确和可靠的结果。

　　总之，醋酸扭体反应实验是评估疼痛敏感性和药物镇痛作用的重要方法之一。它可以用于初步筛选候选药物和治疗方法，并且可以帮助设计更深入的研究。但需要注意实验的局限性，并在实验过程中严格遵守相关的动物伦理和法律规定。

七、福尔马林诱导的疼痛行为实验

　　在福尔马林诱导的疼痛行为实验（formalin-induced pain test，FIPT）中，动物足底注射福尔马林后，表现为两个时相的痛反应。在第一时相（即早时相；early phase），化学刺激物直接激活伤害性感受器，其神经末梢释放包括SP、CGRP在内的痛相关肽，后者敏化突触后痛相关神经元并将痛信息上传至大脑躯体感觉皮层；而在第二时相（即晚时相；late phase），所释放的促炎介质则为组胺、前列腺素、NO以及缓激肽等。研究指出，福尔马林诱导的早时相痛反应（神经源性痛）为外周神经介导的，而晚时相痛反应（炎症性痛）则为中枢介导的。由Dubuisson和Dennis与1977年创立。福尔马林诱导的疼痛行为实验模型是公认的无菌性炎症的理想模型。

实验装置

化学法诱导无须特殊装置。可增加视频录像装置，以便回放。

操作步骤

（1）动物后侧足底微注射福尔马林（小鼠：20μL，质量分数2%；大鼠：100μL，质量分数5%）。

（2）记录注射后0～5min和10～30min内动物舔咬注射侧足底的持续时间。

评价指标

自福尔马林注射后，动物出现舔咬注射侧足底的持续时间。

注意事项

（1）实验动物需预适应实验环境。

（2）实验环境安静，恒温。

（3）本检测常与热板实验、醋酸扭体实验联合，共同确证药物的作用性质。

讨论和小结

福尔马林痛检测最先由Dubuisson and Dennis（1977年）应用于大鼠和猫；之后Hunskaar S等（1985年）将此检测应用于小鼠。应用此方法检测时，要特别关注福尔马林的浓度，即若着重观察福尔马林痛反应第一时相，则推荐福尔马林浓度范围为0.05%～0.2%；而使用1%或更高浓度则可同时研究晚时相的伤害性反应。在满足实验目的的同时，尽量降低福尔马林的浓度，以使动物承受的痛苦减至最低。

在福尔马林诱发的双相伤害性反应中，应用非甾体抗炎药仅对第二时相（中枢敏化；炎症性痛）有缓解作用，而对第一时相无作用。

八、福尔马林诱导的条件位置回避行为实验

前扣带皮层的神经元参与编码伤害性刺激所诱发的痛情绪成分。对于痛情绪的检测常用福尔马林诱导的条件位置回避（formalin-induced conditioned place avoidance，F-CPA）进行。

实验装置

条件位置回避检测装置由穿梭箱和记录系统两部分组成，其实验装置如图7-7所示。

1. 穿梭箱

由A、B和C三个室组成，其中A室和B室为条件训练室，C室为中性室。各室大小为长450mm，宽450mm，高450mm。其中A室内壁涂以黑白相间的横行条纹并施以1%的醋酸，B室

内壁涂以黑白相间的纵行条纹并施以1%肉桂水溶液，C室内壁为均匀一致的灰色，且不施以任何气味剂。C室至A室或B室以及A室至B室分别有门相通。

2. 记录系统

在A室和B室底板装以压力传感器，感知的压力可转化为电信号，传至计时器，以记录动物在该室的停留时间；此外，电信号也可通过信号记录系统传至电脑，记录大鼠在该室的运动情况。

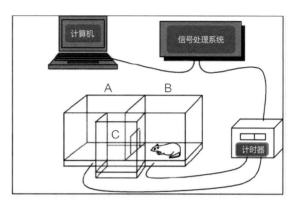

图7-7 条件位置回避装置示意图

操作步骤

（1）第1天（即条件训练前），测试动物在A室或B室停留时间的基础值：将动物放入C室，同时打开通往A室或B室的门，动物进入A室或B室后，关闭C室的门，允许动物在A室和B室之间自由探索15min，记录动物在各室的停留时间。（在本测试前2天，动物应预先对检测环境进行预适应，并进行初筛，以确保动物对A室或B室无偏好。）

（2）第2～3天为条件训练日，动物在第2天足底给予5%福尔马林（50μL）或生理盐水，并置于其中一个条件训练室50min（此时各室的门处于关闭状态）；第3天则将动物置于相对应的另一个条件训练室。动物接受注射的时间和其时所处的训练室在两个训练日要保持平衡。同时对福尔马林诱发的急性伤害性行为进行自动记录。

（3）第4天（即条件训练后）进行测试，测试步骤同（2），记录动物在A室或B室的停留时间。

评价指标

福尔马林诱导的条件位置回避检测主要记录动物在条件训练室的停留时间。根据其在A、B室驻留时间的长短提示其对该室的厌恶程度。

注意事项

（1）实验动物需预适应实验环境。

（2）实验环境安静，恒温。

（3）动物在第2天条件训练日可随机将动物置A室或B室，第3天则应进行相应平衡匹配（即第2天置于A室的动物在第3天需置于B室）。

讨论和小结

福尔马林诱导的条件位置回避行为学实验是一种常用的评估疼痛行为和疼痛缓解药物效果的动物疼痛模型。该实验通过让动物在两个不同的地方进行选择，一个地方与疼痛相关联（摆放福尔马林），另一个地方则没有疼痛刺激，从而观察动物对疼痛刺激的反应。

在该实验中，动物通常被训练在两个连通的房间/区域中自由移动，并且会将福尔马林放置在其中一个房间。随着时间的推移，动物会建立起对福尔马林与疼痛之间的联系，并开始避免进入福尔马林所在的房间。这种行为可以被认为是一种条件性的位置回避行为，它表明动物对福尔马林所引发的疼痛刺激产生了恐惧或回避的反应。该实验可以用于评估疼痛治疗药物的效果。例如，如果一种药物能够有效减轻动物对福尔马林的回避行为，那么就可以推断该药物可能具有缓解疼痛的作用。

然而，该实验通常涉及对动物进行化学药物注射或电击等刺激，这些操作可能会引起动物的痛苦和不适，存在伦理问题。此外，实验需要长期训练，实验者的个人因素、实验环境等因素也会影响动物实验的结果，从而导致结果不稳定。

总体来说，福尔马林诱导的条件位置回避行为学实验是一种有效的评估疼痛行为和疼痛缓解药物效果的方法。但该实验需要在确保动物福利和安全的前提下进行。在实验开展之前，需要仔细考虑实验目的与伦理意义，并采取必要的保护措施来保证动物健康和福利。

参考文献

[1]　RAJA S, CARR D, COHEN M, et al. The revised International Association for the Study of Pain definition of pain: concepts, challenges, and compromises [J]. Pain, 2020, 161 (9): 1976-1982.

[2]　宋学军, 樊碧发, 万有, 张达颖, 吕岩, 韩济生. 国际疼痛学会新版疼痛定义修订简析 [J]. 中国疼痛医学杂志, 2020, 26 (9): 641-644.

[3]　韩济生. 疼痛学 [M]. 北京: 北京大学医学出版社, 2012: 4.

[4]　CODERRE TJ, WALL PD. Ankle joint urate arthritis (AJUA) in rats: an alternative animal model of arthritis to that produced by Freund's adjuvant [J]. Pain, 1987, 28 (3): 379-393.

[5]　鞠躬, 赵湘辉. 神经生物学实验技术 [M]. 西安: 第四军医大学出版社, 2012.

[6]　WALL PD, MELZACK R. Textbook of pain [M]. 4thedn. Churchill livingstone, edinburgh, 1999.

[7]　WOOLFE G, MACDONALD AD. The evaluation of the analgesic action of pethidine hydrochloride (Dermerol) [J]. J Pharmacolexptherap, 1944, 80 (3): 300-307.

[8]　VOGEL HG, VOGEL WH. Analgesic, anti-inflammatory, and antipyretic activity. In: Drug Discovery and Evaluation [J]. Springer berlin heidelberg, 1997: 360-420.

[9]　CHAU T. Pharmacology methods in the control of inflammation [J]. Mod Methods Pharmacol, 1989, 195-212.

[10]　COWAN A. Recent approaches in the testing of analgesics in animals [J]. Mod Methods Pharmacol. Test evaldrugs abus, 1990, 6: 33-42.

[11]　NISHIYAMA K, KWAK S, MURAYAMA S, et al. Substance P is a possible neurotransmitter in the rat spinothalamic tract [J]. Neuroscience research, 1995, 21 (3): 261-266.

[12]　TRONGSAKUL S, PANTHONG A, KANJANAPOTHI D, et al. The analgesic, antipyretic and anti-inflammatory activity of DiospyrosvariegataKruz [J]. Journal of ethnopharmacology, 2003, 85 (2/3): 221-225.

[13]　SILVA J, ABEBE W, SOUSA SM, et al. Analgesic and anti-inflammatory effects of essential oils of Eucalyptus [J]. Journal of ethnopharmacology, 2003, 89 (2/3): 277-283.

[14] BANNON AW. Models of pain: hot-plate and formalin test in rodents [M]. Current Protocols Pharmacology, 2001, Chapter 5: Unit5.7. doi: 10.1002/0471141755.ph0507s00.

[15] KHAN J, ALI G, RASHID U et al. Mechanistic evaluation of a novel cyclohexenone derivative's functionality against nociception and inflammation: An in-vitro, in-vivo and in-silicoapproach [J]. European journal of pharmacology, 2021, 902: 174091.

[16] Damour FE, SMITH D. A method for determination loss of pain sensation [J]. Journal of pharmacology and experimental therapeutics, 1941, 72 (1): 74-79.

[17] MENARD DP, ROSSUM D, IERRE SK et al. A calcitonin gene-related peptide receptor antagonist prevents the development of tolerance to spinal morphine analgesia [J]. The Journal of neuroscience, 1996, 16 (7): 2342-2351.

[18] WANG Z, MA W, CHABOT JG et al. Calcitonin gene-related peptide as a regulator of neuronal CaMKII-CREB, microglial p38-NFκB and astroglial ERK-Stat1/3 cascades mediating the development of tolerance to morphine-induced analgesia [J]. Pain. 2010, 151 (1): 194-205.

[19] MILLIGAN ED, OCONNOR KA, NGUYEN KT et al. Intrathecal HIV-1 Envelope Glycoprotein gp120 Induces Enhanced Pain States Mediated by Spinal Cord ProinflammatoryCytokines [J]. Journey of neuroscience., 2001, 21 (8): 2808-2819.

[20] HARGREAVES K, DUBNER R, BROWN F, et al. A new and sensitive method for measuring thermal nociception in cutaneous hyperalgesia [J]. Pain, 1988, 32 (1): 77-88.

[21] MILLIGAN ED, MEHMERT KK, HINDE JL et al. Thermal hyperalgesia and mechanical allodynia produced by intrathecal administration of the human immunodeficiency virus-1 (HIV-1) envelope glycoprotein, gp120 [J]. Brain resear ch, 2000, 861 (1): 105-16.

[22] CHAPLAN S, BACH F, POGRE J, et al. Quantitative assessment of tactile allodynia in the rat paw [J]. Journal of neuroscience methods, 1994, 53 (1): 55-63.

[23] RANDALL LO, SELITTO JJ. A method for measurement of analgesic activity on inflamed tissue [J]. The japanesejournal of pharmacology, 1957, 111 (4): 409-419.

[24] WALKER KM, URBAN L, MEDHURST SJ et al. The VR1 Antagonist Capsazepine Reverses Mechanical Hyperalgesia in Models of Inflammatory and Neuropathic Pain [J]. Journal of pharmacology and experimental therapeutics, 2003, 304 (1): 56-62.

[25] SAEGUSA H, KURIHARA T, ZONG S et al. Suppression of Inflammatory and Neuropathic Pain Symptoms in Mice Lacking the N-type Ca2+ Channel [J]. Embojournal, 2001, 20 (10): 2349-2356.

[26] DIAL EJ, DOHRMAN AJ, ROMERO JJ, Lichtenberger LM. Recombinant human lactoferrin prevents NSAID-induced intestinal bleeding in rodents [J]. Journal of pharmacy and pharmacology, 2005, 57 (1): 93-99.

[27] GAINOK J, DANIELS R, GOLEMBIOWSKI D et al. Investigation of the anti-inflammatory, antinociceptive effect of ellagic acid as measured by digital paw pressure via the Randall-Selitto meter in male Sprague-Dawleyrats [J]. AANA Journal, 2011, 79 (4 Suppl): S28-534.

[28] BALAYSSAC D, LING B, FERRIER J et al. Assessment of thermal sensitivity in rats using the thermal place preference test: description and application in the study of oxaliplatin-induced acute thermal hypersensitivity and inflammatory pain models [J]. Behaviouralpharmacology, 2014, 25: 99-111.

[29] MOQRICH A, HWANG SW, EARLEY TJ et al. mpairedthermosensation in mice lacking TRPV3, a heat and camphor sensor in the skin [J]. Science, 2005, 307: 1468-1472.

[30] PINCEDE I, POLLIN B, MEERT T et al. Psychophysics of a nociceptive test in the mouse: ambient temperature as a key factor for variation [J]. Plos one, 2012, 7: e36699.

[31] MORGAN D, MITZELFELT JD, KOERPER LM. Effects of morphine on thermal sensitivity in adult and aged rats [J]. Biological sciences and medical sciences, 2011, 67: 705-713.

[32] LEBAES D, GOZARIU M, CADDEN SW. Animal models of nociception [J]. Pharmacological reviews, 2001, 53: 597-652.

[33] SUBEDI NK, RAHMAN S, AKBAR MA. Analgesic and antipyretic activities of methanol extract and its fraction from the root of schoenoplectusgrossus [J]. Evidence-Based complementary and alternative medicine, 2016, 1-8.

[34] KONATE K, BASSOLE IHN, HILOU A et al. Toxicity assessment and analgesic activity investigation of aqueous acetone extracts of Sidaacuta Burn f. and Sidacordifolia L. (Malvaceae) , medicinal plants of Burkina Faso [J]. BMC complement alternative medicine, 2012, 12 (1): 120.

[35] TADIWOS Y, NEDI T, ENGIDAWORK E. Analgesic and anti-inflammatory activities of 80% methanol root extract of JasminumabyssinicumHochst. ex. Dc. (Oleaceae) in mice [J]. Journal of ethnopharmacology, 2017, 202: 281-289.

[36] DEMIS DG, YIMER EM, BERHE AH et al. Anti-nociceptive and anti-inflammatory activities of crude root extract and solvent fractions of Cucumisficifolius in mice model [J]. Journal of pain research, 2019, 12: 1399.

[37] HUNSKAAR S, FASMER OB, HOLE K. Formalin test in mice, a useful technique for

evaluating mild analgesics [J]. Journal neuroscience Methods, 1985, 14 (1): 69-76.

[38] DUBUISSON D, DENNIS SG. The formalin test: a quantitative study of the analgesic effects of morphine, meperidine, and brain stem stimulation in rats and cats [J]. Pain, 1977, 4 (2): 161-174.

[39] CASHMAN JN. The mechanisms of action of NSAIDs in analgesia [J]. Drugs, 1996, 52 (5): 13-23.

[40] ROSLAND JH, TOLSEN A, MAHLE B et al. The formalin test in mice: effect of formalin concentration [J]. Pain, 1990, 42 (2): 235-242.

[41] LABUDA CJ, FUCHS PN. A behavioral test paradigm to measure the aversive quality of inflammatory and neuropathic pain in rats [J]. Experimental neurology, 2000, 163: 490-494.

[42] RAINVILLE P, DUNCAN GH, PRICE DD, Carrier B, Bushnell MC. Pain affect encoded in human anterior cingulate but not somatosensory cortex [J]. Science, 1997, 277: 968-971.

[43] GAO YJ, REN WH, ZHANG YQ, et al. Contributions of the anterior cingulate cortex and amygadala to pain-and fear-conditioned place avoidance in rats [J]. Pain, 2004, 110: 343-353.

[44] 王会生, 姚繁荣, 赵晏, 谢雯, 郭媛. DA和SD大鼠在福尔马林诱发痛反应和机制的差异观察 [J]. 神经解剖学杂志, 2016, 32 (05): 553-559.

[45] 严彦. 不同浓度福尔马林对小鼠致痛作用机理的研究 [C]. 中华预防医学会环境卫生分会2005全国空气污染与健康学术研讨会论文集. 2005: 225-229.

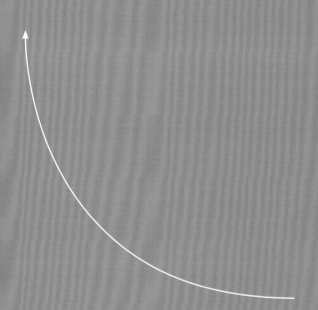

第八章　成瘾行为实验方法

　　成瘾是一种涉及脑部奖赏、动机、记忆等相关环路异常所导致的生理、心理、社会、精神层面的特征性表现，显现为个体通过物质使用和其他病理性行为，来达到追求奖赏和缓解痛苦的目的。成瘾的临床特征表现为行为失控（不能控制使用的剂量、频率和场合；明知有害欲罢不能，不顾一切的强迫性觅药行为）、戒断症状、耐受性增加、反复发作等。这些成瘾相关的行为特征都能在实验动物模型中复现，为我们探索成瘾的神经生物学、遗传学和心理行为学机制，为评估新药依赖性潜力，为开发和评价具有成瘾治疗价值的新药提供了重要的工具。

引言

一、成瘾行为的定义和神经生物学发生机制

大量的动物实验和临床研究证据发现，即便是不同的成瘾物质，所导致的成瘾行为有着共同的行为特征，如行为失控、对物质的强烈渴求，对药物及药物相关性刺激高度敏感，药物使用剂量越来越大，停药后的戒断综合征等。这些相似的行为特征是因为具有共同的生物学机制，即便不同的成瘾物质化学结构差异很大，在体内初始作用的靶点各不相同，但他们都能像性和美食一样，直接（如苯丙胺类兴奋剂、可卡因等）或者间接（海洛因等）上调奖赏环路的多巴胺系统功能，增加脑中腹侧被盖区（ventral tegmental area，VTA）投射到伏隔核（nucleus accumbens，NAc）的多巴胺能神经元突触间多巴胺神经递质的浓度。而奖赏环路的多巴胺系统在个体生存和种族延续的过程中起到重要作用。从神经生物学角度来说，机体通过自身一套严格的生物学辨别标准来辨别来自体外的刺激哪些是有利的，凡是有利于个体生存（如美食）和种族延续（如性），就能通过上调奖赏环路的多巴胺系统功能使机体产生愉悦和欣快感觉，并对这种愉悦和欣快感形成了牢固的记忆，形成神经信号传导的"高速绿色通道"，下次仅是想到这些刺激就回忆起这些愉悦欣快的感受。上调奖赏环路所产生的愉悦欣快感程度越高，认为该刺激对个体生存和种族延续作用就越重要，形成的记忆也就越牢固，这是生物体在进化过程中的一种必备的"趋利避害"本能反应。而成瘾物质使机体成瘾的机制是它们"盗用"了奖赏环路，机体把成瘾物质误认为是有利于个体生存和种族延续的刺激，对此心驰神往、欲罢不能。于是，不论是低等动物（如线虫、果蝇等），还是高等动物（灵长类、人类），只要有基本的奖赏环路VTA-NAc，只要接触成瘾物质的时间足够长和量足够大，都可出现成瘾行为。然而成瘾物质激活奖赏环路形成的记忆被认为是病理性的学习记忆，长期顽固存在，难以消除。

（1）正性强化假说（positive Reinforcement hypothesis） 成瘾物质可以使机体忘却烦恼和悲伤、缓解焦虑和抑郁，机体为了不断获得这些美好的体验而追求物质的再次使用，被称为正性强化假说。该假说能较好地解释成瘾初期的用药行为，是精神依赖启动的主要原因。然而无法解释在药物的奖赏作用已减弱或消失的成瘾后期，用药行为仍然维持，也无法解释经过长期

戒断后，即便是不能引起欣快感的小剂量药物也能诱导复吸等成瘾的特征行为。

（2）负性强化假说（negative reinforcement hypothesis）　负性强化假说是指机体为了避免停止使用药物导致难以忍受的躯体症状而驱动的反复用药行为。广义上也包含为对抗负性情绪，如焦虑、抑郁等驱动的反复用药行为。负性强化假说在解释成瘾的产生机制中占有重要作用。在成瘾后期，机体对药物的快感已经耐受，驱动持续用药的主要原因之一是缓解戒断症状相关的渴求以及日常生活相关的不良情绪。

（3）动机-敏化假说（incentive sensitization hypothesis）　动机-敏化假说是指机体对药物相关的刺激变得高度敏感，反应性逐渐增强的行为。由于成瘾物质的长期作用，奖赏环路多巴胺神经系统发生神经递质、受体和受体后信号转导水平的适应性改变，形成"高速绿色通道"，使得该系统对药物及药物相关的刺激变得高度敏感，反应性显著增强，是机体对药物的渴求、强迫性觅药行为和强迫性用药行为的主要驱动力。

（4）病理性学习记忆假说（abnormal learning and memory hypothesis）　该假说认为，物质成瘾是由于机体将外部环境刺激物质所带来的体验和自身行为反应之间通过联合学习过程建立起来的顽固的病理性学习记忆假说。病理性学习记忆建立的过程包括：①通过经典的巴普洛夫条件反射原理建立起来的药物刺激和条件性用药线索之间的联系，机体会主动接近这些与药物相联系的条件性线索和环境，以及在条件性线索环境刺激下产生一系列的生理心理反应。②通过药物奖赏作用的反复刺激，让机体建立欣快体验和操作性行为（如压杆、鼻触等）之间的联系，机体会为了获得刺激所带来的体验，反复进行这些操作性行为。目前认为，这些异常的联合性学习记忆深刻稳固持久，不仅是强迫性用药行为产生的机制，还是长期戒断后用药环境线索诱导复吸的机制。

（5）认知功能障碍假说（cognitive dysfunction hypothesis）　该假说的提出是基于临床研究发现，药物成瘾患者存在冲动控制障碍和工作记忆能力降低、注意力缺陷、决策障碍等执行控制能力缺失的认知功能障碍。导致这些认知功能障碍的原因，一方面成瘾物质本身具有神经毒性的药理作用，另一方面成瘾患者对药物相关线索的过度注意无法控制。然而认知功能障碍本身和物质成瘾互相作用，互为因果。一方面，具有执行控制能力缺陷素质的个体本身是药物成瘾的易感人群，另一方面，药物成瘾患者的认知功能障碍又促进成瘾行为的发展和恶化，进入恶性循环。认知功能障碍假说不仅能解释物质成瘾行为的发生发展机制，同时还可以进一步延伸到行为成瘾，如赌博、游戏成瘾等发生发展机制中。于是，基于这一假说，临床上已广泛采用认知行为干预的技术，通过改善成瘾者的认知功能，缓解不良情绪、帮助成瘾者建立治疗动机，提高成瘾者的自控能力和对外界诱惑的抵抗防御能力，在治疗各种成瘾行为临床实践中得到诸多证实。

（6）习惯性行为假说（habitual behavior hypothesis）　该假说认为，成瘾后期的用药行为从规律用药发展为强迫性用药，强迫性用药是一种受意识控制薄弱的习惯性行为，是成瘾难于戒除、反复复吸的主要原因。习惯性行为是由刺激-行为反应关联介导的，不用上升到意识层面就能完成相应的行为，由习惯驱动，是机体进化过程中获得的一种经济有效快速反应的重要能力。在成瘾早期，是偶然用药发展为规律用药的过程，规律用药是追求欣快感的目的性行为，当觅药行为得不到药物，目的不能实现，行为容易消退。而习惯性用药觅药行为是病理性的，成瘾者对内部和外部的药物相关刺激保持着持久的高敏感性，并且意识难以控制其觅药和用药行为。习惯性行为假说提出时间不久，就引起了学界的高度重视，被认为可能开辟了药物成瘾神经生物学机制研究的一个新领域。

上述假说在解释药物成瘾行为中都有其合理性，或是能合理的解释成瘾的某一个阶段的行为特征，假说之间也并不互相排斥，但是任何一个假说都不能圆满的解释药物成瘾的全部行为特点和整个成瘾病理生理学过程及成瘾的发生机制。

二、成瘾产生的诱导因素

成瘾产生的诱导因素依据成瘾物质不同的药理特性，分成以下几种：①中枢神经系统抑制剂（depressants）：抑制中枢神经系统或镇静安眠作用的，如酒精、苯二氮䓬类药物等；②中枢神经系统兴奋剂（stimulants）：能兴奋中枢神经系统，如可卡因、苯丙胺类物质、咖啡因等；③阿片类物质（opioids）：包括天然、人工半合成或合成的阿片类物质，如阿片、吗啡、海洛因、美沙酮、二氢埃托啡、哌替啶（杜冷丁）、丁丙诺啡等；④大麻（cannabis，marijuana）：主要成分为Δ9-四氢大麻酚；⑤致幻剂（hallucinogen）：如麦角酸二乙酰胺（LSD）、仙人掌毒素（mescaline）、苯环己哌啶（PCP）、氯胺酮（ketamine）等；⑥烟草（tobacco）：致依赖活性成分尼古丁（烟碱）等；⑦挥发性溶剂（solvents）：如丙酮、汽油、稀料、甲苯、嗅胶等。继传统毒品和合成毒品之后目前全球流行的第三代毒品，被称为新精神活性物质，又称为策划药或者实验室毒品，由传统成瘾物质衍生令成，具有类似或者更强的兴奋、致幻、麻醉等效果。包括合成大麻素类、卡西酮类、芬太尼类等。

三、成瘾行为实验方法分类

按照成瘾不同行为学阶段，成瘾的行为学实验可以分为成瘾形成、行为敏化、戒断和消退/复吸行为实验；按照成瘾物质所致的依赖性质不同，分为耐受性、躯体依赖和精神依赖行为实验。不同成瘾物质的成瘾行为都有类似的行为阶段，但不同成瘾物质所致的耐受性、躯体依赖性和精神依赖性的程度有很大差别。如阿片类物质的耐受性、躯体依赖性和精神依赖性均很强，在三种模型中都能看到显著的行为学特征；酒精、巴比妥和苯二氮卓类药物的躯体依赖性强，精神依赖和耐受性次之；可卡因和苯丙胺类物质的精神依赖性强，躯体依赖性和耐受性较弱；而致幻剂可能仅有精神依赖、躯体依赖轻微几乎可以忽略。

成瘾行为实验方法有自身给药（drug self-administration）、条件性位置偏爱（conditioned place preference）或厌恶（conditioned place aversion）、戒断实验、行为敏化、药物辨别等。针对不同的行为特征选用不同的实验方法。如研究觅药行为有规律性用药（regular drug use）和强迫性用药（compulsive drug use）模型；评估精神依赖行为的有自身给药和条件性位置偏爱；针对躯体依赖特征的有催促戒断模型和自然戒断、评价药物内感受或主观体验有辨别实验（drug discrimination）以及运动敏化（locomotor sensitization）。

按照成瘾行为形成的条件反射机制，又可分为操作性条件反射行为（operant behavior）和非操作性条件反射行为（non-operant behavior）。其基本原理均是将成瘾物质（包括直接激活脑内奖赏环路的电、光等刺激）的奖赏效应和"操作性行为如压杆、鼻触"、"非操作性行为如饮食"、"用药环境"等非条件刺激建立关联学习记忆，形成条件反射。如自身给药、条件性位置偏爱等行为实验都是操作性条件反射行为，广义的自身给药也包括非操作性自身给药（non-operant drug self-administration）专门指酒精的口服自身给药（oral drug self-administration）。

可用于成瘾行为实验的模式动物非常多，除了非人灵长类动物和啮齿类动物外，其他动物如果蝇、斑马鱼、线虫等，虽然没有复杂的大脑，只要有着基本的奖赏环路神经结构基础，都可用于研究成瘾行为。

四、成瘾行为实验的应用领域

成瘾行为学实验的应用领域非常广，一是药物安全性方面，评估新药物的依赖性潜力和强化效应；二是科学研究方向，探索药物成瘾的社会、心理、神经生物学机制；三是新药研发方面，开发和评价具有成瘾治疗价值的新靶点及药物。同时，由于物质依赖本身在临床表现上和精神分裂症、焦虑抑郁情感障碍等精神疾病有重叠的行为特征，同时和各种精神疾病的共病率很高，成瘾行为学实验又对我们认识其他精神疾病提供手段。除此之外，由于成瘾物质和食物、性等行为一样，激活共同的奖赏环路，成瘾的行为实验也为我们探寻大脑的秘密和本能行为机制提供了重要工具。

需要指出的是，成瘾行为实验本身也可以作为物质成瘾的不同行为学阶段的动物模型，如自身给药行为实验，既可以用于评估成瘾行为形成、依赖、渴求、规律用药或强迫用药、复吸等重要的成瘾相关行为特征，也常用被用于成瘾形成模型、强迫用药模型和消退/复吸模型等成瘾不同行为学阶段的模型建立。同样，条件性位置偏爱模型，既可以评估成瘾形成、病理性记忆、复吸等重要行为特征，也被用在成瘾形成、消退/复吸等成瘾不同阶段的模型的建立。

成瘾行为学实验根据不同的实验目的有不同的实施方案，同时受品系、种属、年龄、性别、成瘾物质、给药方式等因素的影响，虽然整体实验思路一致，实验原理类似，但具体的实验方案可灵活多变。这些行为实验既可以独立提供关于成瘾相关行为的形成以及后果等行为特征的重要信息，又可以和其他传统神经生物学和心理学评估相结合，以探索物质成瘾的生物、心理、环境因素等共同作用的复杂机制。

| 第二节

躯体依赖性行为实验方法

躯体依赖也称为生理依赖，是反复使用成瘾性物质之后机体出现病理性代偿性适应，一方面，需要保持用药才能继续维持这种平衡，另一方面，如果突然减药、撤药或者阻断药物作用，则将出现一系列的躯体心理反应，称为"戒断综合征（withdrawal syndrome）"。阿片类物质的躯体依赖性最明显，研究也最为充分，这一节的内容以阿片类药物吗啡为例详细说明。

目前常用的评价动物成瘾躯体依赖的行为实验方法有自然戒断实验、催促戒断实验和替代实验。

一、自然戒断实验

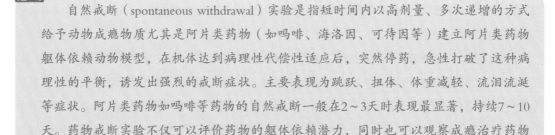

自然戒断（spontaneous withdrawal）实验是指短时间内以高剂量、多次递增的方式给予动物成瘾物质尤其是阿片类药物（如吗啡、海洛因、可待因等）建立阿片类药物躯体依赖动物模型，在机体达到病理性代偿性适应后，突然停药，急性打破了这种病理性的平衡，诱发出强烈的戒断症状。主要表现为跳跃、扭体、体重减轻、流泪流涎等症状。阿片类药物如吗啡等药物的自然戒断一般在2～3天时表现最显著，持续7～10天。药物戒断实验不仅可以评价药物的躯体依赖潜力，同时也可以观察成瘾治疗药物对躯体依赖戒断症状的干预作用。

该实验方法不需要特殊专用的实验设备，主要是训练有素的观察者进行现场观察，客观评分，测试箱的主要作用是便于清楚观察戒断症状、准确采集排尿腹泻等信息，可以选用透明饲养笼或观测箱，单笼观察。观测室内环境保持一定的温度和湿度，如空气湿度50%～70%，室温控制22～24℃。也有根据实验需求，选择和给药环境一致的测试环境，用以诱导或增强戒断症状。

操作步骤

躯体依赖动物行为实验需首先建立慢性药物依赖模型。突然停药后，观察和记录小鼠或大鼠的自然戒断症状和体征。

（1）选用体重为20～22g小鼠或200～220g大鼠，雌雄各半或常常单以雄性为研究对象。常用动物小鼠品系包括ICR（CD-1）、C57BL/6、BALB/c等，大鼠品系为Wistar、SD、Fisher等。将动物饲养于12h明暗循环的清洁级动物房，自由饮食，适应环境3～7天后开始实验。

（2）常采用注射（皮下注射、肌肉注射、腹腔和静脉注射），灌胃，皮下埋植，饮水或掺食给药的方式，对小鼠或大鼠进行慢性药物（如吗啡、海洛因、可待因等）处理，以剂量递增的方法或者恒量给药的方法均可。

（3）以阿片类物质如吗啡为例，每天2～3次皮下注射，以剂量递增法形成吗啡依赖性模型，建模周期10天～1月。小鼠剂量从10、20、40、60、80到100mg/kg递增，或者30mg/kg恒量，大鼠剂量从5～10mg/kg，递增到末次20～50mg/kg。等体积盐水作为对照。

（4）末次给药15～20h后，开始固定时间点每天观察30min的自然戒断症状，并测量体重变化，连续记录7～10天。

评价指标

戒断症状和体征主要包括三个方面：①自主神经系统症状：包括体温下降、腹泻、流涎、出汗、湿狗样抖动、震颤、竖尾反射（straub reflex）、立毛反应、上睑下垂、体重下降等；②行为活动异常：跳跃、扭体、咬牙、咀嚼、摇头、扫尾、逃避行为、刻板行为、自主活动和探究行为增加等；③其他如食欲下降、易激惹、恐惧不安等。必须指出的是，不同种属动物（如人、猴、小鼠以及大鼠等）的药物戒断症状和体征并不完全相同，因此，在观察和评价药物戒断综合征的实验中，应该注意动物的种属差异。

1. 小鼠自然戒断实验评价指标

小鼠自然戒断后缺乏特征性戒断体征和症状，不过体重变化较为明显。体重下降指数是评价药物躯体依赖性潜力的重要指标。通常，以小鼠戒断前的体重为基础，计算小鼠戒断后各个时间点体重下降的百分率，评价戒断症状的严重程度。

2. 大鼠自然戒断实验评价指标

与小鼠相比较，大鼠自然戒断症状的表现明显，容易观察。包括跳跃、湿狗样摇体、腹泻、体重下降、上睑下垂、打哈欠、过度激惹、逃避行为、探究行为增加、食欲和饮水减少。其中湿狗样摇体是大鼠吗啡戒断症状的一种特征性行为（头部和躯体摇抖，类似落水狗把水甩落的动作）。当大鼠出现吗啡依赖性后，脑内多巴胺受体过敏，使锥体外系统的神经递质功能失去平衡，因此出现摇体现象。自然戒断时，如果将大鼠同居一笼时，则出现互相攻击现象。药物戒断后，大鼠体重下降依然是非常重要的一个观察指标。大鼠自然戒断症状评分表如下：

（1）跳跃、湿狗样摇体、扭体、摇头、打哈欠、扫尾 0分=无；1分=1~5次，2分=6~10次；3分>10次。

（2）齿颤、咀嚼（次与次间隔>3s） 0分=无；1分=1~10次，2分=11~20次；3分>20次。

（3）流涎 嘴四周湿润为"+"=1分；湿而充盈为"++"=2分；分泌液流出为"+++"=3分。

（4）流泪 眼圈湿润为"+"=1分；湿而充盈为"++"=2分；眼圈周围毛湿为"+++"=3分。

（5）竖毛 以颈部毛发直立为准。

（6）激惹 触碰动物萎缩不动为"+"=1分；有尖叫为"++"=2分；触碰尖叫并伴有攻击行为为"+++"=3分。

（7）眼睑下垂 眼睑闭合<10min为"+"=1分；10~20min为"++"=2分；>20min以上为"+++"=3分。

（8）腹泻 稀便有形为"+"=1分、稀便不成形为"++"=2分、稀滩便为"+++"=3分。

（9）鼻分泌物 四周湿润为"+"=1分；湿而充盈为"++"=2分；分泌液流出为"+++"=3分。

将以上九项得分进行相加，算出戒断症状评分总分。

如需观察大鼠自然戒断时期的攻击行为，则需要将4只大鼠同居一笼，于末次注射吗啡3天后进行，观察1h，记录对阵时程（即打架时前肢腾空相触，头面相对，后肢站起）、攻击和互咬次数。

注意事项

1. 给药方案灵活可变

和临床的特征一致，在动物躯体依赖模型中，戒断综合征强度也与所使用阿片类物质种类、药物暴露的剂量、给药时间长短、给药途径、停药速度密切相关，于是实验的具体方法不必拘泥于参考文献或本文中举出的例子，在达到实验目的、实验条件允许和遵守实验动物福利原则的情况下进行尽可能优化时间和成本消耗。一般来说，建立动物躯体依赖模型的给药时间长于精神依赖模型，给药剂量也大于精神依赖模型。

2. 不同品系物种之间的建模方案有差异

在建模过程中，不同品系的大、小鼠，由于对不同阿片类药物的敏感性和药代动力学稍有不一样，建立躯体依赖模型的给药剂量和时间需要根据是否出现明显戒断症状进行调整，同时，受药物的纯度、有效成分等的影响，建议提前做好预实验，在自己实验室条件下确定合适的动物建模方案。小鼠自然戒断症状和体征在停药前后的变化不是十分明显，缺乏特征性戒断体征和症状。

3. 戒断症状的评估的质量控制

动物模型的戒断症状的评估人员应该熟悉动物的基本行为特征，必须经过严格的训练，统一评分标准，如触碰易激惹项内容，需要固定人员用同样硬度的物体同样力度触碰动物引起的易激惹行为进行评分。同时采用盲法评分，观察和记录每只动物的戒断症状、体征和体重变化。自然戒断建议连续观察7天，每天3次，定点定时定人员。

4. 戒断症状评估的综合评价

戒断症状评分表上的所有行为不可能都在同一个受试动物身上出现。因此，在评估戒断症状时应根据实际情况考虑将戒断症状评分表中的多种衡量指标进行综合评价，如每种征候出现的时间、频率和严重程度等。同时每组设置足够的动物数目。

讨论和小结

自然戒断行为实验一方面可用于药物安全性评估，评价其的成瘾性主要是躯体依赖性；另一方面根据负性强化假说，在成瘾后期，机体对药物的快感已经耐受，驱动持续用药的主要原因是缓解戒断症状。在临床上多观察到的是自然戒断症状。自然戒断实验是很好的研发治疗成瘾药物新靶点的重要工具，药物通过缓解自然戒断症状，能起到治疗成瘾防复吸的作用。

二、催促戒断实验

催促戒断（precipitation/induced withdrawal）实验是指当阿片类药物躯体依赖动物模型建成后，使用药物如阿片受体拮抗剂，急性打破了机体和成瘾物质达到的病理性平衡稳态，诱发出强烈的戒断症状。和自然戒断相比，催促戒断实验具有发作较快，症状严重明显，便于观察，但持续时间短等特点。

实验装置

同自然戒断。

操作步骤

（1）选用体重为20~22g的健康成年小鼠或200~220g的大鼠，雌雄各半或经常单以雄性为研究对象，常用小鼠品系包括ICR（CD-1）、C57BL/6、BALB/c等，常用大鼠品系为Wistar、SD、Fisher等。将动物饲养于12h明暗循环的清洁级动物房，自由饮食，适应环境3~7天后开始实验。

（2）建模方法同自然戒断。

（3）末次注射阿片类药物2~5h后，腹腔注射阿片受体拮抗剂（如纳洛酮、纳曲酮）5~20mg/kg，立即观察小鼠或大鼠15~30min内的戒断体征和症状，并记录催促戒断前后1~2h内的体重变化。

评价指标

小鼠催促戒断症状和体征的评价指标包括：跳跃、竖尾反射、扭体、震颤、短暂痉挛、流涎、上睑下垂、腹泻、体重下降等。此外，还可以观察到呼吸频率和深度增加，自发活动（尤其是水平活动）明显增多。在催促戒断反应中，跳跃和体重下降是非常重要的评价指标，便于观察和定量评定。

大鼠催促戒断评价指标和自然戒断类似，形成吗啡依赖模型的大鼠给予阿片受体拮抗剂后，出现跳跃、湿狗样摇体、扭体、齿颤、流泪、流涎、腹泻、易激惹、打哈欠等行为特征。行为评估也可参考如下评分。体重下降依然是非常重要的一个观察指标。

1. 计量评价症状

跳跃、湿狗样摇体、扭体、摇头、打呵欠、扫尾：0分=无，1分=1~5次，2分=6~10次，3分≥11次。

2. 计量评价症状

齿颤、咀嚼（次与次之间至少间隔3s）：0分=无，1分=1~10次，2分=11~20次，3分≥20次。

3. 等级评价症状

流涎、流泪、毛发直立、眼睑下垂、腹泻、激惹：0分=无，1分=轻度（+），2分=中度（++），3分=重度（+++）。将以上三项得分进行相加，算出戒断症状评分总分。

注意事项

催促戒断实验模型建立的注意事项和自然戒断一样。但也需要特别注意以下事项：

1. 跳跃次数单独就可以作为小鼠催促戒断症状的核心评估指标。

2. 与自然戒断相比，催促戒断实验症状严重明显、发作快、持续时间短，便于集中观察和评估。

3. 小鼠催促戒断时跳跃次数前十五分钟可达上百次，评估过程建议多个评估人员合作同时评估，做好记录避免数错，同时注意录好视频以便回放核对。

4. 由于催促戒断症状显著，建立慢性依赖模型的给药时间可以短于自然戒断模型。

讨论和小结

与自然戒断相比，催促戒断由于其慢性依赖建模周期短，用药少，戒断症状发作快且明显等多个优点，被更为广泛的使用在通过缓解戒断症状来治疗成瘾防复吸的药物研发方面。但由于催促戒断并不常见于临床实践中，故需结合自然戒断进行综合评估其临床应用价值。

三、替代实验

　　替代实验（substitution test）是观察受试药替代阿片类药物（如吗啡、海洛因、可待因等）对动物戒断症状和体征的影响，用来评价受试药产生躯体依赖的潜能。如采用经典的阿片类药物（如吗啡、海洛因、可待因等）建立药物躯体依赖动物模型，用受试药替代建模的阿片类药物，观察动物的戒断反应。

实验装置

该实验方法不需要特殊专用的实验设备，和戒断实验类似，主要是由训练有素的观察者进行现场观察，客观评分，测试箱的主要作用是便于清楚观察戒断症状、准确采集排尿腹泻等信息，可以选用透明饲养笼或观测箱，单笼观察。观测室内环境保持一定的温度和湿度。

操作步骤

（1）选用体重为20～22g的健康成年小鼠或200～220g的大鼠，雌雄各半或常单用雄性。将动物饲养于12h明暗循环的清洁级动物房，自由饮食，适应环境7天后开始实验。

（2）采用注射（皮下注射、肌肉注射、腹腔和静脉注射），灌胃，皮下埋植，饮水或掺食给药的方式，对动物进行慢性药物（如吗啡、海洛因、可待因等）处理，以剂量递增的方法或者恒量给药的方法均可，建立药物躯体依赖模型。具体可参考戒断实验中的操作步骤。

（3）慢性躯体依赖动物模型建模后用受试药替代建模的阿片类药物，观察动物的自然戒断反应。也可参考催促戒断实验方法，如于末次注射吗啡后停药2～5h，腹腔注射纳洛酮进行催促戒断。如前所述，给药后2～3min，动物即出现显著的戒断症状，如跳跃、扭体等异常行为活动，以10～20min时最明显。此时皮下注射替代药品即受试药物（注意查阅药物化学相关资料，应选择与吗啡等效的受试药物剂量进行替代实验），然后观察受试药物是否可代替吗啡消除戒断症状。

评价指标

替代实验中戒断症状和体征的严重程度评估同戒断实验中的评价指标。主要包括自主神经系统症状（如体温下降、腹泻、流涎、出汗、湿狗样抖动、震颤、竖尾反射、立毛反应、上睑下垂等）；行为活动异常（如跳跃、扭体、咬牙、咀嚼、摇头、扫尾、逃避行为、刻板行为、自主活动和探究行为增加等）；以及食欲下降、易激惹、恐惧不安等。体重下降同样是个非常重要且容易评估的指标。

替代实验的结果有下列三种情况。

（1）完全替代　替代后，动物不出现戒断症状，说明受试药与建模的阿片类药物可能具有相同的致躯体依赖潜能，如果替用受试药物后动物不出现戒断症状，说明这两类药物产生相类似的躯体依赖。这种实验又称交叉躯体依赖性实验（cross physical dependence test）。

（2）部分替代　替代后，动物出现部分戒断症状，说明受试药与建模的阿片类药物可能具有相似的致躯体依赖潜能。

（3）替代失败　替代后，动物出现明显的戒断症状，说明受试药与建模的阿片类药物可能不具有相同或者相似的致躯体依赖潜能。

注意事项

替代实验的注意事项基本同戒断实验，需要注意不同种系动物模型建模方法各异、评估人员需要进行严格训练、统一标准进行戒断症状的综合评估。

需要特别注意的是，如在替代实验中未能观察到能减弱原建模药物的戒断症状，戒断症状继续发展，即视为代替无效者，可以考虑立即注射吗啡，于3～5min内可观察到戒断症状明显减轻或完全消失，恢复如前，行动自如。无论是自然戒断还是催促戒断，动物都会出现一系列程度不同的表现，但不是所有戒断症状在一个受试动物身上都能出现，于是替代实验中对于戒断症状的抑制作用容易出现假阳性和假阴性的结果。所以，评价受试药物对多种戒断症状或综合戒断症状的抑制能力非常重要。

讨论和小结

替代实验用以判断受试药物是否具有类似代表物的依赖性潜力，被广泛应用于各个方面。既往也用于寻找成瘾替代治疗药物，如海洛因依赖选用美沙酮替代。可以与躯体依赖实验相结合，通过戒断症状进行评估依赖性潜力。也可以与精神依赖实验相结合，通过自身给药有效反应次数评估依赖性潜力。

| 第三节

药物精神依赖性行为实验方法

成瘾物质有改善人体情绪、产生欣快感的作用，使用这些物质后往往会使使用者产生一种无法用语言表述的欣快感，是心理渴求的重要因素之一，是造成精神依赖启动和早期维持的主要原因。

与精神依赖相关的一些行为特征，如规律性用药，指的是机体对药物已产生了一定的精神依赖，形成了时间上相对固定的规律用药行为。敏化是指反复用药后药物预期效应的增加，如反复使用精神兴奋剂后运动活性的增加，有用药史的个体对药物效应的高敏感性（激励性动机增强）。复吸也称为复发，是指经过一段时间撤药后，觅药或用药行为的恢复。小剂量药物、与用药相关的环境和线索（人员、地点、与过去用药相关的物品等）以及应激都能触发强烈的渴求并引起复吸。敏化是复吸的神经生物学基础之一，二者可能涉及共同的神经环路。强迫性用药具体表现为机体不能控制药物使用剂量和频度，即使明知用药后会面临严重后果，仍然坚持用药；强迫性觅药是描述在强烈用药动机（渴求）和药物相关线索驱使下，寻找药物的行为。强迫性用药和觅药是药物成瘾最显著、最核心的行为特征，是药物成瘾难于治愈、造成成瘾者严重自身危害和引起巨大社会危害的根本原因。

与药物躯体依赖性实验相比较，虽然动物实验难以对成瘾性药物精神效应和主观体验做出恰当的评价，但根据药物强化-奖赏理论和条件反射的基本原理，目前已有一些经典的评价药物产生精神依赖性的动物实验方法，从不同角度模拟人觅药和用药行为，反映成瘾性药物的精神依赖性的潜力。主要包括①自身给药（drug self-administration）；②药物鉴别实验；③条件性位置偏爱实验（conditioned place preference）；④行为敏化实验。其中自身给药、条件性位置偏爱等成瘾模型在药物强化效应、动机行为、奖赏效应的研究工作中被广泛使用。成瘾不同阶段行为，如觅药行为、消退/复吸行为、规律用药和强迫用药行为的研究也可以通过动物模型来实现。

一、自身给药行为实验

自身给药（self-administration，SA）基于Skinner创立的操作性条件反射原理建立。机体会为获得某种刺激或达到某种目的主动减少或增加一系列行为操作出现，如果这个刺激或者目的促进该行为的再次发生，那么就是一个正性强化物（positive reinforcer），这个过程称为正性强化（reinforcement）。在自身给药实验中，踏板、压杆及鼻触等行为会带来药物的奖赏刺激，而这种刺激会促使动物不断重复能够获得奖赏的行为。而在实验过程中，自身给药箱内伴随药物出现的灯光、蜂鸣声等条件线索也会与成瘾药物之间形成相关性记忆。自身给药是众多成瘾动物行为实验评价中相对稳定而可靠的实验方法，是研究药物奖赏效应和药物成瘾行为最重要的方法之一，也是认可度最高的一个成瘾动物模型。其中，1962年Weeks最先建立的大鼠静脉自身给药技术，是应用最为广泛的自身给药技术。

实验装置

自身给药行为实验是在被称为斯金纳箱（Skinner Box）的操作性实验笼内完成，其实验原理完全基于斯金纳（Burrhus Frederic Skinner）创立的"操作条件反射"理论。斯金纳的实验大都是建立在自然奖赏（食物、水、性等）刺激的基础上完成的，而自身给药行为实验则是把药物作为奖赏刺激。一个典型的操作实验箱通常配备有一个或两个压杆（或红外鼻触）、几个信号灯、一个可以提供食物或水的装置，饥饿或饥渴的动物通过压杆获得食物或水。大、小鼠静脉自身给药系统通常是在商业化的操作实验笼内完成，部分有条件的实验室也可以自制。以下以大鼠自身给药系统为例进行说明。

实验笼动物活动区规格：大鼠310cm × 265cm × 300mm，小鼠200cm × 200cm × 280mm；实验笼整体尺寸：大鼠510cm × 290cm × 400mm，小鼠430cm × 270cm × 400mm；动物触发方式：触鼻（可选踏板）；笼灯数量：2颗；提示灯：6个；大鼠静脉自身给药实验系统又称操作条件反射装置，该系统是由注射系统、笼箱、静脉给药系统、软件系统组成，见图8-1。

图8-1 自身给药装置示意图
（安徽正华生物仪器设备有限公司）

操作步骤

1. 动物

自身给药实验动物有大鼠、小鼠、猕猴、鸽子、松猴等。近年来转基因和基因敲除小鼠的大量应用使小鼠静脉自身给药行为得到关注，而猕猴静脉自身给药只有为数不多的实验室有条件开展研究。大鼠是用得最多的实验动物。下文均以大鼠静脉自身给药实验为例。

选用成年雄性健康SD大鼠，大鼠单笼饲养于12h明暗循环的清洁级动物房，空气湿度50%~70%，室温控制22~24℃，自由饮食，适应环境7天后开始实验。插管手术前大鼠体重为280~320g，术后单笼饲养，为控制体重实验期间每日给予饲料18~20g，饮水自由。

2. 药品及给药途径

根据使用的药物不同，自身给药的给药途径也不相同，最常用的给药途径有静脉内给药以及口服，其他给药途径还有脑室内给药、颅内给药、吸入式给药、灌胃给药以及肌注给药等。原则上为了更好地模拟人类滥用药物的过程，一般采取与人滥用药物时相同的给药途径进行自身给药训练。例如，对于啮齿类动物来说，相比于其他给药途径，酒精通过口服最容易建立起自身给药行为，而其他药物如海洛因、吗啡、尼古丁、可卡因、甲基苯丙胺等静脉给药是最佳选择。如果在已知药物的作用脑区的前提下，颅内给药也是一个好的选择，药物可以即时有效地作用于相应的脑区而避免了延时效应。虽然由于药物种类、给药途径和实验动物的不同，自身给药的范式会略有差异，但整体上所采用的条件化操作和训练程序是一样的。下面以大鼠的静脉甲基苯丙胺自身给药为例来介绍一下整个训练的过程。

3. 步骤

静脉自身给药实验通常需要三个步骤。①手术：埋植一个可以长期留置的静脉插管，通常插管的埋置位置是人体的浅层静脉，如颈外静脉和股静脉。大鼠、小鼠一般采用颈静脉插管，插管从背部或头部引出，术后康复通常需要7天。②训练：如果实验笼配置的是压杆，则需要先进行食物或糖水压杆训练，如果配置的是鼻触，可以直接进行药物训练。食物或糖水训练首先需要限食或限水，动物建立了稳定的压杆行为后就可以开始给药训练。给药训练天数根据需要确定，一般训练14天，训练程序可以根据实验目的不同而选择固定比率（fixed ratio，FR）程序或累进比率（progressive ratio，PR）程序。③测试：自身给药行为稳定后即可以开始测试，测试方法依实验目的而定。例如建立药理学剂量曲线、核团给药、核团损毁、大脑切片免疫组化、建立复发行为测试等。

（1）大鼠静脉自身给药手术 将长4cm的SIL-0905硅胶管的一端浸泡在三氯甲烷溶液中约10s，随后将长10cm的PE1006管由浸泡端插入硅胶管约1cm，接口处用未重合部分的PE管打一结以便于固定。将制作好的插管浸泡在医用酒精中备用。

大鼠称重，腹腔注射麻醉后进行手术。找到并分离出颈总静脉，在其下穿入两根4-0手术线，分别拉向近心端与远心段备用。用近心端丝线将插入的PE管、硅胶管和静脉结扎固定，远心端的丝线将静脉断端结扎。用缝合线将PE管上打结处膨大与周围的肌肉组织固定，用堵头封住PE管口。用生理盐水清洗伤口，缝合皮肤。给大鼠穿上特制马甲，将背部的静脉插管以马甲固定，防止大鼠啃咬。手术后休息4~6天，每天用12万单位的青霉素钠溶液保持插管畅通。随后进行自身给药实验。

（2）形成训练　在成瘾行为形成训练过程中，动物通过进行一定的实验操作（如压杆或者鼻触）得到一次药物注射，通常还会伴有一个灯光或者声音，提示任务的开始。同时在动物做出操作后，会有不同的声音提示操作的成功或者失败。采用平衡设计，将两个鼻触孔中的任意一个设定为有效鼻触孔（active poke），大鼠对有效鼻触孔的鼻触行为会引起注射泵启动，从而接受静脉注射甲基苯丙胺溶液。另一个孔则为无效鼻触孔（inactive poke），大鼠对此无效鼻触孔的鼻触行为只会被记录鼻触的次数，而不会产生其他的结果。整个过程中，训练参数的设置、条件刺激（声音或者灯光提示）、动物的响应操作都由电脑进行控制与记录。

根据实验需要，设置自身给药的实验程序，包括：率反应程序；时间间隔反应程序；续发指令程序；选择性程序；并存程序。率反应程序又分为：固定比率（fixed rate，FR）程序；可变比率（variable rate，VR1-100）；累进比率（progressive rate，PR）程序。时间间隔反应程序可以分为：固定间隔程序（fixed interval，FI）；可变间隔程序（variable interval，VI）。在自身给药五种实验程序中，率反应程序与时间间隔反应程序比较常用。其中最基础的也是必训的任务是固定比率程序。

①率反应程序：自身给药率反应程序要求动物必须在完成所规定的反应数后，才能得到强化药物。反应数的设置包括三种情况：固定的反应数，即固定比率（fixed rate，FR）；逐步递增的反应数，即累进比率（progressive rate，PR）程序；无规律变动的反应数，即可变比率（variable rate，VR1-100）。率反应程序重要的特点是响应率与注射次数之间存在直接相关性，可能导致血药浓度和药物体内蓄积的问题。当药物蓄积达到一定水平，可以反过来抑制动物的响应率。即便是短效药物，采用连续给药方式也可能在体内产生蓄积，抑制动物的响应率。

A. 固定比率（fixed ratio，FR）程序。这是最基础的强化训练程序。根据每得到一次药物注射所需要的操作数的不同又可分为FR1、FR5、FR10等，其中FR1是指每次压杆或者触屏都可以得到药物注射，而FR10是指每压杆或触屏十次才可以得到一次药物注射。常用的固定比率程序在FR1~FR50。在固定比率程序下，麻醉性镇痛药、精神兴奋剂、分离麻醉药、镇静催眠药等可以使动物产生自身给药行为。这个训练模式可以很好地检测一个药物是否具有强化作用。FR值越高，代表药物的强化能力越强，也就越容易成瘾。然而，当响应率水平较低时，药物在体内的蓄积是可能的原因之一。此外，药物作用时间的长短对响应率的高低也存在直接影响。采用下列方法可以减少药物蓄积对动物响应率的影响：确定药物维持最大响应率的最小单次注射剂量，以降低注射剂量，延缓药物蓄积；限定每个实验周期中药物注射的次数；设定不应期（time out）。

以甲基苯丙胺为例，如将程序设定为FR1，即一次有效鼻触行为会触发一次静脉注射，一次静脉注射一定量的成瘾物质，如甲基苯丙胺的量为0.05mg/kg（以生理盐水稀释为0.6mg/mL溶液）。实验开始时笼内环境黑暗，仅橙色有效鼻触灯亮，当大鼠完成一次有效鼻触行为后，有效鼻触灯灭20s，笼灯亮20s，注药泵启动并颈静脉给药一次，同时伴随有连续的蜂鸣器声音刺激约1s。有效鼻触后有20s不应期，不应期内的有效鼻触次数依然被记录，但是不会引起任何结果。不应期后，有效鼻触灯再次亮起，笼灯熄灭，大鼠即可再次获得药物。如此循环，2～6h为一个训练周期（session），每天训练一个周期。连续训练12～14天。

B．累进比率（progressive ratio，PR）程序。累进比率程序为动物得到一次药物注射所需要进行的操作数不断地增加。通常是以一定的系数方式增长，如2n（n为得到奖赏的次数）作为递增系数，在每次得到奖赏之前，动物需要踏板/鼻触的次数为2，4，6，8，12……当踏板/鼻触次数达到一定高点且难以完成时，则认为本次比率过高，于是定义上次得到强化药物注射的比率为断点（break point）。"断点"反映了动物为了获得药物注射愿意付出的劳动强度的大小，同时也是衡量药物强化效应奖赏效应的重要的指标之一。

②时间间隔反应程序

A．固定间隔（fixed-interval，FI）程序。固定间隔程序是预先设定好每两次强化药物注射之间的最小时间间隔（inter-injection interval），在设定时间间隔过去后，动物才可以得到强化药物注射。固定间隔程序动物的行为特点是：在实验开始阶段，动物的响应率较少或基本暂停。随后，响应率迅速增加，直至得到强化药物注射为止。研究资料表明：不同种属的动物，不同的强化药物，相当宽的固定时间间隔范围内都可得到特征性的反应模式。吗啡、酒精、可卡因等在固定间隔程序中可以形成自身给药行为。

B．可变间隔程序。可变间隔程序中强化药物注射的时间间隔并不固定，可以在一定范围内变动。与PR的训练过程一样，FI也可以逐渐增加，直到达到预定的FI值，但是与PR中存在断点不同，FI训练程序会产生一个扇形响应模式（scalloped pattern），即训练过程中，在间隔（interval）的早期，动物很少做出响应动作，但随着间隔的逐渐消失，动物的响应率（responding rate）也不断增加，呈现一个扇形。动物在可变间隔程序下常表现出中等水平的响应率，并呈现下降趋势。响应率的下降可能与药物的体内蓄积有关。由于强化药物注射的时间间隔是预先设定的，药物注射频率与响应率之间不存在直接相关性，可以对药物注射频率进行调节和控制，减少药物蓄积对响应率的影响。利用可变间隔程序，可以评价吗啡、可待因、可卡因、酒精等药物强化效应。

③续发指令（second-order）程序：续发指令程序由率反应程序和时间间隔反应程序共同组成，其中一个程序为另一程序的响应单位，即一个程序完成后，另一程序才开始启动。目前研究最多的是时间间隔反应程序和率反应程序的组合。例如，在FI 5min（FR30：S）程序中，FR30是FI程序的子程序。动物在FR30程序中完成30次操作后，给予2s灯光刺激，进入FI程序（时间间隔5min），再给予药物强化。随后是不应期，不应期过后重新开始新一轮FR30程序，当强化药物注射次数达到20次后，实验周期结束。在这样续发指令程序控制下，动物表现快速反应，FI阶段的响应率高。研究资料表明，实验过程中灯光刺激对动物的响应率及模式具有明显的影响。续发指令程序通常能比简单的FR或者FI引起更加高的响应率，因为根据经典的条件化理论，环境刺激本身也起到了一定的强化作用。这种程序通常可以很好地模拟和研究环境线索因素对于动物觅药行为的影响。

④选择性程序：在选择性程序中，实验笼设有两个踏板，每个踏板上方配有相应的信号装置，并且，踏板与药物和对照溶媒（如生理盐水）或者同一药物的不同剂量相关联，通常采用复合控制程序。例如，设定动物每踩10次药物匹配踏板/10次有效鼻触可以获得药物注射一次，每踩对照踏板10次/10次无效鼻触可以得到生理盐水或另一剂量的药物注射。在动物分别获得每一侧10次注射后，设定30min不应期。然后，进入选择实验期。在选择实验期中，两个踏板及其上方的信号或鼻触灯同时接通。但是，一旦动物首次踩了某侧踏板/鼻触后，另侧踏板/鼻触及其信号便处于关闭状态。仍然要求动物踩踏板/鼻触10次才可获得一次注射。每一个实验周期后，设有15min不应期。

⑤并存程序：与选择性程序相同，并存程序同样需要两个踏板。在并存程序中，两个踏板分别由两个或两个以上不同的实验程序控制，并且同时处于工作状态。例如，一侧踏板设定为固定间隔程序，而另一侧踏板则设定为可变间隔程序。并存程序实验的目的是通过比较在不同程序控制下的响应率，分析强化药物的作用强度与维持反应有效性之间的定量关系。在并存程序评价可卡因强化作用的实验中，研究结果表明：高剂量可卡因相对反应频率明显高于低剂量条件下的反应频率，说明强化药物反应的相对频率与相对药物摄入量存在一定的相关性。

评价指标

自身给药实验最重要的两个评价指标分别是注射的药物量和动物的响应率（responding rate），即单位时间内动物进行响应操作的次数。这两个数据都可由电脑软件进行实时记录。

注意事项

（1）训练环境要保持安静，以免分散动物的注意力，影响任务的完成。

（2）手术完成后观察大鼠的存活情况与生理状态　如大鼠还处于麻醉状态，体温较低，需保温3～5h。待大鼠清醒后给予足量的饮水和食物。观察其健康状况和生理状态。经常检查导管情况，是否出现堵塞、脱管等异常情况：手术恢复过程中皮肤切口愈合期可引起瘙痒，大鼠恢复后，常用腿挠头颈部，可能引起导管帽的脱落或插管脱出血管。脱落的导管帽要及时补充肝素和加上导管帽，以免导管阻塞。导管堵塞一般是由导管末端血栓引起的。采用生物相容性塑料、导管表面处理、用堵管液、定期冲洗插管等方法有助于防止插管堵塞。术后连续3天从导管先给予0.3mL青霉素抗感染，后给予0.1mL肝素钠溶液抗凝，保证导管畅通。经插管的大鼠进行单笼饲养。

（3）药物种类和剂量的选择很重要，尤其是要注意药物对动物运动机能的影响。对药物强化效应的判断需要需排除其它药理和毒理作用的影响。

（4）自身给药实验给药途径的选择非常重要，目前主要的给药途径有静脉途径、脑室途径、腹腔途径、口腔途径、吸入途径等。静脉给药途径是预先将导管插入并固定在静脉内。经过训练后，动物会主动踩压踏板、杠杆或者碰戳鼻触开关，接通注射泵，将药物注入体内。如果受试药物具有强化效应，则会增加动物踏板或者碰戳鼻触开关的次数。静脉给药容易出现插管脱落或堵塞、发生感染等情况。脑室途径则是对动物进行脑室定位并埋入导管，动物踏板或者碰戳鼻触开关后，可由导管向脑室注入药物。事先在动物皮下埋入针头，使之直达腹腔，当动物踏板、杠杆或者碰戳鼻触开关时，启动输液泵，完成药物腹腔注射。口腔途径即口服给药最大的优点是方法简单，不需要手术，无须对动物进行特殊维护，可进行周期较长的实验，但需要注意口味因素对实验的影响。

（5）分析自身给药实验数据时，应该注意①受试药本身可以使动物建立稳定的自身给药行为，表明受试药可能存在精神依赖性；②受试药可以替代标准药（如吗啡）维持动物已形成的自身给药行为，表明受试药可能存在精神依赖性；③比较不同药物在等效ED50倍数剂量条件下的反应次数，或比较产生类似压杆/鼻触模式的药物剂量，对受试药精神依赖性潜力进行定量评价；④在自身给药行为实验中，急性或慢性给予干预药，观察动物自身给药的响应率、模式、标准药摄入量的变化等，评价干预药对药物成瘾的治疗作用。

讨论和小结

自身给药是目前应用最广泛、研究最深入的成瘾行为学实验，同时也是众多成瘾动物模型中相对稳定而可靠的，是研究药物奖赏效应和药物成瘾行为最重要的模型之一，也是认可度最高的一个模型，被称为成瘾模型中的黄金标准。阿片类（吗啡、海洛因、可待因）、中枢神经系统抑制剂（巴比妥类，苯二氮䓬类）、中枢神经系统兴奋剂（甲基苯丙胺、苯丙胺、可卡因）、麻醉性镇痛药物、尼古丁、酒精等具有正性强化作用，在一定的实验条件下，大多可以形成稳定的自身给药行为。

二、消退 / 重建行为实验

消退/重建行为实验（extinction/reinstatement schedules）既是评估成瘾的一个特征性行为的实验，又可以看作是基于物质成瘾行为形成训练之后进一步延伸的一种训练程序。消退训练是指中断强化后，动物按压杆或鼻触之后得不到药物，给药停止后，反应曲线开始是突然增加，这个现象后来被称为消退反跳（extinction burst），后来压杆或鼻触反应逐渐减少，直至消失。对于已经消退的反应，如果再次给予一个刺激（例如自身给药训练用的药物或条件性信号）进行诱导测试，原来的行为会重新建立起来，这个现象称为重建（reinstatement）或恢复，给予刺激这一个过程称为"点燃"（priming）。

实验装置

同自身给药行为实验，如果是基于条件性位置偏好（conditioned place preference，CPP）训练形成成瘾行为进一步进行的消退/重建实验，则实验设备同条件性位置偏好行为实验。下文以自身给药行为实验为例进行说明。

操作步骤

在已形成药物成瘾自身给药行为的动物模型基础上进行的消退/重建行为实验。

1. 消退训练

完整的消退训练要求有足够的训练时间和次数，每次2h，通常2周以上，采取环境消退的方法，即将大鼠放入始终保持黑暗环境的训练笼内，消退过程尽量避免出现原来的各种条件性刺激信号（如灯光、声音等），也不给予甲基苯丙胺注射，系统只记录有效鼻触数和无效鼻触数。如出现连续三天有效鼻触数和无效鼻触数均在10次以内则视作消退成功。这个实验设计是最常用的"训练间"（between-session）设计，这个设计对于同一个诱导因素来说通常只能测量一次，如果反复测试反应会快速下降。还有一种就是"训练间/训练内"（between-within）设计，自身给药训练结束后，先停药一段时间（abstinence），消退和诱导重建测试在同一个测试期内完成。消退训练用来衡量药物的动机成分（motivational properties）。

2. 行为重建

常用的诱导行为重建的方法根据不同的原理分为三种。

（1）药物相关的环境线索（drug-related environmental cue） 训练用的笼子，药物注射相伴的灯光、注射泵的声音等都可以诱导行为重建，环境信号可以分为三种，涉及的中枢机制有区别。

①实验笼环境线索（context cue）：消退训练需要使用一个完全不同的环境，消退程序和自身给药训练一样，灯光声音都在，而没有药物注射，行为消退后，当动物重新返回原来的训练环境，反应又重新被诱导出来，这个方法又称为"renewal procedure"。如果不经行为消退，停药一段时间直接把动物放入原来的训练笼进行测试，结果是停药实验越长（大概2周至1个月），反应越强，这个现象被称为"潜伏（incubation）"。

②间断的环境线索（discrete cue）：指的是与药物注射相伴的环境刺激信号如声音（注射泵）、灯光等。测试前需要进行行为消退训练的，测试用的这些环境线索应避免在消退训练中出现，否则无法进行后续重建测试。

③辨别线索（discriminative cue）：辨别线索不同于前二者的是，只有当这个线索信号出现的时候，反应才得到强化。例如用两个不同频率的声音，其中一个频率出现的时候反应得到奖赏，另外一个频率出现的时候反应得不到奖赏。这个信号也可以用来诱导行为重建。

（2）药物（drug priming） 自身给药行为消退后，如果通过外周或中枢人工给予一次训练用的药物注射，能够非常稳定地诱导出已经消退的自身给药行为。程序设置与药物相关线索诱导重建相同。根据实验需求，还可以使用具有相同药理作用机制的同一类药物进行诱导。或者和自身给药训练的药物在药理学上不同类别的药物进行诱导，称为交叉诱导。

（3）应激（stress） 应激模拟了生活中的负性事件，这通常是导致复发的原因之一。足底电刺激是最常用的应激方式，应激和环境有关，通常只有在训练笼中给予足底电刺激才能诱导觅药行为，通常测试前15min连续给予电刺激。食物剥夺也可以理解为一种应激事件，长期限制食物可以诱导觅食行为而且也能增强药物诱导的觅药行为。

（4）根据需要进行两种诱导方式联用的，如在另一个完全不同的环境中完成消退训练后的大鼠，低剂量甲基苯丙胺+条件线索诱导重建：大鼠腹腔注射低剂量甲基苯丙胺（1mg/kg），5min后将其放入自身给药训练箱。程序设置与条件线索诱导重建相同。

评价指标

和自身给药实验一样，有效反应（如鼻触/压杆行为）发生的次数和频率是消退/重建行为实验的核心评价指标。在消退训练期间，有效反应逐渐下降，说明消退行为模型成功建立，在重建时有效反应迅速回升，如图8-2所示。此外，行为重建还会激活一系列其他过程，例如大鼠运动量开始增加，而且会围绕压杆转来转去，甚至牙咬压杆等。

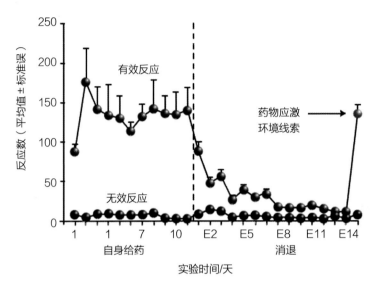

图8-2 消退/重建模型实验流程

引自Shaham et al., 2003。

注意事项

（1）消退训练和诱导重建往往在一个训练周期中完成，消退训练的方式和诱导重建的方式密切相关，如与自身给药训练给药相关的笼子环境，药物注射相伴的灯光、注射泵的声音等都可以作为环境线索诱导行为重建，作为诱导重建的环境线索在前面进行消退训练不能出现，需要使用一个完全不同的环境线索，消退程序和自身给药训练一样，唯一的区别就是没有药物注射，当再次出现与药物相关的线索时，可以诱导行为重建。

（2）药物能非常稳定地重建已经消退的自身给药行为，相对而言，应激和环境线索诱导的重建成功率相对低一些。需要根据实验需求选择不同的消退/重建实验方案。

讨论和小结

停药/复发行为是药物滥用和成瘾的核心特征，动物模型中在操作行为中的消退/重建现象也能很好地重复人类药物滥用的停药/复发行为。同时，在复发模型研究中，觅药行为强度与形成训练时所摄入的药物总量，接触的药物次数、频率、时长相关，也是决定停药后复发行为强弱的关键因素。

三、强迫性用药行为

　　根据习惯性行为假说，在成瘾药物长期使用后，对药物的奖赏效应出现耐受，但其用药行为却有增无减，同时其用药行为的性质发生了关键性转变，主要表现为药物相关环境和线索下难以转移的、自动化的觅药用药行为（习惯性行为），具有明显的"强迫性"的特征，强迫性用药和觅药行为被认为是药物成瘾最显著、最核心的行为特征，是药物成瘾难于治愈、造成成瘾者严重自身危害和引起巨大社会危害的根本原因。在动物行为实验研究中已发现，进行自身给药训练时，动物尽管出现自主觅药行为，但是其中部分动物有可能仅是"药物喜好"（drug liking），而非"药物成瘾"（drug-addicted）。该假说的提出，开辟了药物成瘾神经生物学机制研究的一个新领域药物。

实验装置

　　基于操作性自身给药行为实验进行的强迫性用药行为实验，实验设备同自身给药行为实验。

操作步骤

　　研究表明，成瘾药物的使用从偶然用药到规律用药、最后发展到强迫用药需要某种强化的自身给药训练方式。目前常用的强化方式如下：

　　（1）长时程递增性自身给药训练（extended access或称long access）　目前较常采用的是Ahmed和Koob建立的长时程递增性自身给药训练。首先，所有的大鼠都经过连续5天，每天2h的FR1自身给药模型训练，根据5天内的甲基苯丙胺摄入量将所有大鼠平均分为两组，一组通过延长大鼠的每天自身给药训练时间（每天训练大于6h）而增加甲基苯丙胺的摄入量，建立长时程甲基苯丙胺自身给药模型，如图8-3所示，长时程训练组（long access，LgA），发现大鼠每天的注射次数和摄药量随用药天数的延长逐渐增加，体现了强迫性用药中不能控制用药频度和药物摄入量的行为特征；而另一组继续维持每天1～2h的训练时间，建立短时程可卡因自身给药模型，如图8-3所示，短时程训练组（short access，ShA），其注射次数和药物摄入量在整个用药周期内始终保持恒定。进一步研究表明，延长动物与药物的接触时间从而增加药物的摄入量，是从规律性用药发展到强迫性用药的关键。

　　（2）延长自身给药的训练次数（prolonged或extended training，>50次训练，1次/天）　可以使动物克服压杆行为伴随的足底电击惩罚，从而造成持续的强迫性觅药行为。有研究使用比较了最多25次和超过50次训练的两组动物，发现训练次数较少的实验组没出现能够抵抗足底电击

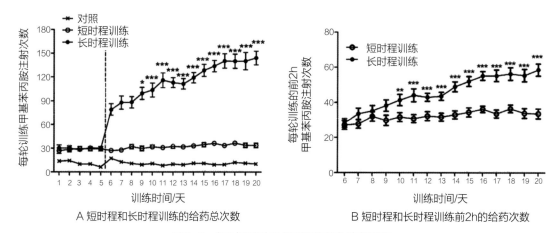

A 短时程和长时程训练的给药总次数

B 短时程和长时程训练前2h的给药次数

图8-3　短时程和长时程递增自身给药训练

修改自Shi JJ，Cao DN，Liu HF，Wang ZY，Lu GY，Wu N，Zhou WH，Li J. Dorsolateral striatal miR-134 modulates excessive methamphetamine intake in self-administering rats. Metab Brain Dis. 2019 Aug;34 （4）:1029-1041. doi: 10.1007/s11011-019-00430-3. Epub 2019 Jun 1. PMID: 31152340。

而继续觅药的动物。

（3）觅药取药链与足电击配合的训练方式　觅药取药链（seeking-taking chain）的实验目的与续发指令程序（second-order schedule）、累进比率的断点实验有部分共同之处，均强调考察药物导致的觅药动机。续发指令程序的给药间隔以小时甚至天为单位，能够排除成瘾药物的急性药理学影响、并可观察条件性刺激对药物渴求的影响。续发指令程序和累进比率的断点实验均没有把取药行为从觅药行为中分离，作为单独的参数考察。觅药取药链的特点是在实验过程中能够区分动物的觅药行为与取药行为。例如，增加可卡因静脉注入剂量（即增加奖赏值）可导致自身给药动物的觅药次数上升，但不影响取药次数。动物进行觅药取药链训练所使用的训练箱采用了斯金纳箱的原理。箱内设有两个可伸缩的压杆。在训练开始时仅一侧压杆处于伸出状态（此为觅药杆）。在平均为60s或120s的随机时间内完成压杆任务并且随机时间结束后，另一侧压杆伸出（此为取药杆）。此时动物压1次取药杆，触发可卡因的静脉泵入。

评价指标

核心评价指标同自身给药行为实验，即注射的药物量和动物的响应率，响应率又可以分为有效反应和无效反应两个指标进行评估。

注意事项

强迫觅药模型的产生需要长期的自身给药训练，加上训练过程中各种意外故障，整个训练过程常常超过2个月。在此过程中，经常发生堵管、漏管、插管脱落、静脉萎缩甚至严重感染等问题，导致训练中途失败。

1. 饲养环境

预防感染是静脉插管长期维持的重要前提，维持室内合理的温度、湿度以及换气效率对动物实验环境的清洁卫生极为重要。屏障动物实验设施是自身给药动物饲养的理想条件，不过在普通饲养环境内如果能够保持一定的温湿度及清洁度，也可满足自身给药动物静脉插管的长期维持。

2. 插管在静脉外的固定方式

常见插管固定方式包括帽式圆盘皮下埋植法、背部马甲法、颅骨外牙科水泥固定法等。其中，背部马甲法对插管的长期维持有相对便利之处。例如，发生堵管、漏管、插管脱落时能够将所有接口拆下，以便排查原因；训练期间中，当一侧静脉不能继续使用时，可以把整套插管装置卸下，在对侧进行静脉插管，并再次接入马甲。

3. 营养强化

插管导致静脉血液回流功能丧失，加上给药期间动物进食量不足，插管处静脉容易出现管壁变薄、变脆直至萎缩等现象。因此，适时暂停训练、适当补充复合维生素及高热量饲料有利于减缓血管壁结构与功能的退化。

讨论和小结

强化的自身给药训练方式可促成动物的强迫觅药行为的形成。与其他用药行为动物模型相比，强迫性用药和觅药行为的动物模型能更真实模拟人类的药物成瘾行为，建立强迫性觅药行为特征的动物模型，探索规律性用药向强迫性用药行为转化的机制，有助于我们更准确地理解药物成瘾的神经机制，为研发临床干预治疗物质成瘾患者的方案提供研究工具。

大鼠经历成瘾药物（如可卡因、酒精和甲基苯丙胺等）的长时程自身给药训练后，除了体现出摄药量递增外，也可观察到成瘾的其他行为学特征：①如经过短时或长时用药训练的大鼠，在戒断30天后接受相同的药物剂量注射点燃，长时用药大鼠较短时用药的大鼠的精神运动敏感化显著增强，提示长时用药训练的大鼠在接触较大剂量药物后具有更高的觅药动机；②如以往研究将短时、长时自身给予可卡因及长时自身给予蔗糖训练的大鼠进行电击-条件刺激（如声音）匹配训练，结果显示，当呈现与电击匹配的条件刺激时，短时用药训练和长时自身给予蔗糖训练的大鼠的压杆次数受到显著抑制，但长时用药训练大鼠的压杆行为不受影响，同时条件恐惧实验并无显著差异，说明长时用药训练大鼠的压杆行为不受电击条件线索影响不是因为大鼠没有学会条件性恐惧，而是经过长时用药训练后，负性后果不能阻断大鼠的用药行为，即长时用药训练大鼠出现了不计后果的用药行为，证明所有的大鼠都对负性惩罚的敏感性降低（即惩罚抵抗）；③强化训练的动物行为敏化不受用药环境的调控，觅药用药行为不受条件线索、环境等的影响，即表现出觅药用药行为的失控，复发倾向性也显著增加。

在强迫性觅药行为的造模中，经常采用觅药取药链与足底电击的配合，用惩罚抵抗来反映成瘾动物的不计负性后果的强迫性用药觅药行为。为了观察惩罚对觅药动机的影响，通常在动物压觅药杆时以一定的概率触发足底电击或奎宁等厌恶性刺激。研究显示，在长期主动甲基苯丙胺和酒精等药物接触史的动物中，当出现对用药行为的负性惩罚，如足底电击或奎宁时，并不能抑制部分动物的用药行为，表现出对惩罚的抵抗。如果动物能够克服足底电击，完成觅药行为的压杆任务，则进入取药期，说明这些动物形成了强迫性用药。可见，觅药取药链与负性惩罚的配合，能够观察惩罚对觅药动机的影响，并可以筛选出具有强迫性觅药特征的动物。值得一提的是，在经历与成瘾性药物相同训练的长时程蔗糖或食物自我摄取大鼠中并未观察到对于惩罚的抵抗，表明惩罚抵抗与药物引起的损害有关，而不是一般的操作性行为或习惯。进一步研究发现，在长时程可卡因自身给药训练中，即使可卡因的获得是在不同环境下、伴随不同的条件性刺激和不同的操作性反应，形成后都表现出对惩罚的抵抗，提示惩罚抵抗与药物接触的时间（即增加其摄入量）有关，但药物及其相关的线索配对出现的次数并不是必须的。因此，目前根据药物成瘾患者行为特征和已建立的强迫性用药动物模型中可以得出，长时间大剂量的药物接触是强迫性用药行为形成的关键。

强化的自身给药训练方式可促成动物的强迫觅药行为的形成。与其他用药行为动物模型相比，强迫性用药和觅药行为的动物模型能更真实模拟人类的药物成瘾行为，建立强迫性觅药行为特征的动物模型，探索规律性用药向强迫性用药行为转化的机制，有助于我们更准确的理解药物成瘾的神经机制，为研发临床干预治疗物质成瘾患者的方案提供研究工具。

四、非操作性自身给药行为实验

与操作性自身给药行为实验相区别，非操作性自身给药行为实验不需要实验动物通过压杆或鼻触等行为方式获得药物，而可以直接获得药物，如通过口服的方式直接饮食饮水获得药物。非操作性自身给药行为实验特指酒精口服自身给药行为实验，该实验动物自主直接获取含有酒精的饮食（水、半固体饮食等），很好地模拟了人类喝酒行为。

实验装置

该方法不需要特殊的实验设备，在实验环境中，通常同时提供两个饮水瓶，一个装普通的饮用水，另外一个装含有酒精的水即可，动物可以完全自主地选择饮酒或水。或者按照一定比例配置的含有酒精或不含酒精的半固体饮食。该方法简单易行，而且结果稳定易重复，成为研究酒精成瘾行为的最佳模型。下文以SD大鼠为例进行说明。

操作步骤

慢性酒精刺激方法：

（1）目前常用Turchan J. 等的方法将模型组大鼠饮水换成浓度为含6%乙醇的水溶液，对照组为纯净水，24h自由进食水，每天上午9点记录饮酒量或饮水量，并更换新配制的乙醇水溶液，并连续饮用30天，每间隔6天模型组及对照组大鼠称体重1次，每隔7～10天左右在下午3点取大鼠尾静脉血0.3mL测血液中酒精浓度，直至实验结束。

（2）NIAAA慢性酒精自主饮食小鼠模型　应用Lieber-DeCarli的方法制作半固体对照饮食和酒精饮食。除该半固体饮食外不予其他食物和水。动物每天的精神状态、生理状态、体重和饮食量都精确称量并记录。

评价指标

（1）戒断后酒精自由选择实验　连续饮酒精30天的大鼠，停止饮用后4～6h，将2只分别盛装浓度为6%乙醇的水溶液和纯净水的饮水瓶放置于饲养笼中，放置时间为4h，两个瓶子的位置定期随机更换，记录4h期间模型组和对照组大鼠饮酒量及酒精偏爱（酒精消耗量/酒精和水溶液总消耗量），基线水平为干预前3天持续摄入量检测4h。在戒断4～6h后的模型组和对照组酒精摄入量和酒精偏爱有显著统计学差异。

（2）酒精剥夺后饮酒量测试实验　在给予选择饮酒动物一定阶段的酒精刺激后，予以酒精剥夺14～28天，之后再次给予酒精饮食，可观察到动物饮酒量较之前有所提升。

注意事项

对于酒精口服自身给药，酒精含量至关重要，不能太低（如低于4%）达不到有效血药浓度，不能太高（如大于15%）有苦味，不容易被接受，合适的含量是8%～12%。考虑到酒精本身有味觉厌恶效应，为了使自身给药行为更容易建立，可以在开始阶段限制水供应，只提供含酒精的水；也可以从低浓度开始逐渐增加；或者采用蔗糖/酒精梯度，开始时酒精含量为零，只含蔗糖。随着训练的进行，蔗糖浓度逐渐减少而酒精含量逐渐增加，直至蔗糖浓度为零。酒精口服自身给药测量的实验指标是酒精饮用量和酒精/水偏好的百分比。

讨论和小结

由于影响酒依赖的因素很多，遗传、环境、饮食习惯等，动物模型很难完全模拟人类饮酒的全过程，而且不同品系的小鼠对酒精的敏感和喜好程度也存在很大的个体差异。同时，该行为学实验仅以饮酒量为核心指标，相对单一，需要进一步完善和丰富。

五、条件性位置偏爱／条件性位置厌恶

条件性位置偏爱（conditioned place preference，CPP）是一个从低等动物到高等动物都普遍存在的现象。如果在一个地方得到过奖赏或愉悦的体验，那么生物体就会偏好这个地方，比没有得到过奖赏的地方停留的时间多；如果在一个地方得到过惩罚或不愉悦的体验，那么生物体就会回避这个地方，这就是条件性位置厌恶（conditioned place aversion，CPA）。根据条件反射原理，认为是将非条件性奖赏刺激（药物的强化效应）和某个中性条件刺激（环境，如条件性位置偏爱实验箱）通过巴甫洛夫条件反射建立了关联，反复联系后，中性条件刺激可以获得产生条件性反应的能力。它反映了"位置"信息的条件性奖赏效应。利用CPP现象可以评价自然奖赏以及药物奖赏，在药物成瘾研究领域得到广泛应用。下面以大鼠腹腔注射甲基苯丙胺诱导的条件性位置偏爱行为实验为例进行说明。

实验装置

CPP有商业化的大鼠、小鼠实验装置，因为装置简单，好多实验室也采用自制，所以各个实验室偏爱箱的制作并不完全相同。最经典的CPP装置由一个黑色和白色的有机玻璃盒子组成，黑盒子底部用有机玻璃，稍微加一点稀释过的醋，白色盒子底部放置一个金属网，下面放些锯末垫料。动物可以在黑、白箱之间自由活动，这样设置的结果是动物对任何一侧都没有自然的偏好，任何一侧都可以作为伴药箱或生理盐水箱。也可以是三箱，多一个中间小的过渡箱体。实验时，将偏爱箱放入通风、隔音和有特定光照强度的设备内，动物在偏爱箱内的活动可以通过计算机检测和记录。如大鼠条件性位置偏爱CPP装置购于上海吉量软件科技有限公司。CPP箱由三个箱子组成，左右两侧为等大黑色、白色箱体，中间为灰色较小箱体，三个箱体间由小门连接，小鼠可以自由通过。左右两箱大小分别为：大鼠60cm×40cm×40cm（长×宽×高），中间箱40cm×6.5cm×60cm（长×宽×高）；小鼠38cm×17cm×37cm（长×

宽×高），中间箱7cm×17cm×37cm（长×宽×高）。测试时将大鼠由中间箱放入装置内，三箱之间有小门可供大鼠在装置内自由穿梭，另配备40cm×40cm大小的活动挡板可阻断三个活动箱。左右两侧大鼠活动箱由视觉和触觉的双重线索加以区分，左侧活动箱内侧墙壁为黑色，地板为铁质网格状；右侧活动箱内侧墙壁为白色，地板为铁质条纹状。CPP箱顶部盖子上有灯光调节装置及视频追踪系统。左右两箱光线照度固定为40lx，中间箱光线照度可调整到高于黑、白两箱，以减少小鼠在中间箱的停留。CPP视频追踪系统由摄像系统和分析软件组成。位于左右两箱顶部的摄像装置通过画面分割器与计算机连接，能够同步追踪大鼠在CPP箱内的活动情况，并可摄像保存视频文件。采用上海吉量动物行为分析软件，可获得大鼠在三箱内分别停留的时间，左右两箱内活动的路程，以及穿梭次数。装置见图8-4和图8-5。

图8-4　条件性位置偏爱
CPP装置-CPP训练箱
（上海吉量软件科技有限公司）

图8-5　CPP测试中的大鼠

操作步骤

条件性位置偏爱实验分为三个阶段：预测试期（第1～3天）；训练期（第4～11天）；测试期（第12天）。

1. 预测试期（第1～3天）

将大鼠置于CPP箱中，自由穿梭15min，连续3天，并在第3天（定义为实验第0天）记录小鼠在各箱体停留的时间、距离及穿梭次数；应剔除对任何箱体有明显偏好（停留时间多于67%总时间）或厌恶（停留时间少于33%总时间）的动物；非偏设计：两侧箱体停留时间应无明显差异，基线结果约为360～370s，可随机选择一半动物黑箱给药，一半动物白箱给药；如实验动物有偏好，宜采用有偏设计，选择非偏好侧（停留时间更短侧），作为给药侧。

2. 训练期（第4～11天）

可以根据实验需要采用连续训练和隔天训练方案。

（1）隔天训练方案　第1、3、5、7天给药（腹腔注射），并在给药后立即将大鼠放置于给药侧，关闭小门，45min；第2、4、6、8天给予等体积生理盐水（腹腔注射），并在给药后立即将大鼠放置于非给药侧，关闭小门，45min。

（2）连续训练方案　每日上午给药（腹腔注射），并在给药后立即将小鼠放置于给药侧，关闭小门，45min；隔8h后给予等体积生理盐水（腹腔注射），并在给药后立即将大鼠放置于非给药侧，关闭小门，45min；连续训练3~4天。

3. 测试期（第12天）

将大鼠置于CPP箱中，自由穿梭15min（900s），记录大鼠在各箱体停留的时间、距离及穿梭次数。

评价指标

条件性位置偏爱实验的观察指标包括：

（1）动物在伴药箱停留时间　如果大于非伴药箱停留时间或伴药箱基线值，则认为条件性位置偏爱效应形成，说明受试药对动物产生了正性强化效应；如果小于非伴药箱停留时间或伴药箱基线值，则认为产生了条件性位置厌恶（conditioned place aversion，CPA）效应，说明受试药具有负性强化效应（厌恶效应）。

（2）CPP值　CPP值=伴药箱的测试时间-伴药箱的基线时间，也有研究计算为CPP值=伴药箱的测试时间-非伴药箱的测试时间。

（3）偏爱分值　伴药箱停留时间/（非伴药箱停留时间+伴药箱停留时间）×100%。

（4）穿梭次数　体现动物的自主活动性。实验证明大多数的成瘾药物都能引起CPP和CPA，这取决于给药剂量的不同。而且成瘾动物给予撤药操作后通常可以引起CPA。

注意事项

（1）在CPP实验中，与药物建立关联的刺激不是空间"位置"信息，而是视觉、触觉和嗅觉刺激。这三种刺激究竟哪个与药物的强化效应关联最为敏感可能因药物而异，而且专门针对这个问题的研究很少。以吗啡为例，单独的视觉刺激或视觉加触觉就可以建立CPP行为，目前还没有文献报道是否三种刺激比单独的一个刺激更敏感。

（2）吗啡是CPP实验研究最多的药物，大鼠有效的剂量范围很宽（0.08~10mg/kg）而且灵敏，很低的剂量就可以建立CPP行为。虽然通常训练用8天时间（4天药物，4天生理盐水），一次药物和生理盐水训练即可建立吗啡CPP行为。吗啡CPP行为维持的时间也很长，有报道三次训练一个月后仍然可以观察到CPP。

（3）大鼠的天然偏爱是黑箱，因此，常将白箱设定为伴药箱。这种设计是非平衡（unbalanced）或偏好（biased）设计，动物自然地偏好一侧，相对不喜欢的一侧则作为伴药箱。对于偏好设计，需要前测实验（pre-testing）来探明动物对哪一侧天然的偏好，相对不偏好的一侧通常作为伴药侧，当然无法进行平衡分组。另一种实验设计称为平衡（balanced）或非偏（unbiased）设计。在非偏设计中，动物对两侧都没明显的偏好，平衡分组很重要，一组使用一侧为伴药侧，还要增加一组使用相对的一侧作为伴药侧。

（4）实验结果与非偏和偏好设计有关，例如在非偏设计中，可以观察到吗啡处理的大鼠对纳洛酮厌恶行为（CPA），而用偏好设计就观察不到。实验结果的不同很大程度上是因为基线和天花板效应，在偏好设计中，通常是动物不喜欢的一侧作为伴药侧，纳洛酮的CPA行为要求对这一侧更不喜欢，已经触及了行为基线。

（5）CPP测试是在无药的状态下进行的，可以排除药物的其他作用对行为的干扰，实验结果最直接的解释就是药物的奖赏效应。当然也无法排除另外一种可能：好奇本能（novelty seeking）和状态依赖记忆（state-dependent memory）。可以这样来理解，伴药箱在训练时有药存在，而测试时无药，因为状态依赖记忆，测试时伴药箱相当于一个新环境（状态依赖性记忆的缘故），动物在伴药箱停留增加可以解释为好奇。有文献报道单独的新奇刺激无法建立CPP行为，训练时单独暴露一侧，测试时不会对另外一侧偏好；也有报道可以排除状态依赖的记忆，有吗啡的状态下测试结果和无药是一样的；而且在三箱实验装置里，测试时对于动物来说中间箱是新的区域，一样可以建立对吗啡伴药侧的偏好。

（6）即使有明显偏好的老鼠，用偏好设计的方式可以继续用于训练和测试。在后续分析中，为了保证结果的平衡可以考虑删除此测试值；但是如果预测试时，大鼠表现出极度的偏好（某箱停留时间超过800s）并明显影响了整组结果，可以考虑使用其他测试。

（7）CPP评分可能变化非常大，甚至可能出现在给药组中出现厌恶评分，但是不应该剔除这些结果，除非该结果是统计学上的离群值。

（8）测试前，将大鼠提前1～1.5h置于行为学测试房间内，并将笼子置于便于将大鼠转移到测试箱的位置，尽量减少对动物的干扰，可以关闭产生噪声的相关仪器，如风扇等。每次更换老鼠时，用较温和的酒精擦拭箱体，注意底板下面也应清洗。

讨论和小结

条件性位置偏爱实验是研究药物奖赏效应的常用的、有效的反应性强化模型。条件性位置偏爱实验，与静脉自身给药相比动物不需要手术，省时省力周期短，设备简单，动物不受操作式运动方式的影响等优点，主要用途：①测定药物的奖赏效应；②研究其他药物对成瘾性药物诱导条件性位置偏爱形成和表达的影响，筛选和评价成瘾治疗药物；③探讨不同成瘾性药物诱导条件性位置偏爱的神经生物学机制。因此被广泛应用于药物依赖性潜力初筛、药物奖赏效应机制研究。该方法不仅对药物的奖赏效应敏感（CPP），而且对药物的厌恶效应同样敏感（CPA），而自身给药实验对中性与厌恶效应则难以区分。缺点是因为个体差异大，所需动物量就大，假阳性率也高，而且缺乏非人灵长类和人体实验数据，无法有足够的数据进行横向比较，因此在药物滥用潜力评价体系中很少把CPP作为关键技术。

六、药物辨别行为实验

药物鉴别（drug discrimination，DD）行为实验是一种研究药物主观效应的行为药理学方法，它可以判断一种药物在控制行为方面是否具有辨别刺激功能，即能否使动物辨别或区分两种或两种以上的药物情形，继而产生不同的行为反应。该方法主要观察药物的主观体验，药理学上具有选择性，可以反映体内受体的相对重要性以及分布，也是对药物精神依赖性评价的主要方法之一。药物辨别实验既可以评价药物主观效应的差异，又观察各种干预手段对药物主观效应的影响。早期的状态依赖性学习研究大都是利用迷宫行为作为学习模型，所以药物辨别实验也常用迷宫作为实验设备，例如T-迷宫。发展到后来的斯金纳操作箱成为药物辨别实验的标准设备。T-迷宫下的行为需要大剂量的药物处理，而操作箱下的行为动物对药物训练剂量敏感性和选择性大大提高。

实验装置

常用的两种药物辨别实验装置有T-迷宫（T-maze）和双踏板操作行为箱（two lever operant behavior box）。

1. T-迷宫

迷宫是广泛用于研究空间学习、交替行为、条件识别学习和工作记忆的器具。根据它的模块化设计，T-迷宫系统能够以不同的配置运行。T-迷宫使用的是食物常用这一模型来研究动物的空间工作记忆（spatial working memory），即测定动物只在当前操作期间有用的信息。经改进后的T-迷宫也可用来评价参考记忆（reference memory），即记录在这一实验中任何一天、任何一次的测试都有用的信息。

实验装置同第二章第二节。

2. 双踏板操作行为箱

如图8-6为双踏板操作条件反射箱，箱内一般配备两个压杆/踏板/鼻触，供动物自由选择，以及一个食物奖赏（颗粒食物或糖水）装置或惩罚（电击）装置，可以提供定形、定量的食物和电击惩罚。可将一个踏板设为药物压杆（drug lever，D），另一个设为训练时的非药物踏板（non-drug lever，N）或药物2踏板。鉴别

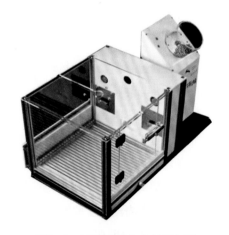

图8-6　双踏板操作条件反射箱
（安徽正华生物仪器设备有限公司）

箱一般安放在通风、隔音、避光的外箱中。动物踏板程序、行为反应模式、食物分配及电击的流程均由计算机控制。

操作步骤

药物鉴别实验包括起动训练（initial training）、辨别训练（discrimination training）和辨别测试三个阶段。其中替代实验（substitution test）是常用的测试手段。

1. 起动训练

以每天作为一个训练期（session），训练时间为30min，训练次数为20次，达到任何一个要求将终止实验。双踏板操作箱的底板设有格栅，可以通电，提供电击惩罚。实验第一步：底板格栅每隔4s发送1s 1mA电刺激，直至大鼠踏板一次，才可终止电击，并记录大鼠完成一次训练。45s后，开始下一次训练。多次重复训练迫使大鼠形成遇到电击就踏板的行为模式，直至大鼠在30min内完成20次训练才能记录为合格大鼠。第二步：训练大鼠选择性踏板，即踏正确板终止电击，踏错误板或不踏板则连续遭受电击，直到踏板正确，记录大鼠完成一次训练。30min内完成20次训练的大鼠记录为合格。

此过程中也可以选用食物奖赏进行训练。以大鼠接受1h训练或得到100次食物强化为1个实验期，每天进行1个实验期的行为训练，并由FR1逐渐递增至FR10。当大鼠在FR10程序下能够稳定获取食物颗粒。

2. 辨别训练

采用重复交替训练法，即药物/药物/盐水/盐水/药物/药物/盐水/盐水……训练前30min注射，以4个实验期为1个训练周期。观察每日训练的数据，并根据先前训练程序的数据调整训练参数。药物浓度增加并一直维持在某个浓度。以大鼠在1个训练周期内反应正确率达80%以上为合格，FR值依次递增至FR10，记录大鼠的反应正确率及反应速率。通常大鼠药物辨别刺激的获得需要十几个到几十个训练周期。

当FR值增至10，大鼠连续2个训练周期有效鼻触率≥80%时，能够稳定辨别一定浓度甲基苯丙胺或海洛因与生理盐水后，进入药物辨别测试阶段。

3. 辨别测试

分别给予不同剂量的药物（一般为四个剂量）和其它待测新精神活性物质进行替代测试。为巩固大鼠在辨别训练阶段形成的辨别行为，保证实验的准确性，通常训练和替代实验交替进行。

替代实验（substitution test）是常用的测试手段，替代实验包括两个方面，其一，训练药物不同剂量的替代实验；其二，受试药物替代受试药物的实验。受试药物可以是生理盐水和药物、两种不同的药物、同一种药物的不同剂量甚至是同一药物的不同异构体等。记录建立稳定的药物辨别行为需要的训练时间、辨别准确度。

评价指标

1. 辨别训练的评价指标

辨别训练合格的评价指标为，采用FR=5训练程序时，合格大鼠评定标准为：①踏板正确率大于90%；②每个实验期第一次训练中错误踏板数低于5。连续8实验期达到上述要求，说明大鼠已经具备药物与非药物的鉴别能力，可以进行测试。

2. 替代实验的评价指标

主要有三个实验评价指标：建立稳定的药物辨别行为需要的训练时间、辨别准确度以及替代能力。在一定范围内，训练药物或替代药物的剂量和相应踏板反应的正确率之间呈线性相关，通过线性回归分析，可以计算回归方程和药物鉴别反应ED50，定量分析和比较药物鉴别刺激的强度。替代实验结果分为：①药物鉴别行为形成的速率，达标时间的长短可以衡量药物鉴别刺激的效应强度；②每个训练期的首次踏板正确率。首次踏板正确率反映动物感受药物精神效应的能力以及做出适当反应的能力。首次踏板正确率越高，说明药物的主观效应越强；③药物鉴别动物踏板正确率反映动物区分和鉴别药物主观效应的准确性，分为①准确性高（持续选择正确反应）。药物鉴别动物正确踏板率大于75%，说明受试药与训练药的药理作用特点极其相似，受试药物可以完全替代训练药物；②中等（能鉴别，偶有失误）。药物鉴别动物正确踏板率在25%~75%，说明受试药与训练药的药理作用特点可能存在相似之处，受试药物可以部分替代训练药物；③无准确性（不能区别药物和非药物主观效应的差别）。药物鉴别动物正确踏板率低于25%，说明受试药难以产生训练药的鉴别行为反应，其药理作用特点不同于训练药，受试药物和训练药物之间无替代作用。

注意事项

为了有足够时间清除体内药物，训练一般一天一次，有药和无药隔天交替或随机。每次的训练时间也不能太长，一般30min。训练的第一个反应周期反映了动物获得药物辨别行为的程度。

每次替代实验前，应该选用训练药物不同的剂量和生理盐水进行验证实验，观察踏板正确率与剂量的关系，以及踏板速率变化的曲线，验证实验结果合理方可进行替代实验，以确保替代实验的准确性。

讨论和小结

药物鉴别实验不需要手术，而且动物维护简单。药物辨别实验具有很高的灵敏度，只是剂量越小需要的训练次数也越多。药物辨别也有很好的特异性，不同类别的药物具有完全不同的辨别效应。目前主要用于辅助评价药物滥用和成瘾潜能。除了以上优点，药物辨别实验也有不少缺点，首先是实验一般需要很长的实验周期，通常需要1～3个月，因而实验劳动强度大。其次，作为一个研究药物滥用的动物模型，如果仅从精神药理学角度讲，药物辨别几乎没有任何模型表面效度。药物滥用主要是基于药物的强化效应（例如主观愉悦感），如果药物辨别也部分基于药物的主观感觉的话，那么就和药物滥用具有共同的基础，表现出部分表面效度。主观感觉可以分为三类：愉悦感（促进滥用）、厌恶感（抑制滥用）、中性感觉（与滥用无关）。然而研究表明依赖潜力和辨别效应的相关性并不强，也就是说并不是依赖潜力弱的药物辨别刺激也弱。而仅仅作用于外周的药物检测不到辨别效应。

七、脑内自身刺激

脑内自身电刺激（intracranial self-stimulation，ICSS）是一种操作性实验方法，通过电、药物以及光遗传技术产生刺激，激活脑内奖赏环路，机体为获得这些刺激表现出成瘾行为，是研究奖赏环路机制的重要手段，也广泛用于药物依赖性评价。

在ICSS的这个训练里，动物要学会以压杆或是触碰的形式将一个简短的电刺激输送到特定的脑区进行自我刺激，而这个脑区的选择通常是与奖赏通路有关的脑区。常见的可以被用来做ICSS刺激脑区的有内侧前脑束（medial forebrain bundle，MFB），腹侧被盖区（ventral tegmental area，VTA），外侧下丘脑（lateral hypothalamus，LH），黑质致密部（the substantia nigra pars compacta，SNC），前额叶皮层（prefrontal cortex，PFC）。在已有的研究中，也曾把海马（hippocampus）、杏仁核（amygdala）、蓝斑（locus coeruleus）作为ICSS的刺激位点。

在ICSS过程中，电流刺激通常包含一系列由正弦波或者矩形波组成的电刺激，刺激可以是单独的阳极刺激或者是阴极刺激（在兴奋神经元方面，阴极刺激更加有效），也可以进行交替极刺激。使用的电极可以是单极，也可以是双极。刺激的有效与否取决于刺激电极尖端的大小、电极放置的位置、刺激电流的强度、频率、刺激时间。在ICSS的训练过程中，电极的大小和放置位置不变，而刺激频率、电流强度、刺激时间三个参数通常是可以改变的，从而得到ICSS的奖赏阈值（reward threshold）。在确定的刺激参数下，奖赏阈值通常是稳定的。由于奖赏阈值可以定量地衡量刺激的有效性，因此可以用来评估大脑奖赏通路的功能的变化以及研究药物对于脑内奖赏通路的影响。ICSS阈值的降低意味着大脑对于奖赏的敏感性提高，实验动物要达到原来的奖赏刺激效果需要比原来更少的电刺激。反之，ICSS阈值的升高则意味着大脑对于奖赏敏感性的下降，要达到原来的奖赏刺激效果需要比原来更高的刺激频率或者电流强度。大多数成瘾药物停药后，都会使ICSS的阈值升高，这恰好模拟了人类在药物戒断后所出现的快感缺乏现象。

实验装置

脑内自身电刺激实验在操作箱里进行，通常配备的输入设备是压杆，同时需要给动物（通常用大鼠）埋置刺激电极。如图8-7所示为ICSS的训练设备。

操作步骤和评价指标

ICSS的训练过程包括习惯化、手术、恢复、训练、稳定阈值和测试六个阶段。实验一开始，实验动物被放入实验房中熟悉环境和操作设施。然后利用外科手术，将电极植入动物的特定脑区内（通常是外侧下丘脑、腹侧被盖区、内侧前脑束等），术后恢复至少一周后进入训练阶段，动物进入操

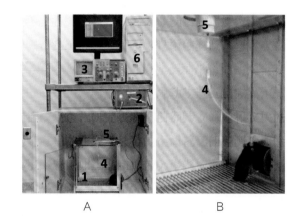

图8-7 ICSS装置图
1—颅内子刺激操作箱；2—电刺激器；3—示波器；4—软导线；5—换向器；6—电脑
A 实验装置；B 正在进行的小鼠ICSS测试

作箱内学习操作某个特定的操作器，例如转轮或压杆，得到一个电极埋置区域的电流刺激。当动物习得了这种自我刺激的行为后，改变刺激参数，得到一个奖赏阈值。每天用同样的操作得到奖赏阈值，待其达到稳定的数值后即可进入测试阶段。测试阶段就可以引入不同的实验操作，以判断这种特定的操作对于奖赏阈值变化的影响，继而研究其对于脑内奖赏通路的影响。

ICSS的训练过程因测定奖赏阈值的方法不同而主要分为以下两大类。

1. 独立实验电流程序（discrete-trial current-intensity procedure）

（1）操作步骤 这个过程由一系列独立的实验组成。每个实验都是以一个电刺激开始，紧接着电刺激后是一个7.5s的反应窗口，如果动物在窗口期内能做出反应（压杆、触鼻、操作转轮），就会得到一个与之前刺激完全相同的电刺激。动物在窗口期做出反应被称为正面反应（positive response），如果不做出反应则被称为负面反应（negative response）。在一个正面反应后2s的时间内的额外反应（extra responses）都不会引起任何结果，会被单独记录。不论是正面反应还是反应窗口结束时（负面反应）都会有一个10s左右（7.5～12.5s）的实验间隔，过程如图8-8A～C所示。在实验间隔内作出的反应被定义为超时反应（timeout response），会

给下一个实验带来一个12.5s的延迟。在训练的过程中，由超时反应带来的实验间隔和延迟时间会不断增加（例如，最初当动物在实验间隔做出反应，会有一个3s的实验间隔和1s的延迟惩罚。如果动物继续在实验间隔做出反应，这个实验间隔和延迟时间就会增加至5s和3s，以此类推），直到动物各次表现在标准的测试参数和固定的刺激下达到统一标准（通常动物在实验中做出正面反应的次数达到70%，即可认为达到要求）。在成功完成训练后，动物进入测试阶段。测试包括四个电流交替变化的系列测试阶段（下降—上升—下降—上升）。测试中，以三个实验数为一个组，在每个系列，组与组之间的电流以5μA递增或递减。整个测试阶段大概持续30～40min。具体的测试流程如图8-8D所示。在进行其他实验操作或处理之前，要进行数天

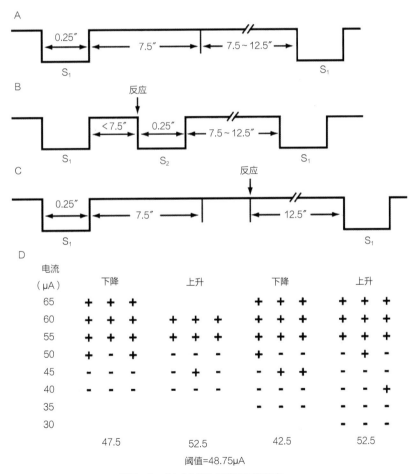

图8-8　独立试验电流强度程序

A 负面反应。电刺激S_1后面依次接一个7.5s的反应窗口和7.5～12.5s的试验间隔。

B 正面反应。电刺激S_1后7.5s反应窗口内动物做出了一个正面反应，得到刺激S_2，后接7.5～12.5s的试验间隔。

C 超时反应。在试验间隔内做出的反应导致在下一次刺激前多了一个12.5s的时间延迟。

D 奖赏阈值测定的原理图。ICSS的奖赏阈值是四个电流上升或下降系列测试中得到的阈值的平均值。

的训练和测试，直到阈值达到一个稳定状态（连续三天测试所得的阈值的标准差应低于三天阈值平均值的10%）。整个训练过程结束后，可以得到四个变量的值（奖赏阈值、反应潜伏期、额外反应、超时反应）来进行后续的行为分析。

（2）评价指标

变量值的测定：

①奖赏阈值：每个下降或者上升系列的奖赏阈值是指动物在三个刺激中做出两个或以上正面反应的电流刺激强度和在三个刺激中做出两个以下正面反应的电流刺激强度的中值，单位用μA来表示。而动物在整个测试中的奖赏阈值则取四个系列阈值的平均值。

②反应潜伏期：是指电流刺激开始到动物做出行为反应（压杆、触鼻、转动转轮1/4圈）的平均时间，单位用s来表示。

③额外反应：是指在一个正面反应后2s内进行的反应。

④超时反应：是指在实验间隙做出的反应。

在进行数据处理时，将未进行任何实验操作时3~5个测试阶段所得的变量值（奖赏阈值、反应潜伏期）作为基线值。实验操作后，由于个体差异的存在，测得新的变量值通常的表现形式为与基线值的变化百分比。最后利用统计学方法分析实验操作对于成瘾过程的影响。

2. 速率-频率交替变化程序（rate-frequency curve-shift procedure）

（1）操作步骤　首先要确定最低有效电流值。每个训练过程都由5个电刺激串开始，刺激结束后动物可以进行反应操作得到进一步的电刺激，训练过程中，实验者不断更改电流强度，以找到一个可以达到稳定反应（至少40个反应/min，连续3天）的最低有效电流值，在后面的测试阶段一直保持这个电流值大小不变。确定电流值的大小后，动物进入测试阶段。在这个过程中，测试的频率是不断变化的，但是刺激的其他参数保持恒定不变。当动物完成一个操作（压杆、触鼻、转轮）后，就会接受到一串持续时间和电流强度固定，但是频率不定的电刺激。脉冲频率（一串刺激中脉冲的个数）不断增加，直到达到每串刺激有40~50个脉冲时，动物表现出明显的自我刺激现象。当刺激的频率不断升高时，动物的响应率（responding rates）也会随之升高，直到达到一个稳定值，即不论频率如何升高，响应率都不会再升高。此时响应率接近一个极限值。在训练过程中，要用得到最大响应率时的刺激参数对动物进行至少连续三天的自刺激训练，当此刺激参数下动物的自刺激行为稳定后，再用四个不断上升或下降，交替变化频率的刺激对动物进行自刺激训练。每个频率都要有60s的测试时间，在每个实验最初5s的启动时间内，动物会接受5串电刺激，以熟悉这个实验中的刺激频率，紧接着是50s的测试阶段，在此阶段做出的正面反应会被记录下来。测试阶段结束后是5s的超时时间间隔（timeout interval），间隔过后开始下一个由不同频率的刺激组成的新的实验。当然这些参数的设定可以根据不同实验的需要进行变化，视具体情况而定。利用四个频率不断上升或下降刺激中正面反应数的平均值可以得到一个S形的频率-响应函数（frequency-response function）。每天的训练都要建立频率-响应函数，直到动物自刺激的奖赏阈值（threshold）和响应率渐近线的测定（asymptote measures）达到稳定状态。

（2）评价指标：奖赏阈值的测定　每个系列的奖赏阈值是指对实验动物有奖励作用的刺激频率，即在此频率的刺激下动物会做出正面反应。奖赏阈值是通过建立一个响应率与刺激频率之间的对数函数来进行测定的。分别取最大响应率的20%，30%，40%，50%，60%或者20%和80%时相应的电刺激频率，绘制曲线，这条曲线与X轴的交点即被定义为T_0阈值。另外一种测定奖赏阈值的方法是计算M_{50}，是指达到50%最大响应率时所对应的刺激频率，T_0和M_{50}均可以被用作大脑的奖赏阈值，如图8-9所示。

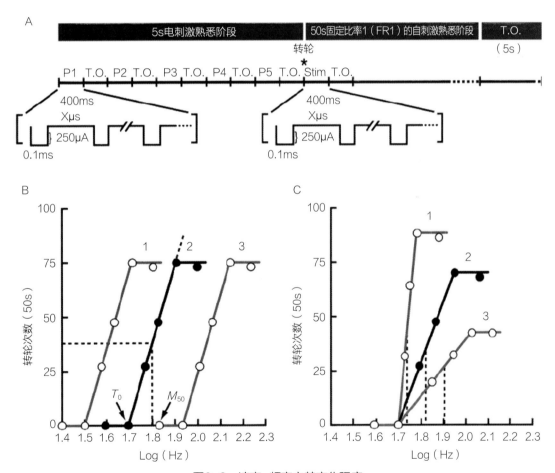

图8-9　速率-频率交替变化程序
A rate-frequency curve-shift procedure建立ICSS模型的训练原理图；
B 响应率（转轮次数）与电刺激频率（Log Hz）之间的理论上的函数模式；
C 操作装置过程带来的肌肉运动的影响可能会导致响应率的上升或下降。

在进行数据处理时，将未进行任何实验操作时3~5个测试阶段所得的奖赏阈值平均值作为基线值。实验操作后，测得新的奖赏阈值与基线值的变化百分比。最后利用统计学方法分析实验操作对于成瘾过程的影响。

注意事项

影响脑内自身电刺激行为的因素很多：刺激位点、刺激电极（大小、规格）、刺激参数（波形、极性、电流大小、脉冲频率、脉冲宽度、刺激维持时间）、强化程序、动物的性别、动物的行为训练经验，如果是评价药物的影响还有给药剂量等。

一般采用FR1连续强化程序建立自身刺激行为，即大鼠每压一次压杆就可以触发一个电刺激，刺激参数主要是要确保最少的组织损伤和最稳定的行为。大强度、固定极性、连续刺激一个脑区很容易引起组织损伤，因此常用尽量低的刺激电流以及极性交替的脉冲刺激（持续时间大概500ms）。

讨论和小结

与其他动物模型相比，脑内自我刺激技术在药物滥用研究领域中应用的广泛性不如自身给药、药物辨别和条件性位置偏爱。该方法的优点是实验训练相对容易，而且反应性高度灵敏，例如对于低强度的电刺激，电流微小的增加就显著促进行为；苯二氮卓类药物的依赖性潜力评价用其他方法比较困难，而该方法相对容易。

脑内自身电刺激主要有两个应用，一个是用于研究脑奖赏通路和脑奖赏刺激的机制，自然奖赏通过视觉、听觉、味觉、嗅觉以及触觉等外周刺激激活了奖赏通路，而脑电刺激则是直接激活奖赏通路。内侧前脑束（发自中脑腹部，经过外侧下丘脑，投射到外侧核视前区）是最稳定的可以建立和维持脑内自身电刺激的中枢部位。脑内自身电刺激或脑内自身给药技术成为研究边缘系统以及多巴胺系统奖赏功能的重要手段。另外一个应用是评价药物依赖性潜力，后者的应用更为广泛，研究也更深入。大多数成瘾性药物可以促进脑内自身电刺激行为或者降低刺激阈值。然而也有例外，例如吗啡不是所有的剂量下都是促进脑内自身电刺激行为的，在一定的剂量范围可以减弱自身脑电刺激行为，不能因此而得出吗啡的成瘾潜力低的结论。

第四节

第四节
行为敏化实验方法

敏化是指在反复使用精神活性物质中，药物的某些作用效果增加，表现为行为敏化（behavioral sensitization）和动机敏化（motivational sensitization）。行为敏化是指反复、断续的接触药物后导致的精神运动（psychomotor）增加的现象，如自发活动和刻板行为增加。行为敏化现象源自苯丙胺神经毒性的研究。很早就发现苯丙胺类兴奋剂长期使用可以导致类精神病样症状，行为表现怪异和错乱。给实验动物长时间大剂量使用苯丙胺类兴奋剂导致初期的活动度增加，接着是刻板行为，到后来活动减少并出现"幻觉"，这就是脑内多巴胺耗竭所致的苯丙胺神经毒性症状。行为敏化与药物成瘾病人的复吸行为有着类似的特性，两者的后续效应均能持续较长时间。在动物模型中，行为敏化效应可持续达数月之久，甚至一年以上。在药物成瘾人群中，即使戒药数年的成瘾患者仍然对成瘾性药物保持强烈的渴求，并最终导致复吸。基于此形成药物成瘾动机敏化理论认为：成瘾性药物反复长期的使用可以引起中枢神经通路的适应性改变，增加觅药动机，提高用药欲望，表现出机体对成瘾性药物的反应增强，形成行为或者动机敏化。因此，行为敏化、药物渴求以及冲动性觅药行为有着共同的神经生物学基础。行为敏化模型是目前研究复吸机制和寻找抗复吸药物有效的成瘾行为实验方法之一。

实验装置

行为敏化实验装置没有特殊要求，和旷场实验或自发活动实验装置类似，一般是一个方形活动空间里（大鼠实验区域边长为35~45cm，小鼠实验区域边长为25~35cm），便于观察记录动物运动及动作情况。

操作步骤

行为敏化实验可以分为多次给药和单次给药两种动物模型。

多次给药行为敏化的实验程序由形成期（development）、转化期（transfer）和表达期（expression）三个阶段组成。①形成期：实验开始的第1～7天，给动物注射成瘾性药物（如吗啡、海洛因、可卡因）。给药后立即测定动物的自发活动（locomotor activity）；②转化期：第8～14天为停药期，不做处理；③表达期：第15天，单次给予小剂量成瘾性药物进行激发实验（challenge test），并且立即测定自主活动。

行为敏化效应的形成可以表现为①形成期：随着给药次数的增多，动物的自发活动明显增加；②表达期的激发实验：动物对成瘾性药物的行为效应明显增强。

单次给药行为敏化模型的实验流程更为简单。实验开始的第1天单次给予成瘾性药物（形成期），第2～7天停药（转化期），第8天注射小剂量成瘾性药物进行激发实验（表达期）。

除了常用的自发活动检测，行为敏化也可以用条件性位置偏爱和自身给药实验来检测。对于条件性位置偏爱，如果提前给予动物反复的药物处理，在后续的模型建立过程中，动物在伴药侧停留的时间会比没有给予药物前处理的时间增加。对于静脉自身给药，反复提前药物处理，动物自身给药行为建立的速度会加快或者建立自身给药行为需要的药物剂量会减小。

评价指标

运动敏化是检测行为敏化最常用而且也是简单的实验方法，观察的指标有两类，一是自发活动（locomotor activity），可以通过软件进行视频轨迹分析，评价指标为运动总距离和分时段的运动距离，运动速度等。另一类是刻板行为（stereotype behavior）和异常姿势。需要人工记录，如修饰行为、抬头、啃、咬、添、嗅等。

注意事项

行为敏化的建立通常分为三个阶段：药物处理阶段、停药阶段、表达测试阶段。行为敏化形成速度因药而异，除了动物种属、性别、剂量、环境等实验因素，给药次数、给药间隔、停药时间等都是实验的重要因素。

1. 给药次数

虽然行为敏化的定义强调"反复、多次、间断性给予成瘾性药物对机体药物行为反应的增强作用"。大多数行为敏化的建立给药次数为每天一次或两次、连续1～2周。给药次数因药而异，有的则需要给药长达数月。然而，近年来相关研究工作表明：反复、多次、间断地给予成瘾性药物并非行为敏化产生的必要条件，仅仅一次性给予成瘾性药物就足以诱导动物产生行为敏化效应。如一次给药即可建立甲基苯丙胺敏化行为。

2. 给药间隔

从行为敏化的定义"间断给药"即可看出，多次给药之间必须有一定的时间间隔，这与研究药物耐受通常是采用连续给药有所不同。研究发现，不同的给药间隔，小鼠甲基苯丙胺行为敏化的强度也不同。

3. 停药时间

以小鼠吗啡行为敏化为例，通常每天注射一次吗啡，剂量10mg/kg，连续7天，停药7天，第15天行为表达测试，绝大多数小鼠都可以检测到稳定的敏化行为。如果缩短给药间隔和停药时间，检测到的行为敏化强度会减弱。而对于苯丙胺来说，大多数实验需要停药后至少24h才能检测到行为敏化现象。

4. 实验环境

环境因素也影响行为敏化建立和表达的强度，对于大多数药物如吗啡、可卡因、甲基苯丙胺，在同一个环境下给药和表达检测，行为敏化的强度要大于不同的环境。据此可以分为环境依赖（context-dependent）的行为敏化和环境不依赖的（context-independent）行为敏化。

讨论和小结

需要特别指出的是，尽管行为敏化一直被应用于滥用药物的研究，而且本书把行为敏化模型放到"成瘾行为实验方法"一章论述并不意味着它就是一个成瘾动物模型，因为到目前为止还没有发现行为敏化（运动敏化）和成瘾之间的直接关系。

除了探讨不同成瘾性药物诱导行为敏化的神经生物学机制之外，行为敏化动物模型同样可以用来筛选和评价药物对成瘾行为的干预和治疗作用。研究策略包括：①形成期和转化期给予干预药，筛选和评价药物对成瘾行为的预防作用；②表达期给予干预药，即激发实验给药。筛选和评价药物对成瘾行为的治疗作用；③转化期给予干预药，其干预药的药理作用可能包括预防和治疗两个方面。

参考文献

[1] 郝伟, 赵敏, 李锦. 成瘾医学理论与实践 [M]. 北京: 人民卫生出版社, 2016.

[2] Fredriksson I, Venniro M, Reiner DJ, Chow JJ, Bossert JM, Shaham Y. Animal Models of Drug Relapse and Craving after Voluntary Abstinence: A Review. Pharmacol Rev. 2021 Jul; 73 (3): 1050-1083. doi: 10.1124/pharmrev.120.000191. PMID: 34257149.

[3] Vanderschuren LJMJ, Ahmed SH. Animal Models of the Behavioral Symptoms of Substance Use Disorders. Cold Spring Harb Perspect Med. 2021 Aug 2; 11 (8): a040287. doi: 10.1101/cshperspect.a040287. PMID: 32513674; PMCID: PMC8327824.

[4] Venniro M, Banks ML, Heilig M, Epstein DH, Shaham Y. Improving translation of animal models of addiction and relapse by reverse translation. Nat Rev Neurosci, 2020 Nov; 21 (11): 625-643. doi: 10.1038/s41583-020-0378-z. Epub 2020 Oct 6. PMID: 33024318.

[5] Gondré-Lewis MC, Bassey R, Blum K. Pre-clinical models of reward deficiency syndrome: A behavioral octopus. Neurosci Biobehav Rev. 2020 Aug; 115: 164-188. doi: 10.1016/j.neubiorev.2020.04.021. Epub 2020 Apr 28. PMID: 32360413; PMCID: PMC7594013.

[6] Müller TE, Fontana BD, Bertoncello KT, Franscescon F, Mezzomo NJ, Canzian J, Stefanello FV, Parker MO, Gerlai R, Rosemberg DB. Understanding the neurobiological effects of drug abuse: Lessons from zebrafish models. Prog Neuropsychopharmacol Biol Psychiatry. 2020 Jun 8; 100: 109873. doi: 10.1016/j.pnpbp.2020.109873. Epub 2020 Jan 22. PMID: 31981718.

[7] Smith MA. Nonhuman animal models of substance use disorders: Translational value and utility to basic science. Drug Alcohol Depend. 2020 Jan 1; 206: 107733. doi: 10.1016/j.drugalcdep.2019.107733. Epub 2019 Nov 21. PMID: 31790978; PMCID: PMC6980671.

[8] Becker JB, Koob GF. Sex Differences in Animal Models: Focus on Addiction. Pharmacol Rev. 2016 Apr; 68 (2): 242-63. doi: 10.1124/pr.115.011163. PMID: 26772794; PMCID: PMC4813426.

[9] Kuhn C. Emergence of sex differences in the development of substance use and abuse during adolescence. Pharmacol Ther. 2015 Sep; 153: 55-78. doi: 10.1016/j.pharmthera.2015.06.003. Epub 2015 Jun 3. PMID: 26049025; PMCID: PMC4527891.

[10] Chambers RA, Taylor JR, Potenza MN. Developmental neurocircuitry of motivation in adolescence: a critical period of addiction vulnerability. Am J Psychiatry. 2003 Jun; 160 (6): 1041-52. doi: 10.1176/appi.ajp.160.6.1041. PMID: 12777258; PMCID: PMC2919168.

[11] Negus SS, Miller LL. Intracranial self-stimulation to evaluate abuse potential of drugs. Pharmacol Rev. 2014 Jul; 66 (3): 869-917. doi: 10.1124/pr.112.007419. PMID: 24973197; PMCID: PMC4081730.

[12] McDevitt DS, McKendrick G, Graziane NM. Anterior cingulate cortex is necessary for spontaneous opioid withdrawal and withdrawal-induced hyperalgesia in male mice. Neuropsychopharmacology. 2021 Oct; 46 (11): 1990-1999. doi: 10.1038/s41386-021-01118-y. Epub 2021 Aug 2. PMID: 34341495; PMCID: PMC8429582.

[13] Sadee W, Oberdick J, Wang Z. Biased Opioid Antagonists as Modulators of Opioid Dependence: Opportunities to Improve Pain Therapy and Opioid Use Management. Molecules. 2020 Sep 11; 25 (18): 4163. doi: 10.3390/molecules25184163. PMID: 32932935; PMCID: PMC7571197.

[14] Wang ZY, Guo LK, Han X, Song R, Dong GM, Ma CM, Wu N, Li J. Naltrexone attenuates methamphetamine-induced behavioral sensitization and conditioned place preference in mice. Behav Brain Res. 2021 Feb 5; 399: 112971. doi: 10.1016/j.bbr.2020.112971. Epub 2020 Oct 17. PMID: 33075396.

[15] Negus SS, Banks ML. Modulation of drug choice by extended drug access and withdrawal in rhesus monkeys: Implications for negative reinforcement as a driver of addiction and target for medications development. Pharmacol Biochem Behav. 2018 Jan; 164: 32-39. doi: 10.1016/j.pbb.2017.04.006. Epub 2017 Apr 22. PMID: 28442370; PMCID: PMC5651207.

[16] McMahon LR, Li JX, Carroll FI, France CP. Some effects of dopamine transporter and receptor ligands on discriminative stimulus, physiologic, and directly observable indices of opioid withdrawal in rhesus monkeys. Psychopharmacology (Berl). 2009 Apr; 203 (2): 411-20. doi: 10.1007/s00213-008-1242-4. Epub 2008 Jul 18. Erratum in: Psychopharmacology (Berl). 2008 Nov; 200 (4): 611. PMID: 18636243; PMCID: PMC3489006.

[17] McMahon LR, Sell SL, France CP. Cocaine and other indirect-acting monoamine agonists differentially attenuate a naltrexone discriminative stimulus in morphine-treated rhesus monkeys. J Pharmacol Exp Ther. 2004 Jan; 308 (1): 111-9. doi: 10.1124/jpet.103.058917. Epub 2003 Oct 20. PMID: 14569055.

[18] Bentur Yedidia, Bloom-Krasik Anna, Raikhlin-Eisenkraft Bianca. Illicit cathinone ("Hagigat")

poisoning. Clinical Toxicology 46, no. 3 (2008): 206-210.

[19] 郑继望. 中枢兴奋剂的药理作用及其依赖性特点 [J]. 生物学通报, 1998, 33 (9): 2-3.

[20] Kalix P. Cathinone, a natural amphetamine [J]. Pharmacol Toxicol, 1992, 70 (2): 77-86.

[21] R. Gugelmann, M. von Allmen, R. Brenneisen, et al. Quantitative differences in the pharmacological effects of (+)-and (-)-cathinone [J]. Cellular and Molecular Life Sciences, 1985, 41 (12): 1568-1571.

[22] 马宝苗, 张栗, 吕秀依, 等. 大鼠静脉自身给药颈静脉插管手术方法的改进 [J]. 中国药物依赖性杂志, 2010, 19 (6): 476-480.

[23] 包伦, 徐贤坤, 曾宪垠. 大鼠股动、静脉插管手术方法的建立及应用 [J]. 医药卫生论坛, 2005, 18 : 235-237.

[24] 赵春, 张栗, 马宝苗, 等. 累进比率在自身给药模型中的应用 [J]. 中国药物依赖性杂志, 2011, 20 (3): 169-172.

[25] 余志鹏, 徐鹏, 沈昊伟. 药物成瘾的强迫觅药模型 [J]. 中国药物依赖性杂志, 2018, 27 (1): 13-17.

[26] 彭永华, 梁璟, 白云静, 等. 强迫性觅药用药行为动物模型及其神经机制 [J]. 中国药物依赖性杂志, 2011, 20 (3): 161-164.

[27] 卢关伊, 吴宁. 药物成瘾强迫性用药及其神经机制研究进展 [J]. 中国药理学与毒理学杂志, 2018, 32 (8): 587-594.

[28] Shi JJ, Cao DN, Liu HF, Wang ZY, Lu GY, Wu N, Zhou WH, Li J. Dorsolateral striatal miR-134 modulates excessive methamphetamine intake in self-administering rats. Metab Brain Dis. 2019 Aug; 34 (4): 1029-1041. doi: 10.1007/s11011-019-00430-3. Epub 2019 Jun 1. PMID: 31152340.

[29] Everitt BJ, Robbins TW. Neural systems of reinforcement for drug addiction: from actions to habits to compulsion [J]. Nat Neurosci, 2005, 8: 1481-1489.

[30] WiseRA, KoobGF. Thedevelopmentandmaintenanceofdrugaddiction [J]. Neuropsychopharmacology, 2014, 39: 254-262.

[31] KoobGF, VolkowND. Neurocircuitryofaddiction [J]. Neuropsychopharmacology, 2010, 35: 217-238.

[32] Kenny PJ, Chen SA, Kitamura O, et al. Conditioned withdrawal drives heroin consumption and decreases reward sensitivity [J]. J Neurosci, 2006, 26: 5894-5900.

[33] Ahmed SH, Walker JR, Koob GF. Persistent increase in the motivation to take heroin in rats with a history of drug escalation [J]. Neuropsychopharmacology, 2000, 22: 413-421.

[34] Ahmed SH, Kenny PJ, Koob GF, et al. Neurobiological evidence for hedonic allostasis associated with escalating cocaine use [J]. Nat Neurosci, 2002, 5: 625-626.

[35] Ahmed SH, Koob GF. Transition from Moderate to Excessive Drug Intake: Change in Hedonic Set Point [J]. Science, 1998, 282: 298-300.

[36] Pelloux Y, Everitt BJ, Dickinson A. Compulsive drug seeking by rats under punishment: effects of drug taking history [J]. Psychopharmacology (Berl) , 2007, 194: 127-137.

[37] Vanderschuren LJ, Everitt BJ. Drug seeking becomes compulsive after prolonged cocaine self-administration [J]. Science, 2004, 305: 1017-1019.

[38] 王育红, 成爽, 郝伟, 张富强, 周文华, 贾福军, 许明智. 大鼠口服自身给药酒精依赖模型的建立 [J]. 中国伤残医学, 2013, 21 (08): 83-86.

[39] Tzschentke, T.M., 2007. Measuring reward with the conditioned place preference (CPP) paradigm: update of the last decade. Addiction Biology 12, 227-462. https://doi.org/10.1111/j.1369-1600.2007.00070.x.

[40] Cherng, C., Tsai, C., Tsai, Y., Ho, M., Kao, S., Yu, L., 2007. Methamphetamine-disrupted sensory processing mediates conditioned place preference performance. Behavioural Brain Research 182, 103-108. https://doi.org/10.1016/j.bbr.2007.05.010.

[41] Smith, L.N., Penrod, R.D., Taniguchi, M., Cowan, C.W., 2016. Assessment of Cocaine-induced Behavioral Sensitization and Conditioned Place Preference in Mice. JoVE (Journal of Visualized Experiments) e53107. https://doi.org/10.3791/53107.

[42] Blanco-Gandía, M.C., Aguilar, M.A., Miñarro, J., Rodríguez-Arias, M., 2018. Reinstatement of Drug-seeking in Mice Using the Conditioned Place Preference Paradigm. JoVE (Journal of Visualized Experiments) e56983. https://doi.org/10.3791/56983.

[43] Overton DA. State-dependent or "dissociated" learning produced with pentobarbital [J]. J Comp Physiol Psychol 1964, 57 (1): 3-12.

[44] Devietti TL, Larson RC. ECS effects: evidence supporting state-dependent learning in rats [J]. J Comp Physiol Psychol 1971, 74 (3): 407-415.

[45] Zarrindast MR, Rezayof A. Morphine state-dependent learning: sensitization and interaction with dopamine receptors [J]. Eur J Pharmacol 2004, 497 (2): 197-204.

[46] Shuster L, Yu G, Bates A. Sensitization to cocaine stimulation in mice [J]. Psychopharmacology 1977, 52 (2): 185-190.

[47] Post RM, Lockfeld A, Squillace KM, et al. Drug-environment interaction: context dependency of cocaine-induced behavioral sensitization [J]. Life Sci 1981, 28 (7): 755-760.

[48] Robinson TE, Berridge KC. The neural basis of drug craving: an incentive-sensitization theory of addiction [J]. Brain Res Brain Res Rev 1993, 18 (3): 247-291.

[49] Seiden LS, Dykstra LA. Psychopharmacology-a biochemical and behavioral approach, New York: Van Nostrand Reinhold Company, 1997.

[50] Iversen SD, Ivorsen LL. Behavioral Pharmacology (second edition) , New York: Oxford University Press, 1981.

[51] Glatt. MM. Drug Dependence-Current problems and Issues, Baltimore, University Park Press, 1977.

[52] 梁建辉, 韩容. 行为敏化动物模型在药物依赖性评价中的应用. 中国药理学通报, 2004, Jul; 20 (7): 726-730.

[53] Miller PG, Strang J, Miller PM. Addiction research methods [M]. Oxford: Wiley-Blackwell, 2010.

第九章

社会交往行为实验方法

　　社会交往（简称社交，social behavior）行为是指个体在与其他个体互动或交往中发生的各种行为活动，是个体社会化和群体社会形成的条件，是最基本、最普遍的社会功能表现。动物包括人是在社会交往中形成社会关系、组成社会群体，进而形成社会结构。同时通过社会交往满足个体需求，如建立领地、划分社会等级地位、维持生存和繁育后代等。社会性动物在幼年时就表现出活跃的社交欲望，丰富的社交行为表现；在成年后呈现相对稳定的社交行为模式。通过观察社交行为改变可以判断脑和其他神经结构是否损伤或病变，因此社交行为是评价许多神经精神疾病动物模型的重要行为学指标。常用的动物包括大鼠、小鼠、犬、果蝇、非人灵长类动物等。

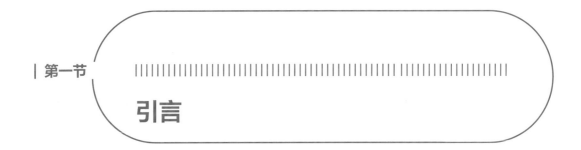

引言

一、社会交往的定义和发生机制

社交障碍是许多神经精神疾病的主要临床表现，如阿尔茨海默病、抑郁症、孤独症等。社交行为与脑结构和功能密切相关。多个脑区参与调控社交行为，如前额叶皮质、海马、杏仁核、伏隔核和嗅球等。以杏仁核为例，杏仁核与其他情绪加工脑区高度连通。杏仁核被激活可以促使正向情绪表达，损伤则表现为情绪问题和社会功能紊乱。类似的，海马与学习记忆有关，海马损伤可导致严重记忆障碍，进而引起人和动物的社交障碍。

近年来，与社交行为有关的神经内分泌机制探索较多。邰发道和贾蕊等研究表明，催乳素（OT）和精氨酸抗利尿激素（AVP）在调节棕色田鼠社交行为中有明显作用。下丘脑OT可缓冲社会应激给棕色田鼠带来的不良反应，可增加动物对社会认知、社会记忆以及对亲社会行为的感知。OT可以增强杏仁核对情绪的积极反应，减少消极反应，从而影响社交行为的表达。另外，OT还可通过调节突触传递，减弱下丘脑-垂体-肾上腺轴（HPA）对应激的反应性，调节多巴胺（DA）奖赏系统来影响社交行为的表现。精氨酸抗利尿激素（AVP）参与包括社会认知、攻击行为、母本和父本照顾等亲密行为等社会行为的调节。研究表明，AVP可以促进棕色田鼠配对关系的形成和维持。

DA奖赏系统与社交行为的关系也非常紧密。亲密的社交互动能够激活脑内的DA奖赏系统，而DA奖赏系统的激活又进一步促进行为表达。研究表明，DA奖赏系统和OT可协同作用于动物社交行为。

二、社交障碍的常见疾病

社交障碍常见于孤独症、精神分裂症、双相情感障碍、焦虑症、抑郁症、阿尔茨海默病、血管性痴呆等神经精神疾病患者。不同疾病状态下的社交行为表现不同。孤独症表现出社交退缩、社交回避。精神分裂症表现出社交回避或者在社交中有暴力攻击等。痴呆患者则因认知功能受损表现出明显的社交混乱、社交减退等。

三、社交行为实验方法的分类

　　本章仅针对小鼠和大鼠的社交行为实验方法进行了总结。啮齿动物社交行为研究始于对自然环境中小鼠和大鼠的观察。在野外环境下，小鼠营群居生活。由一只雄性在其领地内和若干（一般是一到两只）雌性组成家庭，繁育并和它们的幼年后代一起生活。雄性小鼠成年后离开或被驱逐出巢穴，另筑新的领地。大鼠同样营家族性群居。与小鼠不同的是大鼠可以数个世代雌雄共同一起生活。在同一族群内，大鼠、小鼠有明显社会等级结构，高等级的雄性压制低等级雄性和雌性，甚至可将低等级雄性驱离巢穴。高等级个体占有更大领地、更多食物和雌性。对外来入侵者，雄性大鼠和小鼠都有强烈的攻击性，驱逐入侵者，以保护领地、雌鼠和幼崽。或被入侵者击败而被驱离，失去原有领地。因此，在自然环境下小鼠和大鼠大部分时间都处于社交环境中，并表现出丰富的社交行为，例如幼年及亚成年期玩耍行为、成年后的攻击、交往、繁殖和抚幼行为等。然而，与野外不同的是实验室条件下小鼠或大鼠成年后无法自由离开饲养环境单独建立自己的领地，数只雄性被迫生活在拥挤且无处可逃的群养环境下。因此，雄性之间的打斗十分频繁。当饲养密度过大，在极端压力刺激下能观察到雄性之间频繁、严重的攻击，甚至负伤或死亡。

　　在实验室条件下，多种行为学实验被设计用于测量小鼠和大鼠的不同社交行为。根据测量目的和原理大致可概括为三类：一是与测量认知功能的实验方法，主要包括三箱社交实验、社交记忆实验；二是与测量社会等级的实验方法，主要有社会支配实验；三是基于自发活动的社交实验方法，主要有社会互动行为实验、居住入侵实验等。

四、社会交往行为实验方法的应用领域

　　社交行为实验常用于评价疾病动物模型的社会功能、孤独症发生发展机制、认知功能障碍疾病（阿尔茨海默病、血管性痴呆等相关疾病）研究；改善学习记忆药物、保健品功效评价等。

社交行为实验方法

一、三箱社交行为实验

　　三箱社交行为实验（three-chamber social approach task）基于动物先天对同伴有探索倾向的原理，采用特殊同伴作为社交刺激，通过设置选择任务并让动物作出选择来测试动物对不同刺激的反映，用于评价大鼠和小鼠的社交偏好（或社交动机）、社交关系和社交记忆。早在1963年，Mackintosh就对大鼠和小鼠社交过程中的各种行为表现进行描述和归类总结，为后续量化行为测量提供了指标。2003年美国埃默里大学Jim Winslow 在实验室条件下建立了基于任务选择测试的大鼠和小鼠的社交识别、社交区分、社交记忆和社交偏好的行为学测试方法，获得国际认可和推广。2004年，美国国立精神卫生研究所Crawlay将这种任务选择测试方法规范化成现在使用的三箱社交行为实验，并进一步结合计算机图像识别技术将该实验发展成实时自动化检测分析技术，大大增加了社交行为检测的效率和便利性。三箱社交行为实验作为社交行为的评估手段被广泛用于孤独症和其他神经精神障碍疾病动物模型的行为学评估。实验原理是利用三室箱设置不同的社交选项，让动物自发判断并进行选择，记录对各个社交选项的探索频率和时间，最终换算成辨别指数来评价动物对社交和非社交刺激（或者根据实验目的设计的其他类型社交刺激）的偏好。实验装置为三室箱，由中央箱室及两侧各一个侧箱室构成三分离结构；箱室间有门洞或小门相连，动物可在三个箱室内自由活动、穿梭和探索。行为学评价指标主要是对动物在任务选择过程中发生的社交行为（如嗅探）的时间和频率。该实验优势一方面是基于动物天性在自由活动状态下进行学习、记忆和测试，不需要施加惩罚给动物造成负性刺激；另一方面可通过灵活变换社交对象的特征（如熟悉程度、性别等）来测试多种社交功能如社交偏好、社交动机和社交认知等。

实验装置

小鼠三室箱尺寸为60cm×42cm×22cm（长×宽×高），材质为有机玻璃。前面透明。箱内由两块挡板分隔为三个内径为（20cm×40cm×22cm，长×宽×高）的小室。挡板中央有一个5cm×8cm（高×宽）的门洞，可供小鼠在三个室之间自由穿梭。两侧室各有一个7cm×15cm（直径×高）的金属网笼（隔离笼），允许待测鼠与刺激鼠通过金属网孔互相观看，嗅探，但不能身体接触（图9-1）。

图9-1　三箱社交行为检测示意图
（安徽正华生物仪器设备有限公司）

隔离笼（10.5cm×11cm，直径×高）使用PVC塑料或坚固的钢材材质，网格条直径为3mm，每个网格条间距0.7～1cm，以保证小鼠有足够空间进行嗅闻和交流。

玻璃瓶，使用250mL玻璃瓶（PYREX Reusable Media Storage Bottles，Fisher Scientific）放置于隔离杯上方，以防止小鼠爬到隔离杯上休息，影响实验观察。

非社交刺激性物体：方形木块或者其他物体。

两个相同的无生命物体：常用相同大小的橱纸捏合成的纸团。

摄像头：悬挂于箱体上方，能够拍摄动物在装置内的全部活动，并不受遮挡。

录像跟踪与分析软件，可购买或自己设置。

操作步骤

1. 习惯化阶段（实验前阶段）

（1）将小鼠运送至行为室，适应1h。将行为室设置为测试条件[环境温度为（24±1）℃、光照度在50lx以下、环境安静无噪声]。

（2）将两个空隔离笼放置于两侧室的对角，设定隔离笼向外延伸的3.5cm范围为记录范围。

（3）将小鼠轻轻放于三箱设备的中央室，使每只小鼠在三箱设备中自由探索10min（在运送小鼠的过程中，切忌抓住小鼠尾巴悬空倒挂在空中，应托放于自己的手臂处或放于笼盖上进行转运，避免小鼠受惊应激）。

（4）探索结束后，将小鼠放回饲养笼休息5min，用75%酒精擦拭设备、隔离笼和玻璃瓶，消毒去味。

注：习惯化训练一般应连续适应3～7天，通过观察小鼠行为变化来判断是否适应良好如大

小便、理毛、环境探索等。

2. 测试前阶段（第一阶段）

（1）准备两张干净相同大小的纸，团成相似大小的纸团放于隔离笼中央。

注：制作纸团时一定要佩戴手套，避免其他气味转移到手套上引起小鼠注意。

（2）将小鼠轻柔放入装置中央室任其自由探索，记录5min，观察小鼠对两隔离笼是否有位置偏好，如有位置便好需重新设置实验装置或物体。

（3）取出测试鼠，放回饲养笼休息5min，75%酒精擦拭消毒装置。

3. 社交偏好测试（第二阶段）

（1）将一只同龄、同性别、同品系、相互陌生的小鼠放于其中一个隔离笼内，作为社交刺激项。另一隔离笼内放置一个陌生物品（如木块），作为非社交刺激（放置小鼠应动作轻柔避免其受惊应激）。

（2）将测试鼠轻柔放置于装置中央室，视频记录10min。记录小鼠对社交和非设计刺激项的嗅探次数和时间。

（3）实验结束，将实验小鼠与刺激小鼠分别放回各自笼子，移除物块并用75%乙醇清理装置。

注：实验过程中，设备有可能会在隔离杯附近记录到小鼠的非社交行为，最终影响实验结果，如小鼠在隔离杯附近理毛或者蜷缩在隔离杯附近的角落。如果出现上述情况，应改为人工手动计时。

4. 社交新颖性测试（第三阶段）

（1）测试前，将隔离笼内物体更换为一只新的陌生小鼠（相同年龄、性别、品系）作为新的社交刺激。

（2）再将实验小鼠放入包含陌生鼠以及熟悉过的小鼠环境中，再次记录10min。

（3）将所有小鼠放回饲养笼，用75%乙醇清理整个装置。

5. 实验结束

（1）收集、整理、检查实验视频和数据是否完整和失误，做好实验记录和资料备份。

（2）将所有小鼠送回饲养室，关闭电脑及设备，整理清洁实验设备和行为室。

评价指标

1. 社交偏好评价

对第二阶段中陌生鼠的探索时间（T_S）、物体的探索时间（T_O）进行分析。一般认为，$T_S > T_O$表示小鼠存在社交偏好；反之，$T_S = <T_O$表示小鼠可能有社交回避。将T_S和T_O按式（9-1）计算成社交偏好指数。再按研究设计，通过比较实验组与对照组社交偏好指数的大小差异可评

估实验手段对社交偏好的作用。

$$社交偏好指数 = \frac{对陌生鼠探索时间（T_S）-对物体探索时间（T_O）}{对陌生鼠探索时间（T_S）+对物体探索时间（T_O）} \times 100\% \qquad (9-1)$$

2. 社交新颖性评价

对第三阶段中陌生鼠的探索时间（T_{NS}）、熟悉鼠的探索时间（T_{FS}）进行分析。$T_{NS}>T_{FS}$表示小鼠可以区分新旧小鼠；$T_{NS}=<T_{FS}$表示小鼠无法区分新旧小鼠，可能存在社交认知障碍。同样，按式（9-2）计算社交偏好指数，在具体研究中通过比较实验组与对照组（例如突变型与野生型）之间的指数大小差异来评价社交认知功能差异。

$$社交偏好指数 = \frac{对陌生鼠探索时间（T_{NS}）-对熟悉鼠探索时间（T_{FS}）}{对陌生鼠探索时间（T_{NS}）+对熟悉鼠探索时间（T_{FS}）} \times 100\% \qquad (9-2)$$

注意事项

（1）社交刺激动物原则上应选择相同品系、日龄相同或相近，相同性别（性偏好实验例外）的陌生小鼠（与测试小鼠非同窝、非同笼饲养）。

（2）有运动缺陷或实验过程由于应激、焦虑、抑郁等状态而运动停止的动物不适宜进行本实验。

（3）作为社交刺激项的陌生小鼠需数量充足，避免因反复作为社交刺激的出现疲劳或应激（如焦虑、抑郁等），导致实验结果不准。

（4）小鼠社交行为包括测试鼠对隔离笼中小鼠的直接接触；嗅闻含有社交气味的隔离杯杯底；嗅闻从隔离杯中伸出的部分（如小鼠尾巴）；攀爬杯子的时候嗅闻隔离杯中小鼠。在实验过程中小鼠出现在隔离杯附近却进行非社交行为（如理毛、静止）时，不应计入探索时间，需重新人工计时。

（5）同一批小鼠如重复测试，需使用新的陌生小鼠、新的陌生物体，并且应距离上次实验至少3天以上，以免残留社交记忆影响第二次测试。

（6）所有实验检测如果需分开数天完成，应在每天相同时间段内进行，每次检测总时长不宜超过6h。

讨论和小结

1. 正常小鼠社交期望值

正常6~8周龄野生型小鼠在10min的记录时间内平均社交时长在125~150s。不同品系或日龄小鼠之间社交时间差异很大，相差可在100s甚至以上。相比于对社交刺激项的探索，对物体的探索时间在25~50s。平均的社交偏好指数为0.4~0.8。值得注意的是，即便同一品系、相同基因型的小鼠的不同个体之间社交表现差异也十分明显。因此，考虑到社交行为表现个体差异显著，在实际研究中各个组别小鼠样本量应当足够，以满足研究数据量要求。在统计分析时，对离群值应当仔细辨别并谨慎移除，如确定为异常值，应当去除该值后再进行分析。

2. 小鼠饲养条件影响

孤养小鼠因社交隔离可产生严重异常的社交能力、情绪障碍样行为以及高暴力攻击性等，因此如非研究需要，一般不宜将小鼠隔离孤养。另一方面，也不宜高密度饲养。鼠笼空间相对狭小，高密度饲养易使小鼠暴力攻击行为频繁发生，可在社交行为实验中表现出异常社交状态。因此，孤养和高密度饲养均可导致社交行为异常，建议单笼小鼠数目一般在2~4只。

3. 特殊基因型小鼠

一些基因变异的孤独症模型小鼠受饲养条件等因素的影响可能产生特殊的社交表现。例如经典的neuroligin-3敲除（Nlgn3$^{y/-}$）小鼠模型在社会等级中扮演较为顺从的一方。在与正常小鼠共同饲养过程中，Nlgn3$^{y/-}$小鼠可能在社交过程中处于更劣势的一方，小鼠会表现出更强烈的社交退缩、社交回避和被攻击等。值得注意的是，Nlgn3$^{y/-}$小鼠反过来也会影响正常小鼠的社交行为如高攻击性等。相似的现象在6p11.2$^{+/-}$小鼠中也有被报道。

4. 三箱社交行为实验的应用拓展

三箱社交行为实验在运用过程中，除了对社交行为的定量评价以外，同样还可对小鼠的性别偏好进行测定。例如催产素激活额叶皮层可以挽救小鼠的孤独症倾向。由Miho Nakajima等在前额叶皮层中，发现了一种表达催产素受体的SST中间神经元。而这一类神经元调控了雌性小鼠在发情期对雄性小鼠的社交偏好。在此研究中，研究人员利用三箱社交行为实验，对雌性小鼠的性偏好进行了细致的研究。

二、社会等级

社会等级（social hierarchy）又称支配-从属（dominant-submissive）关系/地位，是指动物种群中各个动物的地位按等级呈现一定顺序排列的现象。等级形成的基础是社会支配行为。社会支配是指在社会冲突中取得胜利。社会支配实验（social dominance tube test）又称优势管实验、钻管实验、社会等级实验等，是检测动物在群体中处于支配或从属地位的行为学方法。通过观察两动物在狭窄管中相遇（制造社会冲突），利用从属个体具有主动退后给占支配地位的个体让路的天性，以此来判断两者之间的支配—从属地位。实验装置是优势管，即一根两头开口只允许动物在其中单向前进或后退的管道。优势管由G.Lindzey于1961年发明，因此也被称为Lindzey管。中国科学院上海神经科学研究所胡海岚团队系统地验证了社会支配实验的信效度，并提出社会等级评价的三个标准，包括等级可传递性、稳定性和一致性。该实验已成为测量大鼠、小鼠社会等级地位公认的金标准方法，广泛应用于探索社会等级形成内在神经机制研究。

图9-2　优势管示意图
（中南大学精神卫生研究所提供）
管体上方开槽用于带颅内植入装置小鼠在管内穿行。

实验装置

小鼠实验主要装置：一根30cm长、直径3.5cm的树脂或玻璃圆柱形管（图9-2）。

摄像头位于圆柱管一侧，能够清楚拍摄到动物在装置内的活动，不被遮挡。

录像跟踪与分析软件可购买或自行设置。

操作步骤

1. 适应阶段

（1）实验检测前，将小鼠运送至行为学实验室适应1h。

（2）将小鼠轻轻放于圆柱管内，任其自由探索。观察状态，是否有不适、焦躁、自发活动增多、大小便频繁等。10min后取出小鼠放回饲养笼，等待实验检测。

注：在这一阶段确保所有的小鼠都经过习惯化训练，不因对设备陌生、压力应激影响检测。如小鼠持续表现紧张、焦躁，可反复多次适应环境和设备。

2. 检测阶段

（1）开启摄像机，将两只小鼠分别从圆柱管两端引导进入管内，观察两只小鼠前进至相遇（图9-3）。

（2）记录两只小鼠行为，直至一只小鼠将另一只驱赶离开圆柱管，实验结束。

（3）关闭录像，将小鼠放回饲养笼休息。

（4）同笼饲养的小鼠不断两两配对检测，依次检测每只小鼠在群体内等级地位。

图9-3　社会等级实验设备
（中南大学精神卫生研究所提供）

评价指标

记录两只小鼠之间的行为表现，包括僵持、前进、后退、进攻、抵抗、回击。记录小鼠前进、后退、前进爬出或倒退出圆柱管等。通过对同一群体内两两比较，可以依次排出各个小鼠在群体内的社会等级地位。

注意事项

（1）实验前小鼠应充分适应环境和仪器设备，确保小鼠在圆柱管内没有应激状态，如焦躁、自发活动显著增加、非正常理毛、探索，以及观察屎尿频率等。

（2）社会等级是在同一群体内的小鼠之间比较得出，不应在分别饲养的两笼小鼠之间做检测。可能出现同处于强势地位小鼠之间强烈的攻击竞争，甚至负伤。如出现激烈的攻击行为，或者因攻击受到伤害，应立即停止实验，进行分隔处理。

（3）孤养小鼠的攻击性异常高于正常群养小鼠，社会支配实验一般不适宜应用于孤养小鼠。如需评价进攻性应采用居住入侵实验。

（4）圆柱管直径不易过大，确保刚好容纳一只小鼠在其中前进或后退。因管径过大导致小鼠受攻击后掉头逃走应视为实验失败。

（5）地位相同的小鼠可能在管内僵持不下。

讨论和小结

社会支配实验的优势在于实验方法便利，结果可靠。胡海岚团队从社会等级可传递性、时间稳定性和与其他社会等级测试的一致性三个方面验证了社会等级实验的真实性和稳定性。结果表明，社会支配实验是一种简单而稳健的社会优势检测方法。该验被广泛用于社会等级形成的神经机制研究，包括神经回路基础、激素调节等。此外，由于优势地位是影响动物社会行为的主要因素之一，因此该实验还提供了一个机会来研究社会地位与其他行为之间的关系，如奖赏动机、成瘾、学习和记忆、领地行为和社会互动等。最后，社会支配实验也被用来检测精神分裂症、抑郁症和孤独症谱系障碍等神经精神疾病小鼠模型的社会优势。

三、两步法社交记忆实验

　　社交记忆实验（social memory test）是利用啮齿动物重复暴露于同一社交刺激项，随着对刺激项熟悉程度的增加动物社交兴趣与探索时间递减；当更换新的陌生同类后，对新刺激的探索欲望再次增强的原理，通过检测其探索时间变化来评价社交相关的学习记忆能力。常用实验方法分为两步法和五步法，其中两步法的检测过程相对简单，但行为指标分析主要依靠人工计时，实验工作量较大。五步法的检测过程相对繁杂，但已实现实时自动化检测。

实验装置

大鼠、小鼠饲养笼如图9-4所示，实验前将待测动物隔离孤养3天。

图9-4　两步法社交记忆实验装置示意图（中国航天员中心动物行为学实验室提供）

操作步骤

（1）将一只社交刺激鼠A放入待测鼠的饲养笼中，观察它们的活动情况，5min后将刺激鼠A取出。

（2）间隔10～60min，将刺激鼠A和新陌生鼠（刺激鼠B）同时放入待测动物的饲养笼。观察记录5min。记录待测鼠对刺激鼠A和B的社交行为。

（3）检查摄像机记录情况，将小鼠放回各自的饲养笼，清洁装置和设备。

评价指标

通过回放录像，记录待测动物的社交行为时间和次数：身体探索、肛门生殖器区嗅探、头吻部嗅探、理毛、性有关的社交行为（如果有）以及其他需要记录的行为。

注意事项

（1）两阶段间隔时间长短可依据检测的短时记忆和长时记忆进行灵活设置，一般建议在10～60min。

（2）将刺激鼠放入孤养小鼠笼内的做法有时容易引起强烈的攻击、撕咬和打斗，因此，检测前的隔离孤养时间不宜过长。注意观察动物在实验过程中不因攻击受伤。如有受伤、应立即分离动物、停止实验。检测完毕后，及时回复正常群养。

四、五步法社交记忆实验

实验原理与两步法相同，也是利用大鼠和小鼠多次遇到同一同类时，对其探索时间会逐次减少；再遇到新同类时探索时间明显增加。以此检测大、小鼠的社交记忆能力。五步法的优势在于可利用软件实现实时自动化分析，行为学结果分析节省人力，缺点是观察不到小鼠肢体接触及行为表现，仅能从嗅探、观察等行为来评估其学习记忆能力。

实验装置

方形旷场实验箱如图9-5所示，箱体上方悬挂摄像头，记录动物行动。

图9-5　实验装置示例图
（中南大学精神卫生研究所提供）

操作步骤

实验程序包括适应期和测试期两个阶段。

1. 适应期

（1）在测试箱中放置一个隔离笼，笼上放置水瓶，防止动物攀爬笼顶休息。放入测试鼠后，任其自由探索5min，以适应环境。

（2）适应结束，取出测试鼠，用75%酒精清理设备。

2. 测试期

（1）在隔离笼内放入一只陌生的社交刺激鼠（相同品系、日龄和大小）。

（2）将测试鼠背对刺激鼠放入测试箱。记录1min内，测试鼠对刺激鼠的探索时间。

（3）结束后，取出测试鼠。10min后，将测试鼠再次放入测试箱，记录1min内对刺激鼠的探索时间，重复该过程3次（图9-6）。

（4）第四次1min检测结束后，将隔离笼内的刺激鼠取出，更换为一只新刺激鼠。

（5）将测试鼠再次放入测试箱，记录1min内测试鼠对新刺激鼠的探索时间。

（6）检测结束，取出动物，放回饲养笼，记录整理实验数据，清理设备。

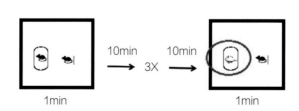

图9-6　五步法社交记忆实验示意图
3×是指此过程重复三次。

评价指标

记录1min内，测试鼠对刺激鼠的探索时间。正常大、小鼠表现为在前四次探索中测试鼠对刺激鼠的探索时间逐次递减，但对新刺激鼠的探索时间相比第四次明显增加。

注意事项

（1）适应期和测量期，隔离笼上放置水瓶，防止大、小鼠攀爬至笼顶休息，影响检测结果。

（2）每只动物实验结束后，用75%酒精对实验装置消毒、去除气味，避免残留气味影响其他动物检测。

讨论和小结

社交记忆实验原理与物体学习记忆能力测试相似，差别在于将无生命的物体替换成有生命的同类，令动物在社交过程中表现出学习记忆能力变化。其优势在于社交刺激项相比于物体更能激发动物在学习记忆天性的驱动下的行为表现。然而社交记忆实验方法在国际上尚无统一的规定。根据常用技术手段可大致归纳总结如下。

1. 测试箱

材料以树脂玻璃、PVC为主；形状矩形和方形；或者小鼠饲养笼。颜色以透明或白色为主，同时根据动物毛发颜色来灵活决定。

2. 刺激鼠

社交刺激鼠一般采用相同品种、日龄、大小和体重差不多的个体，雌雄均可。但两步法一般采用相同性别作为刺激鼠，以避免发生性行为干扰实验。

测试时间间隔：两步法通过设置不同时长的间隔来达到检测长时记忆和短时记忆的目的。五步法一般固定间隔10min，主要评价短时记忆。

3. 嗅探行为的判断标准

动物的口鼻处离隔离网的距离小于2cm且头部朝向社交刺激动物。

4. 评价指标

两步法以探索和互动的时长、频率为评价指标；五步法以1min内对刺激鼠嗅探时间为评价指标。药物改善社交记忆效果评价需和对照组的行为表现相比较得到结果。

五、社会互动实验

社会互动实验（social interaction test）是研究两只陌生小鼠在开阔环境中的自由交流与互

动，是对两小鼠之间自发社交行为进行直接客观的测量。由于两只小鼠均为自由状态，因此本实验给研究人员所呈现出的信息是小鼠的完全自主的、基本不受特殊装置限制的、更贴合于自然状态下的互动行为。如有特殊行为表现则提示小鼠可能存在孤独样、焦虑样、抑郁样行为等病态特征。该实验优势在于小鼠行动完全自发自主，既无正向刺激诱导，也无负性刺激压迫，更贴合自然状态下的真实社交。该方法无需经学习训练，无需禁食禁水，或施加惩罚或奖赏刺激。因此，被广泛应用于评价大鼠和小鼠的社交行为。该实验缺点包括自动化实时检测测量精度和准确性不足，精细社交行为判断和测量不准，高通量检测实施难度大等。另一方面，数据提取与分析主要依靠人工回看录像记录分析，实验检测时间过长易导致实验者工作量倍增，实验效率下降。

实验装置

敞箱（40cm×40cm×40cm，长×宽×高）使用PVC材质，四周不透明（或一面透明），以避免外界环境对小鼠行为产生影响。

摄像头悬挂于箱体上方或前方，能够拍摄到动物在装置内的全部活动情况，不被遮挡（图9-7）。

录像跟踪与分析软件可购买。

图9-7 实验装置及实验示例图
（中国航天员中心动物行为学实验室提供）

操作步骤

（1）实验开始前一周将小鼠转移至行为室饲养间。实验前将小鼠在穿着隔离服的实验员身上来回攀爬熟悉3~7天，适应实验员的气味，消除实验员操作导致应激。

（2）摆放敞箱后，设备采用75%乙醇清理，去除影响小鼠行为的气味因素。

（3）将测试小鼠轻轻放于敞箱中，适应环境10min后取出。

（4）打开摄像，将一只同品系、同龄、同性别、同基因型的陌生小鼠与测试小鼠头朝向箱壁分别从箱体两对角放入敞箱，记录10min内两小鼠。

（5）记录完成后取出小鼠，用75%乙醇清理设备，等待5min，乙醇气味挥发完全后开始下一次测试。

评价指标

通过观看回放视频，记录测试小鼠的不同行为指标的时间和频率，记录指标包括：

（1）总社交时长包括鼻子对鼻子嗅闻、鼻子对生殖器嗅闻、追逐及身体接触式的爬行等社交行为发生的时长。

（2）对陌生小鼠身体躯干部位的嗅闻时间与次数表示小鼠对同类身体的嗅觉探索。

（3）对陌生小鼠肛殖区嗅闻的时间与次数表示小鼠通过嗅探生殖器区来识别同类性别。

（4）对陌生小鼠脸部嗅闻的时间与次数表示小鼠之间的气味和声音交流。

（5）小鼠自我理毛的时间与次数表示小鼠感到紧张、焦躁。

（6）小鼠攻击性行为的时间与次数表示小鼠对同类的敌意和攻击。

（7）小鼠攀爬开场箱所用时间与次数表示小鼠对环境的探索兴趣

对小鼠不同行为所发生的时间与次数进行统计学分析后，若社交性行为增加，则说明小鼠对社交行为更加偏好。如果小鼠的攻击性行为增加，则说明小鼠可能更加畏怯或更加凶猛。如果小鼠攀爬行为增加，则说明小鼠更加焦虑。

注意事项

（1）行为室动物饲养间应保持24h节律改变的光暗周期。实验应在每天相同的时间进行。

（2）小鼠年龄性别大小基因型应互相匹配。每组小鼠样本量应在10只以上，不低于统计学要求。

（3）小鼠行为能力应健全，若小鼠行为能力受损，则会影响测试结果。有行动障碍小鼠一般不宜采用此实验评价社交行为。个别小鼠如一直攀爬开场箱、在箱中一直呈逃避行为、静止不动呈恐惧行为，数据不宜采纳，作异常值处理。

讨论和小结

1. 不同品系小鼠之间的社会互动行为

研究证实，SD大鼠的社交倾向要明显高于C57BL/6J小鼠。小鼠敞箱比大鼠敞箱在规格上要小很多。小鼠在有限区域活动过程中，更容易产生紧张焦虑甚至冲突等行为。因此在选择模式动物上，应根据实验目的选择合适的动物品系和仪器设备。

2. 小鼠社会互动行为的脑环路研究

在小鼠社会互动过程中，不仅有嗅觉、视觉刺激的低级环路参与，还涉及决策判断等高级认知环路，包括奖赏环路作用。因此在社交过程中，小鼠神经活动复杂多变，影响因素繁杂，难以细分，因而更加难以研究。研究表明，已经发现小鼠在相互交流环境中，小鼠大脑不同神经环路放电模式呈同步化、递进化。但其他特征尚未完全清楚。众多研究表明神经环路能够直接和间接的调控社交行为的发生发展，也同样参与社交障碍等疾病的发病过程。总之，社交行为背后的神经机制研究方兴未艾，有待进一步的探索，也是未来研究的重点、难点和热点。然而，包括大鼠和小鼠在内的啮齿动物的社交行为的检测仍然存在费时费力，无法实现高通量检测，检测结果客观性不足等问题，制约了此类实验方法的使用。因此在未来，我们需要通过更加简化且更加单一的行为学测量程序，为社交行为检测的实验技术改进升级，才可以进一步为探索社交行为的奥秘提供技术支撑。Rongfeng K. Hu等就已经在对社交行为实验进行深入解剖和简化，用于研究小鼠社交过程中的奖赏环路作用机制，这对未来研究其他实验动物社交行为提供了一条新的思路。

参考文献

[1] Young LJ. Oxytocin, Social Cognition and Psychiatry [J]. Neuropsychopharmacol, 2015, 40 (1): 243-244.

[2] Crawley J N. What's Wrong With My Mouse? Behavioral Phenotyping of Transgenic and Knockout Mice: Second Edition [M]. John Wiley, 2006.

[3] Nadler JJ, Moy SS, Dold G, et al. Automated apparatus for quantitation of social approach behaviors in mice [J]. Genes Brain and Behavior, 2004, 3 (5): 303-314.

[4] Yang, Mu, Silverman, et al. UNIT 8.26 Automated Three-Chambered Social Approach Task for Mice [M]. Current Protocols in Neuroscience, 2011:CHAPTER 8: Unit-8.26. 934: 8.26.1-8.26.16.

[5] Kalbassi S, Bachmann SO, Cross E, et al. Male and Female Mice Lacking Neuroligin-3 Modify the Behavior of Their Wild-Type Littermates [J]. eNeuro, 2017, ENEURO. 0145-17 (1-14).

[6] Kappel S, Hawkins P, Mendl MT. To Group or Not to Group? Good Practice for Housing Male Laboratory Mice. Animals (Basel). 2017 Nov 24; 7 (12): 88.

[7] Yang M, Lewis F, Foley G, et al. In tribute to Bob Blanchard: Divergent behavioral phenotypes of 16p11.2 deletion mice reared in same-genotype versus mixed-genotype cages [J]. Physiology & Behavior, 2015, 146: 16-27.

[8] Nakajima M, Görlich A, Heintz N. Oxytocin Modulates Female Sociosexual Behavior through a Specific Class of Prefrontal Cortical Interneurons [J]. Cell, 2014, 159 (2): 295-305.

[9] Wang F, Zhu J, Zhu H, et al. Bidirectional control of social hierarchy by synaptic efficacy in medial prefrontal cortex [J]. Science, 2011, 334(6056): 693-697.

[10] Sankoorikal GM, Kaercher KA, Boon CJ, et al. A mouse model system for genetic analysis of sociability: C57BL/6J versus BALB/cJ inbred mouse strains [J]. Biological Psychiatry, 2006, 59 (5): 415-423.

[11] Sarnyai Z, Alsaif M, Bahn S, et al. Behavioral and Molecular Biomarkers in Translational Animal Models for Neuropsychiatric Disorders [J]. International Review of Neurobiology,

2011, 101: 203-238.

[12] Netser S, Meyer A, Magalnik H, et al. Distinct dynamics of social motivation drive differential social behavior in laboratory rat and mouse strains [J]. Nature Communications, 2020, 11 (1): 5908.

[13] Ilyka D, Johnson MH, Lloyd-Fox S. Infant social interactions and brain development: A systematic review [J]. Neuroscience & Biobehavioral Reviews, 2021, 130: 448-469.

[14] Hu RK, Zuo Y, Ly T, et al. An amygdala-to-hypothalamus circuit for social reward [J]. Nat Neurosci. 2021, 24 (6): 831-842.

第十章

非人灵长类动物行为学实验方法

　　非人灵长类（non-human primate，NHP）是自然界中除人类以外最高等的动物类群，从低到高的排列有树猴、狐猴和眼镜猴、猴、猿。非人灵长类拥有和人类相似的中枢神经系统，以及许多与人类相似的复杂的运动、认知和情绪行为控制系统，可完成与人类类似的运动、认知相关任务和情绪表达，生活习性上表现出有组织结构的社会群体活动，呈现一系列与其他群体成员的动态互动。在焦虑、抑郁情景下拥有与人类相似的生理和行为反应，能够复制人类情绪障碍的几乎所有临床症状。

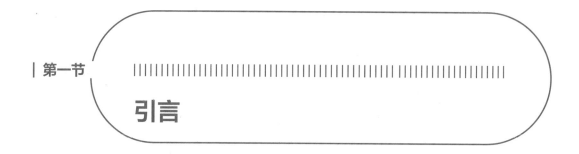

一、非人灵长类动物行为发生发展的神经生物学机制

非人灵长类动物行为背后的神经生物学机制比较复杂。研究表明猴前额叶、海马和纹状体等记忆相关的脑区与行为的联系十分紧密，特别是海马在非人灵长类的空间记忆任务测验、情景记忆中发挥着重要作用，前额叶、海马等在心境障碍（如焦虑和抑郁）中发挥着重要作用。杏仁核是控制情绪的边缘系统的重要组成部分，在恐惧情绪的控制，特别是条件性恐惧的学习过程、记忆过程中发挥着极其重要的作用，且与精神疾病如焦虑症、抑郁症、孤独症等密切相关，中缝背核的5-羟色胺系统也在焦虑和抑郁等情绪行为中发挥着重要作用，中脑多巴胺系统参与了药物依赖与成瘾行为等。

长期给猴1-甲基-4-苯基-1, 2, 3, 6-四氢吡啶（1-methyl-4-phenyl-1, 2, 3, 6-tetrahydropyridine，MPTP）会产生帕金森病的主要神经病理特征，包括双侧实质性黑质的病变和纹状体多巴胺的丢失以及运动异常，与人类帕金森病的表现一致。MPTP引起的帕金森非人灵长类疾病模型为科学工作者提供了一个良好的研究生物，用作人类帕金森病的发生机制和药物评价。

在运动方面，非人灵长类中枢运动调控系统由三级水平的神经结构组成：大脑皮层联络区、基底神经节和皮层小脑，能调控运动的总体策划，处于最高水平；运动皮层和脊髓小脑居于中间水平，负责运动的协调、组织和实施；而脑干和脊髓处于最低水平，负责运动的执行。在运动控制的每个水平，感觉输入起到激活、传输和调控运动输出的作用，而其本身受大脑皮层的调控。灵长类的四肢很灵活，保留五趾的形式，大拇指（趾）与其他指（趾）分开，多数能与其他趾（指）对握，便于攀缘和执握物体。这指间"对握"是灵长类的种属特征，赋予它们高度灵活的手指抓握和精细运动功能。

在感觉方面，触须是啮齿类动物最重要的感觉器官，而灵长类动物的指尖具有更强大的功能，每个指尖有250～300个感觉神经元轴突支配。由于轴突发出分支，并终止在多个感受器结构，机械性刺激感受器在每平方厘米面积的密度可超过1000个。有研究指出，猴能辨别按顺序施加在同一手指两种不同振动频率的差异，从而了解受训皮肤代表区神经元对振动起反应的时间。灵长类通过指尖感知纹理的机制与通过触须感知的机制有较大差别。触须囊中的感受器形成一个由异常敏感的位点组成的不连续、不重叠的网格，而指尖的触觉感受器以一种连续、重叠的片状方式分布。粗糙纹理感受器的空间分布赋予灵长类的感觉系统收集信息的能力，使灵长类具有感知粗糙纹理的能力并对感知粗糙纹理极为重要。这种粗糙类型的纹理，其凸出的部分（中心到中心的距离大于200μm），仅手指压在物体表面就能分辨出来。对精细纹理的感知是借助手指在表面移动，依赖于环层小体放电的频率。研究表明，灵长类大脑皮层在纹理知觉上发挥作用。

听觉方面，非人灵长类的听皮层包含多听觉通路音频地图，从内侧膝状体平行投射至所有这些区域三个区中最靠后的区域相当于初级听皮层A1，围绕这一中心的是次级听觉区，它与初级皮层和内侧膝状体的亚区相互联系。因此，在听皮层同时存在串联和平行的信息处理。

视觉方面，具有双眼立体的高级视觉能力。眼眶与颞区之间一骨隔开，灵长类的眼睛被完全包裹在封闭的眼眶中，是少数具有三色视觉（能看到三种颜色）的物种，因此具有丰富的视觉感知和强大的物体分辨能力。

二、非人灵长类动物行为实验分类

非人灵长类动物行为实验方法早期研究主要用于学习记忆，后来发展为情绪表达、运动行为、社交行为、疼痛及成瘾性等行为实验方法。本章将主要介绍非人灵长类运动、学习与记忆、情绪等方面的经典的行为学实验方法。

三、应用领域

灵长类动物大脑的复杂性及其与人类生物、社会习性的高度相似性，利用灵长类动物开展行为实验研究，其研究结果与人类临床表现具有极高的表观效度、结构效度和预测效度，比啮齿类动物更容易转化为临床应用。是研究神经退性行疾病（阿尔兹海默病、帕金森病、血管性痴呆）、精神性和心理性疾病（抑郁、焦虑和恐惧）发病机制、寻找有效的防护措施最理想的实验动物，在脑与认知、生物医药和健康产品研发、军事医学领域具有重大应用价值。

| 第二节

非人灵长类运动行为测试

运动行为是非人灵长类有目的、有意识地利用各种手段和方法，为满足某种运动需要而进行的活动。在非人灵长类动物实验中，为了更好地记录和观察动物的运动行为，实验者往往采取主动或被动的行为方式进行评价。

运动障碍指自主活动的能力发生障碍，动作不连贯、不能完成，或完全不能随意运动，是中枢神经系统疾病如脑卒中、帕金森病、肌萎缩侧索硬化症等，以及运动传导通路病变、肌肉骨骼病变等疾病的主要临床表现。运动功能的评价是上述疾病动物模型行为学检测的重要内容。

一、阶梯任务

山与谷阶梯任务（hill-and-valley staircase tasks）类似于"阶梯实验"用来评估啮齿类动物前肢的伸展能力。该实验是Montoya和他的同事通过大鼠阶梯测试改编并首次提出的，用来评估灵长类动物上肢的感觉运动能力。鉴别运动损害与视觉空间缺陷，评价大脑感知和运动行为反应相关脑区功能改变，是脑科学研究中基于非人灵长类开展神经精神类重大疾病临床转化研究的重要策略。

实验装置

阶梯装置由猴笼、自制阶梯和人员观察挡板组成。该装置的设计来自Marshall团队。该装置测试非人灵长类动物（本节以恒河猴为例）无需束缚，恒河猴在测试期间可以自由进入和离开设备。

1. 猴笼

该笼子内部有一个树脂透明玻璃外壳，以便于判断左右肢体的使用情况，且防止猴执行任务时倒挂。猴进入的围栏设置在后方，里面有一个小的中央栖木，可供猴执行任务时站立。另有矩形框，其侧面设有可拆卸的透明板，顶面下沿和底板上沿设置有与透明板相适配的滑槽，矩形框正面设有开合门，矩形框底部四角分别装有脚轮，矩形框正面放置记录卡。

2. 定制阶梯

猴笼正面树脂玻璃面板的左右两侧各开一个仅允许动物单侧上肢通过的狭窄通道，在树脂玻璃面板外放置两个分别从左右两侧向面板中央位置逐渐上升的阶梯，两个阶梯最底层台阶与树脂面板上的狭窄通道齐平，最高层在面板中央汇合，阶梯共5层，并由一块树脂玻璃将两个阶梯完全隔开。实验时，猴仅能通过右手伸到右侧或左手伸到左侧的阶梯获取食物奖励。

3. 挡板

为避免实验过程中观察记录者对动物的干扰，设立一块不透明挡板放置在距离定制阶梯2m以外，同时利用透明装置挡板来限制猴拿取食物。在山阶梯任务中，透明挡板两侧有竖条状开口槽，方便猴左右手臂相通，因此猴用右手到达右边的楼梯，左手到达左边的楼梯（图10-1）。在谷阶梯任务中，有一个中央位置的竖状开口槽，楼梯向设备的外部两侧上升，因此用右臂够左楼梯，反之亦然（图10-2）。

图10-1 山阶梯任务示意图（四川大学华西医院，灵长类疾病动物模型研究室）

图10-2 谷阶梯任务示意图（四川大学华西医院灵长类疾病动物模型研究室）

操作步骤

1. 实验前准备

（1）挑选健康的实验猴，头部姿势端正，无身体震颤、麻痹症状，无视觉缺陷症状，四肢发育正常，无骨折、变形及骨关节炎等症状。

（2）实验猴进入实验室后，每天通过食物引诱方式，建立实验人员与猴的互动关系。当实验猴能很快从实验人员的手上获取食物，不产生恐惧感时，可开展评价实验。

（3）测试前，实验猴应禁食一餐或给予平时食量的三分之一左右。

2. 适应与训练

食物放入第一层阶梯上，训练实验猴能通过树脂玻璃面板上的狭窄通道迅速从阶梯上取走食物。在山阶梯任务中，将食物放在单侧山阶梯上，让实验猴单手拿取食物，计时3min，计时结束后，查看每层食物拿取情况，记录相应分数，每天左右侧分别进行3次测试，并将3次得分相加得到当天测试的分数，连续测定10天。

3. 实验过程

（1）在实验开始之前，确保受试动物精通了这项任务，并且在5min的阶梯实验时间内取回大部分食物，每次测试均使用同侧阶梯对应的手臂抓取食物。将每一阶梯都放一小块食物，如棉花糖或面包，每边各有5块。观察者站在笼子前1~2m的距离进行评分。

（2）山阶梯　动物从山阶梯两侧的垂直前肢入口获取食物，右前肢获取位于右侧阶梯上的食物奖励，左前肢获取位于左侧阶梯的食物奖励。位置0为第一阶梯，记1分，往上依次递增为2分、3分、4分、5分，一侧阶梯共计15分，两侧30分。

（3）谷阶梯　有一个垂直的前肢入口，安置在谷阶梯中央，以便动物使用它的右前肢来获取位于左侧阶梯上的食物奖励，左前肢来获取位于右侧阶梯上的食物奖励。位置0为第一阶梯，记1分，往上依次递增为2分、3分、4分、5分，一侧阶梯共计15分，两侧30分。

评价指标

（1）潜伏期（s）　第一次到达阶梯的延迟时间，清除楼梯上面包的延迟时间。

（2）顺序　直接放置在打开槽（位置0）前面的食物的顺序。

（3）双侧测试计算　得分从1~10分。得分为1表示0位的食物在其他食物之前先取，10分表示在所有其他面包从楼梯上取下后最后取。

（4）只有当动物准确获取对应阶梯的食物，才计入得分。成功拿取每一块食物的得分取决于距离相应阶梯的距离（最近的一块得1分，最远的一块得5分）。

（5）山阶梯主要用于评价动物左右前肢的损伤程度，分数越低损伤越重；谷阶梯主要用于评价动物单侧空间忽视水平，分数越低，单侧空间忽视程度越高。

注意事项

（1）每天在固定时间，固定操作人员进行测试。操作轻柔，避免不必要的应激刺激。

（2）在造模前筛选身体各项指标合格的动物进行测试训练。

（3）实验一般在灵长类动物病变后约3.5个月开始进行测试。

（4）食物选择灵长类动物方便拿取，并带有甜味的食物。实验中常使用蘸有糖浆的面包块作为实验中的诱导食物。也可以选择形状较规则、不易变形的棉花糖作为测试食物。

（5）猴必须通过连接在笼子前面的树脂玻璃屏幕上的垂直槽到达，以便从笼子外两个楼梯的台阶上获取食物奖励。

讨论和小结

山与谷阶梯任务主要评估动物运动障碍和空间忽略方面的行为学改变，广泛用于灵长类动物上肢神经运动功能损害的评价。山阶梯有左右两块开口槽，若动物出现一侧上肢运动障碍，则利用该侧上肢从对应开口槽取食物的能力受限。谷阶梯只有一块开口槽，猴要获取左侧食物，只能用右手通过开口槽完成；获取右侧食物，只能用左手通过开口槽完成。若动物出现单侧空间忽略，则在患侧阶梯的得分降低，分数越低，表明单侧空间忽略程度越高。因此，两种阶梯相比，山阶梯可区分某一侧前肢的运动障碍，不能测试单侧空间忽略；谷阶梯分离了动物的运动表现和视野空间，能够评价动物的空间缺陷水平。山阶梯和谷阶梯结合使用，可为灵长类中枢神经系统疾病模型，如单侧损伤的帕金森和脑卒中等的模型构建和药物评价提供有效的行为测试方法。

除了山与谷阶梯任务外，检测肢体与大脑半球协调的运动任务还有六管搜索任务（six-tube search task），可用于空间忽略测试；双管选择实验（two-tube choice test）是对脱离接触缺失的测试，即关注同一半球项目的倾向，从而"掩盖"对相对半球项目的注意力等。用于评价模型成功后的相关行为学指标。

关于灵长类动物的下肢行为学检测，主要基于步态分析评估脊髓损伤后恒河猴的下肢残留跨步能力，采用光学三维动作捕捉、足底压力步态与平衡、传感器的便携式/穿戴式来研究灵长类动物步行规律、行为特征等检查方法。关于步态的参数通常有步态周期、运动学参数、动力学参数、肌电活动参数和能量代谢参数等。

动物的每一种行为学实验评价方法都需要动物本身的主动参与。如果运动功能减弱，就不能正常完成行为学实验任务。在实际测试中要根据具体的实验要求和疾病动物模型的承受能力进行综合分析，选择最适合的行为学测试方法。可采用国际认可的标准对疾病模型动物进行评估，也可通过自然观察法了解灵长类动物的运动和行为能力。精细动作捕捉就是一种实验室中的自然观察法。

二、精细动作捕捉

动作捕捉（motion capture）是利用外部设备来对非人灵长类或者其他生物的位移或者活动进行处理和记录的技术。非人灵长类可技巧性地使用四肢完成运动，当出现神经或运动性疾病时，动物的运动会出现明显改变，以此评价动物模型的造模和干预情况。动作捕捉的实质就是要测量、跟踪并且记录物体在空间中的运动轨迹。精细动作指手的动作（也称为小肌肉动作），主要凭借灵长类手以及手指等部位的小肌肉或小肌肉群的运动，在感知觉、注意力等配合下完成特定任务的能力。伸手抓物需要一个精密的神经计算，物体与其空间位置首先需要视觉辨识，刺激视皮层神经元对方向和运动产生选择性反应，其手、手指和前臂再进行精确的随意运动。灵长类精细动作的捕捉可以充分了解实验动物中枢神经系统的空间学习记忆和运动能力，手指的灵活度及双手协调能力，获取动物模型构建和干预的效果，实现更准确的神经功能评价。

实验装置

精细动作捕捉实验装置包括精细行为学记录和观察装置、灯光以及行为学分析软件。

1. 行为学猴笼

与饲养笼不一样的是，行为学猴笼需要前后均为透明玻璃，以便视频录制。猴笼长1.2m，宽0.96m，高1.0m，配托盘和拉杆。猴笼包括矩形框，矩形框的侧壁为间隔的竖向杆排列构成，矩形框内设置有活动隔板，活动隔板竖直放置，活动隔板的运动机构为丝杆螺母传动机构，矩形框正面设有开合门，矩形框底部四角分别设有脚轮，矩形框正面设有记录卡放置器。本发明能够改变动物所处的空间的大小，方便对动物进行采血、给药或检查，结构合理，操作方便。行为学猴笼前后均为透明玻璃，以便视频录制。猴笼内可放置玩具。

2. 精细行为学记录装置

在行为学猴笼的正前方，放置一校准后的高清摄像头，摄像头对准猴笼的中心（图10-3）。摄像机与行为学工作站相连，通过专用采集卡获取录制视频。

3. 灯光

符合灵长类饲养环境要求；若进行夜间视频录制，则需要配备红外灯。红外灯一般安在行为学房间墙上，左右至少各两个。

4. 行为学分析系统

行为学分析系统包括摄像机、采集卡、电脑以及分析软件（primatescan，cleversys，US）。该软件预设32个动作，根据猴的图像确定姿势（posture），进而得出动作（behaviour）。图10-4为行为学分析界面，A为录制的视频，B为行为学捕捉视图，C和D分别为行为和姿势。

图10-3　行为学测试房间以及行为学记录装置（四川大学华西医院灵长类疾病动物模型研究室）

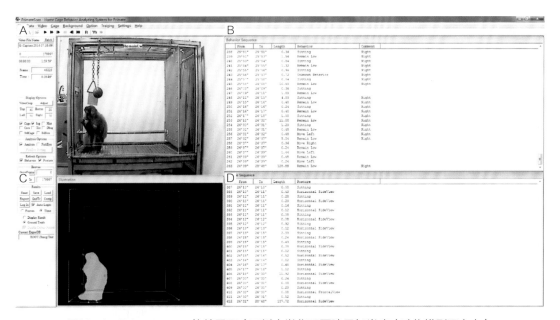

图10-4　Primatescan软件界面（四川大学华西医院灵长类疾病动物模型研究室）

操作步骤

1. 适应

将动物从饲养笼移至行为学猴笼观察装置后，由于动物不习惯观察装置前后的玻璃挡板，记录前需要进行提前适应，时间不少于3天。

2. 视频录制

适应期结束后，正式开始测试。使用摄像机进行全天候视频录制。猴笼占据视野2/3左右的范围较为合适。

3. 软件分析

（1）打开软件　打开Cleversys软件，在默认彩色模式下，通过工具栏的红色A按钮，进入分析模式。

（2）设置背景　若事先没有当前分析视频的背景文件，则需要设置背景。导入一个空笼子的MPEG视频文件，播放后在工具栏的"Background"目录中，选择"Set this frame as Bkgd"，再点击"Save Background"以保存刚生成的背景文件。

（3）设置校准　导入一个空笼子的MPEG视频文件，在视频文件上右键，分别设置笼子的前面、后面、底板、食槽和水嘴。设置完毕后选择"Stop Calibration from this Cage"，保存Calibration文件。

（4）导入视频　点击"Open"，在"File Analyzing Option"中，选择要分析的视频。Background和Calibration选择前面设置的文件，点击"OK"，开始分析。

（5）保存和导出结果　分析完毕后，在左侧菜单栏中选择login，生成视频对应的Excel文件。

评价指标

1. 总路程（m）

动物在实验记录时间内的运动总路程。为自主活动检测的主要参考指标。

2. 与移动相关的动作

向左移动，向右移动，降落，转向，抽动。

3. 与攀爬相关的动作

垂直悬挂，蜷缩悬挂，悬挂与笼子顶部等的发生次数、持续时间。

4. 与静止相关的动作

坐，静止、停顿、睡觉、保持低位等的发生次数、持续时间。

注意事项

（1）抓取动物时要轻柔，特别是手术后的动物，以防造成二次伤害影响实验真实性。

（2）实验前要有足够的适应，以免行为学猴笼观察装置带给动物不安全感。

（3）实验环境保持安静，视频采集期间避免让动物看到人。当人接近时，动物可出现明显的防御行为。

（4）测试时间可根据实验方案进行调整，如录制白天2h、4h、8h、12h或全天候24h。夜间录制需再准备一个黑暗环境下的背景文件。

讨论和小结

精细动作分析的优势在于对所有动作的次数和持续时间进行量化，比传统的量表更为精确判断模型的严重程度以及干预的效果。其劣势在于对环境有要求，需要较大的行为学测试房间，以及较长时间的视频录制分析。

凡是能造成非人灵长类行为动作改变的模型均可用该方法进行测试和量化，包括脑卒中、帕金森病、亨廷顿舞蹈症、渐冻症、肌无力等神经性、运动性疾病的模型评价，以及基于这些模型的药物和治疗方法干预测试。

第三节

认知行为实验方法

非人灵长类动物认知测试以空间认知能力，延迟匹配（非匹配）测试，视觉信息处理，动手操作能力等为主，早期认知实验大部分基于自制实验器材，人为给予奖励，不仅效率低下，还因人工操作带来不可忽视的干扰。现阶段非人灵长类实验动物的认知能力测试则以触屏奖赏系统为主，该系统集成了几乎所有传统认知测试手段，并进行数字化和自动化处理，训练动物后测试时只需调取相应的测试模块，即可实现测试和数据采集，并通过自动给予食物奖励，实现对正确选择的强化。本节主要以剑桥神经心理自动测试系统（Cambridge neuropsychological test automatic battery，CANTAB）为例，对灵长类动物的触屏奖赏系统加以阐述。

剑桥神经心理自动测试是目前主流用于检测认知状况，评估有无认知损伤的测试系统，最初由剑桥大学开发，是高度敏感、精确和客观的认知功能测量系统。CANTAB测试与神经网络相关，其检测神经认知表现变化高度敏感，包括工作记忆、学习和执行能力的测试；视觉记忆、语言记忆和情景记忆；注意力、信息处理和反应时间；情绪识别，决策能力和反应控制能力的测试。

初期应用于临床认知测试，后期改版后应用于实验动物的认知测试，其测试结果可直接对应临床结果，对脑科学研究具有重要价值。CANTAB任务是目前被广泛使用的计算机化认知测量方法。任务可以单独安排，也可以作为一个系统来测量不同治疗领域中认知功能的具体细分领域。

实验用非人灵长类动物进行如延迟匹配、内外空间变化与视觉辨别、空间记忆等多程序化的认知测试，需要通过训练动物使用剑桥神经心理测试成套自动化装置，以进行相应的模块化测试从而进行评估恒河猴的认知状态。非人灵长类动物认知评估是对一系列神经疾病模型动物脑部损伤进行评估的重要手段，可深入了解潜在的脑部认知区域损伤，及时发现早期脑损伤的症状表现，并评估改善大脑健康状况的干预效果。

实验装置

1. 系统硬件

包括一个金属框架外壳保护的15in触摸屏面板，一个固定的响应杠杆、食物分配器、托架。由对角线37.78cm防喷溅型红外触摸屏组成的触摸响应区域，旁边设有信号灯、190mg带托盘的食物分配器和一个响应按钮。所有的组件都是安装在一个坚固的不锈钢箱体上 [箱体尺寸为30cm × 56cm × 38cm（宽 × 高 × 长）]，质量约为22.5kg，电压230V，50Hz，侧板为带有插销的不锈钢铰链门，动物在获取食物奖励时侧门和其他组件为封闭

图10-5 CANTAB测试系统
（四川大学华西医院灵长类疾病动物模型研究室）

状态。与测试箱连接的为一个金属坚固笼具，用于动物训练和测试，配套使用可以减少带实验操作对动物的干扰（图10-5）。

2. 软件系统

搭载可编辑的多种认知测试模块，触屏编辑及反馈模块。

3. 测试项目

（1）强化认知（reinforcement familiarization）

（2）触摸训练（touchscreen training）

（3）持续性注意实验（continuous performance task，CPT）

（4）延迟匹配非匹配测试（delayed matching and non-matching to sample，D［N］MTS）

（5）冲动选择（延迟/概率强化选择任务）［impulsive choice（delayed/probabilistic reinforcement choice task）］

（6）基于列表的延迟匹配/不匹配样本测试（list-based delayed matching/non-matching to sample，ListDMS）

（7）多强化物搜索任务（multireinforcer search task，MST）

（8）快速视觉信息处理（rapid visual information processing，RVIP）

（9）逆转学习测试（reversal learning）

（10）空间辨别（spatial discrimination，SD）

（11）可变延迟响应　即对位置的延迟匹配/不匹配（variable delayed response，VDR，i.e. delayed matching/non-matching to position，DMTP/DNMTP）。

本节仅针对常用测试项目进行阐述。

操作步骤

所有触屏奖赏系统均分为训练期和测试期两个部分。下面以CANTAB认知测试系统为例进行阐述。

每个模块的实验开始时，均需将动物放入测试箱内适应新环境，随后开始为期一个月的触屏训练和强化训练。

1. 训练阶段

首先进行强化认知（reinforcement familiarization），此程序是通过一个特定音调，让实验动物知道触摸屏的可用性，这是所有认知测试中触屏可用的标准信号。实验动物在固定的时间内熟悉需触摸的目标图片，并且在音调发出时环境光指示灯点亮。可自定义将高音音调与选择"正确"联系起来——给予食物奖励，同时将低音音调与选择"错误"联系起来——关闭环境光指示灯以示惩罚。根据独立响应，选择性地增加食物奖励，每只实验动物进行一轮训练即可，且为了增加动物的驱动力，训练前需要禁食。当强化认知训练完成度较高时，即可开始进行触摸训练（touchscreen training）。从盒子大小为1（整个屏幕）开始，经过预先设定的正确选择数后，盒子的大小逐渐减小，直到接近空间工作记忆训练中使用的大小（图10-6）。在强化认知训练时只要动物触摸显示器即视为成功，并给予食物奖励（图10-7）。随训练时间的推移进行精细化触摸训练，即只有当动物触摸显示器中出现的目标图片时才给予食物奖励。注意：每进行一个认知测试模块前均需要进行训练模块，当实验动物学会使用触屏奖赏系统时，方可进行模块测试。

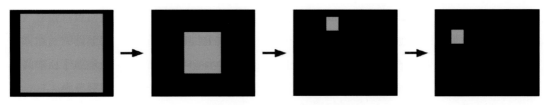

图10-6　训练阶段模块图

2. 测试阶段

本节内容仅针对以下所列的五个常用模块进行阐述，可根据实验需要选择相应的测试模块：延迟匹配非匹配测试、基于列表的延迟匹配/不匹配样本测试、快速视觉信息处理、逆转学习测试、空间辨别。

（1）延迟匹配非匹配测试　一个目标图片出现，随后是一个延迟，然后是一系列图片（包括原始目标图片）的选择。被试必须选择原始目标图片（DMTS）或新图片（DNMTS）。

实验开始时播放标记为1的声音，一个图片显示在屏幕的中心（阶段1）（可自定义的图片，实验动物必须通过触摸这个图片进行下一阶段）。几秒钟后目标图片消失，随后发生（可自定义时间的）延迟。

图10-7　正在进行触屏测试的猴

在此延迟之后，目标图片将与一个或多个其他图片一起出现（阶段2），同时播放标记为2的声音（图10-8）。

在DMTS中，猴需触摸目标图片；在DNMTS中，则需触摸新对象（注：这两项测试都是测试实验动物在延迟时间内记住第一件物品信息的能力；匹配/不匹配选项通常用于测试或引

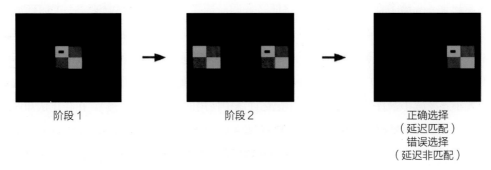

阶段 1　　　　　　阶段 2　　　　　　正确选择
（延迟匹配）
错误选择
（延迟非匹配）

图10-8　延迟匹配测试模式图

导其克服被试物种特有的选择熟悉或新奇图片的自然倾向）。回答正确会得到食物奖励；回答错误则会受到关闭环境指示灯的惩罚。进行这项测试时可选择矫正程序，以用于引导受试实验动物克服其特有的选择熟悉或新奇图片的自然倾向（如果矫正开关打开，失败的实验重复一次，直到受试动物选择正确为止）。

（2）基于列表的延迟匹配/不匹配样本测试　该项目是D（N）MTS任务的一种变体，允许在长延迟的情况下提高测试效率评价指标，当需要进行许多长时间的延迟测试时（例如5min、10min和15min），在传统任务中，样本展示和选择阶段是成对的，这种测试进展较为缓慢的：

样本1···选择1（5min+响应时间）

样本2···选择2（10min+响应时间）

样本3···选择3（15min+响应时间）

···基于此三次长时间延迟测试加上响应时间总共耗时30min；

但基于列表的延迟匹配/不匹配样本测试会以一种更省时的方式进行，这也需要受试实验动物同时记住几个样本：样本1···样本2···样本3···选择3···选择2···选择1···加上响应时间总共耗时15min。

本测试的列表可根据实验需求进行自定义。

（3）快速视觉信息处理　受试实验动物需要从屏幕上选择目标图片，同时忽略可能逐个出现的干扰图片。每次实验以标记1的声音开始。受试实验动物通过触摸（然后松开）屏幕上的一个目标图片，来启动实验（并随后做出反应）。启动后，目标图片出现在屏幕上。经过可配置的延迟后，刺激开始出现在靶区。实验动物必须注意刺激目标。在它出现之前，通常有一系列的干扰刺激必须被忽略。

（4）逆转学习测试　训练后逆转受试动物与目标强化物的关联。这个任务提供简单或串行反转学习的测试，两个刺激（A+、B-或A-、B+）或三个刺激（A+、B-、C-或A-、B+、C-）进行刺激强化训练。可以使用其中一个视觉辨别任务来完成基本的刺激反转学习进行受试动物与目标强化物的关联性测试；这个任务提供了更复杂的选项。可以选择使用三个对象。在这个任务中，被试实验动物先接受A+、B-、C-的强化训练，然后再将其转换为A-、B+、C-进行测试，即可直接测量受试实验动物对A和B这两种反转刺激的反应程度。

（5）空间辨别　多个刺激出现在屏幕上，实验对象必须对特定位置的信号做出反应，而对其他位置产生的信号不做出反应。每次实验都以标记1声音开始（可选择启动声音）。目标图片出现在屏幕上的不同位置。随后进行图片展示，有些图片显示在正确的位置，需要受试实验动物进行触摸；有些图片展示在不正确的位置，触摸后会受到惩罚。受试实验动物对不同位置图片的选择会被系统记录下来，受试实验动物会得到相应的奖励或惩罚（或者，如果动物没有做出回应，则被系统记为遗漏并受到环境光剥夺惩罚）。

评价指标

该测试没有固定的评价指标，需要实验动物模型造模前后进行测试，测出基线值，进行前后对比，所以设计实验时，需要进行纵向实验设计。

本实验得出如下指标：

（1）训练阶段掌握触屏的时间及选错次数。

（2）实验测试阶段正确率。

（3）实验测试阶段完成每轮测试的时间。

以上指标都需要在正常动物，或者是造模前阶段进行基线测试，与基线相比，正确率增加、每轮测试的时间减少，表明动物的认知能力增强；反之则是说明认知能力减弱。

注意事项

（1）实验开始后，每天进行训练，尽可能避免更换实验操作人员，本实验需要实验人员与实验动物建立联系，以降低人员干扰并提高实验动物配合程度。

（2）本实验需要选择3～5岁的非人灵长类实验动物，年龄过大依从性降低，攻击力提高且食物动力下降；年龄过小则太过活泼好动且需要更多时间适应测试笼。

（3）实验前禁食6h以上，否则食物对其驱动力会降低（实验前注意观察动物颊囊是否有食物）。

讨论和小结

触屏奖赏系统如CANTAB广泛应用于临床认知测试，改良后适用于猴的CANTAB测试结果与临床高度相关，可直接与临床患者数据进行对比，是精确和可靠的研究软件，通过CANTAB进行非人灵长类动物的认知测试一般应用于研究神经疾病相关的各种疾病动物模型构建及新药评价等。

触屏奖赏系统虽然可以进行非人灵长类动物脑发育及认知功能的测试，但该测试耗时较长。猴的天性决定其很难静下来集中注意力，当动物被安置到用于测试的实验用笼具中时，环境的改变可能诱发其紧张焦虑情绪。因此，训练阶段需要进行30～90天，测试阶段则为15～30天，完成一轮实验需要45～110天。由于测试项目和动物个体差异，实验时间可适当的缩短或延长。

采用与阿尔兹海默病患者相同的认知测试设备和测试任务，对一组非人灵长类动物进行自动化认知测试，受试动物为壮年 [（7.1±0.8）岁] 和老年 [（23.0±0.5）岁] 的恒河猴，老年猴的选择准确率显著提高，从最初实验的15%增加到最终实验的33%，而年轻猴的选择准确率增幅更大，从最初的18%提高到最终实验的60%，表明CANTAB认知测试可以确定恒河猴年龄相关的认知缺陷。老年恒河猴在视觉空间学习和空间工作记忆方面表现出特定的障碍，这可能反映了与额叶相关的功能受损。恒河猴可以通过训练来对任意的视觉线索做出反应，从而根据视觉线索发出不同类型的叫声。此外，部分恒河猴学会了在不同的实验中切换两种不同的叫声类型，以响应不同的视觉线索。

近年来通过一种改进的训练方法，训练9只成年恒河猴进行有序空间搜索、延迟匹配样本和配对联想学习的训练。参与测试的恒河猴大约130次训练时能够以稳定的表现水平（正确率>80%）执行每个任务，使其在未来的认知实验中可以顺利地投入使用，比之前公布的训练周期快大约200次。2020年Robert R. Hampton等第一次在非人灵长类动物中对元认知进行的研究，通过触屏奖赏测试系统对恒河猴的元认知外显记忆及内隐记忆进行了测试，恒河猴的某些记忆系统是显性的，但仍然需要了解更多关于显性记忆过程在猴子和不同物种的认知系统中的分布情况。

第四节　情绪行为实验方法

非人灵长类动物具有丰富的高级情感活动，情绪表达方式（如身体行为、面部表情）及影响因素（如生长环境）与人类十分相似，在焦虑等状态下表现出与人类十分相似的生理和行为反应。非人灵长类动物在模拟人类的情绪方面具有先天优势，能够复制人类情绪障碍的几乎所有临床症状。近年来，随着科学技术的不断发展，越来越多的研究选用非人灵长类动物作为研究人类情绪行为的桥梁。本节重点介绍两种评价非人灵长类动物焦虑样行为的测验。

一、人类入侵者测验

人类入侵者测验（human intruder test，HIT）最初由Kalin and Shelton（1989）发展而来，是一种被广泛用来评价非人灵长类动物在不同程度应激下焦虑样行为的测验。

该测验可以评价非人灵长类动物对于潜在危险刺激（如不熟悉的入侵人类）的个体化反应，通过陌生的人类入侵者来评估实验对象的行为气质。对非人灵长类来说，直接目光接触是一种威胁刺激，非人灵长类动物在HIT各个阶段的反应类型和水平可能反映出类似特质的行为反应。该测验最初是用来评价早期的社会经历对幼猴的性格和行为影响，随后扩展运用到各个年龄段的猴上，近年来的研究发现HIT也可以用来评价抗焦虑药的行为学效应。

实验装置

人类入侵者测验装置由特制猴笼、高清摄像机、三脚架等组成，实验猴在实验过程中可以在特制猴笼中自由活动。特制猴笼：规格为1m×1m×1m（长×宽×高），底部为配托盘以方便接纳猴排泄物；左右两侧为拉杆，方便放入/取出实验猴。

操作步骤

人类入侵测验流程如图10-9所示。

单独适应　　　　　　　无目光接触　　　　　　　目光直视

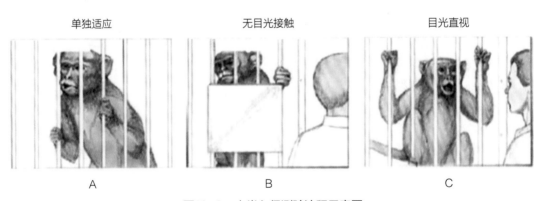

A　　　　　　　　　　B　　　　　　　　　　C

图10-9　人类入侵测验流程示意图

A 实验幼猴适应测验房间；B 人类入侵者进入测验房间逐渐靠近实验幼猴，但不与其进行目光接触；
C 人类入侵者正面与实验幼猴目前直视
摘自Kalin，2017。

（1）实验对象遴选　选取无肢体残疾、无视觉缺陷症状的健康幼猴。

（2）环境适应　先暂时把实验幼猴与母猴分开，转移到测验房间里的特制猴笼中，实验幼猴在笼中单独适应测验房间10min，并用高清摄像机采集行为数据。

（3）背向实验对象　入侵者进入该测验房间并接近实验幼猴，背向实验幼猴与其相距60cm，不与其进行目光接触；入侵者保持这个姿势不动并采集行为视频2min。

（4）正面目光接触　入侵者转向实验幼猴与其正面目光接触并采集行为视频2min。

（5）离开阶段　入侵者先背对实验对象并录制2min视频；待视频采集结束后，入侵者离开房间，把实验幼猴返回至母猴处。

评价指标

逐帧分析实验视频，统计与分析实验幼猴在各个实验阶段以下行为出现的时间（s）和频率，僵住行为、挠体行为、低吼、打哈欠、背对笼子等行为是实验动物在目视入侵者时所表现出来的个体化反应，这些行为指标可以用来综合评价实验动物的焦虑样行为。

（1）僵住行为（freezing）　固定姿势超过2s。

（2）挠体行为（scratch）　用手或脚快速地穿梭于毛发间。

（3）低吼（咕哝声）　短且低的发声。

（4）打哈欠（yawn）　张大嘴巴、露出牙齿。

（5）背对笼子（back of cage）　至少3肢位于后半部分。

注意事项

（1）注意入侵者与实验对象的距离，不要太近或者太远；

（2）测试房间保持安静，入侵者进入测验房间时步伐轻柔，避免不必要的应激；

（3）筛选身体各项指标合格的动物进行测试；

（4）及时清理特制猴笼中的粪便，避免异味对实验结果造成影响。

讨论和小结

人类入侵者测验（HIT）旨在衡量个体对人类入侵者的潜在威胁社会应激的反应，以评估不同程度刺激下的焦虑样行为。HIT目前应用场景更广泛，出现了多种研究变式，但都得到了相似的研究结果。与其他行为学测验相比，该测验操作简单易行，不需要复杂的装置，但是实验室环境、入侵者性别等因素都可能会实验对象的行为产生影响，在具体实施过程中需要注意上述干扰因素对实验结果的影响。

HIT为焦虑症的神经机制研究以及抗焦虑药物的临床前药效评价提供了一种重要模型，可以减少新药研发失败的风险。如HIT可以用来评价抗焦虑药物的行为学效应。大量研究发现抗焦虑药物如地西泮、丁螺环酮、扎考必利、甲氨二氮卓等都可以阻断实验猴在HIT上的系列焦虑样行为。研究发现实验动物在HIT不同阶段中的行为反应是由不同神经递质系统调节的，吗啡（阿片激动剂）可以减少咕哝声，而纳洛酮（阿片拮抗剂）可以增加咕哝声，但二者都对僵住行为没有显著性影响；与此相反，地西泮可以减少僵住行为，却对咕哝声没有影响。

二、捕食者对抗测验

捕食者对抗测验（predator confrontation Test，PCT）是一种在非人灵长类动物上评价焦虑样行为的测验，广泛用于评价非人灵长类动物面对捕食性威胁的行为反应。该测验最初由Barros等开发使用，使用斑虎猫标本作为捕食者来评价狨猴在面对捕食者的焦虑样行为。

实验装置

捕食者对抗测验装置由"8"字形迷宫装置、高清摄像头组成。整个装置高于地面1m，由一个矩形开放迷宫构成（125cm×103cm×35cm，长×宽×高），装置四周由厚度4mm的透明玻璃和金属支撑构成。迷宫被一块不透明的玻璃板（147cm×8cm×218cm）分为两部分：前端由3个平行开臂构成（40cm×25cm×35cm），两臂间隔25cm；三个开臂末端用一个矩形臂连接（125cm×25cm×35cm），捕食者位于后端"P"位置；后端中央位置（"S"）为实验动物起始位置，抽掉隔离挡板可自由活动（图10-10）。

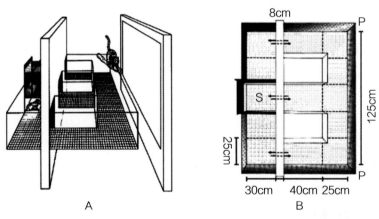

图10-10 捕食者对抗测验装置示意图
A 实验装置简图；B 装置俯视图
摘自Barros & Tomaz，2002。

操作步骤

（1）迷宫环境适应：所有实验动物先后进行连续7天（每次间隔24h）、每天30min的迷宫环境适应，此时迷宫中并未放置捕食者。

（2）捕食者对抗阶段：在迷宫中放置捕食者（斑虎猫），所有实验动物进行随机共进行6次、每次30min的实验并进行视频录像；每次实验间隔5min。

（3）取走捕食者，每只实验动物在迷宫中进行6次、每次30min的实验。

评价指标

逐帧分析实验视频，统计与分析实验动物在各个实验阶段以下行为出现的时间（s）和频率，探索行为、气味标记行为、自主运动、在捕食者附近停留时间等是实验动物在面对捕食者威胁时所表现出来的个体化行为反应，这些行为指标可以用来综合评价实验动物的焦虑样行为。

（1）探索行为　嗅或舔实验装置。

（2）气味标记　用肛门或生殖器摩擦物体。

（3）自主运动

（4）在捕食者附近的时间（s）　在捕食者周围停留的累积时间。

注意事项

（1）实验室保持安静，减少人员走动对实验的影响。

（2）及时清理实验对象排泄物并进行消毒，避免粪便异味对实验结果造成影响。

（3）在所有实验中，捕食者位置左右各半，但保证每只实验动物在6次实验中的捕食者位置相同。

（4）来回在迷宫中取放实验动物时，动作轻柔以减少对实验动物的影响。

（5）所有实验尽量在上午8：00—12：00进行。

讨论和小结

捕食者对抗测验（PCT）最初是用来评价非人灵长类动物对捕食者威胁应激反应的一种行为学测验，实验动物在遭遇到其捕食者时会表现出焦虑和恐惧相关的行为学反应。该测验最大的优势就是能够记录实验动物在面对捕食者时自然行为反应，但实验动物在环境适应阶段存在很大的个体化差异：有些实验动物适应环境很快，但有些需要很长时间才能适应环境。另外需要注意的是实验中所使用的捕食者无论是斑虎猫标本还是假蛇，都需要足够真实才能引起实验对象的行为反应。

研究发现多种抗焦虑药物在该测验上表现出显著的抗焦虑活性，丁螺环酮、地西泮等药物可以显著增加实验动物在"predator"附近的时间以及探索行为的频率，表现出显著的抗焦虑行为学活性。该行为学测验为焦虑症的发病机制研究以及抗焦虑药物的临床前药效评价提供了重要的实验程序。

第五节 非人灵长类动物成瘾行为实验方法

一、猴躯体依赖行为实验

　　阿片类物质如吗啡等具有强烈的躯体依赖性，也是研究最深入的药物类型，本节将以此为例详细说明实验方法和步骤。阿片类药物在停止给药后2～3天会出现最明显的自然戒断反应，持续7～10天。相比之下，催促戒断实验具有发作较快，症状严重明显，便于观察，但持续时间短等特点。

实验装置

　　实验不需要特殊的设备，主要依靠训练有素的观察者进行标准化和客观的评分。测试箱主要用于清晰地观察戒断症状，并准确收集排尿、腹泻等数据。可以选用透明饲养笼或观测箱作为测试箱，并单笼观察动物。观测室内应保持适宜的温度和湿度条件，如空气湿度50%～70%，室温控制在22～24℃。也可以根据实验需求，选择和给药环境一致的测试环境，以诱导或增强戒断症状。

操作步骤

　　1. 动物

　　猴品系：恒河猴等。

　　2. 药品

　　阿片类物质（如吗啡、海洛因、可待因等）。

　　3. 步骤/手术

　　选择健康的实验猴，体重4～6kg，每组3只以上。按剂量递增法皮下注射吗啡等药物，可以采用恒量法，每天3.0mg/kg，连续给药3～9个月；也可以采用递增剂量法，从3～10mg/kg逐渐增加到115mg/kg；或者在15mg/kg时恒量维持3~6个月。

自然戒断：停药后连续后7~10天内进行行为观察和体重测量。

催促戒断：末次给药后2~5h内皮下注射纳洛酮0.1mg/kg，并开展2h内的戒断评估，并记录催促戒断前后2~4h内体重变化。

评价指标

阿片类药物依赖猴的催促戒断反应具有以下特点：

（1）给予纳洛酮或烯丙吗啡等拮抗剂后，戒断症状迅速出现；

（2）阶段症状表现为多种躯体和行为异常；

（3）催促戒断反应明显、严重。

为了定量评估催促戒断反应的严重程度，我们采用了一种基于猴的戒断症状评分标准。以吗啡依赖猴为例，戒断症状分为轻度、中度、重度和极重度四个等级，评分标准如下（级差分加症状分）：①轻度：惊恐、流泪、打哈欠、颤抖、出汗、打斗、颜面潮红、嘶鸣，食欲下降、稀便（级差分5分，每个症状3分，同一症状一天内重复出现再计时减1分。）；②中度：意向性震颤、竖毛反应、厌食、腹泻、肌肉抽搐、无力、抱腹、躺卧（级差分10分，每个症状4分，同一症状一天内重复出现再计时减1分。）；③重度：异常姿势、极度不安、闭目侧卧、面色苍白、呻吟、肌痉挛、呕吐、严重腹泻（级差分17分，每个症状5分，同一症状一天内重复出现再计时减1分。）；④极重度：衰竭状态（呼吸困难、面部无表情、严重脱水）、体重明显下降（10%以上），甚至死亡。评分是根据症状和分级综合判断的，症状不同，得分应该有所区别，同一等级中症状种类的多少，得分应有区别，但不应比级差分值大。3个次级症状等于高一级症状分值，如3个轻度症状分（5+3×3）=1个中等症状分（10+4）。3个中等症状分（10+4×3）=1个重度症状分（17+5）。若动物出现衰竭状态或死亡时，其他症状都看不到，故给的分值相当于轻、中、重症状分的总和。

注意事项

和啮齿类动物躯体依赖行为实验类似，首先，猴吗啡戒断综合征强度也与所使用阿片类物质种类、药物暴露的剂量、给药时间长短、给药途径、停药速度密切相关。其次，动物模型的戒断症状的评估主观性强，建议统一标准，采用盲法评分，观察和记录每只猴的戒断症状、体征和体重变化。如自然戒断期，建议连续观察7天，每天3次，定点定时定人员。最后，不同的阿片类物质会引起不同类型和程度的戒断综合征，并非所有戒断征候或症状在一个受试动物身上都能出现。需要根据实际情况进行各项相关指标的综合评价。

讨论和小结

灵长类动物躯体依赖模型能够有效地模拟人类阿片类物质的成瘾及其戒断症状。该模型为探索躯体依赖的神经生物学机制提供了重要工具，并有助于开发新型治疗药物和方案。

二、猴精神依赖行为实验

（一）自身给药行为实验

自身给药模型是模拟人类药物滥用的常用方法，也是成瘾模型中最主要和最认可的一个组成部分，被称为成瘾模型中的黄金标准。自身给药是一种条件化操作（operant conditioning），在一系列的行为操作后呈现一个刺激会增加或者减少该行为发生的概率，如果呈现的刺激增加了行为发生的概率，则称之为正性强化物（positive reinforcer）。自身给药正是依据这个原理，利用一系列的行为训练程序来测试和研究药物的强化作用以及被滥用的可能性。大多数人类滥用的药物，如精神兴奋类（安非他命、可卡因、甲基苯丙胺）、阿片类（海洛因、吗啡），尼古丁和酒精等都可以在实验动物身上进行自身给药程序的训练。根据使用的药物不同，自身给药的给药途径也不尽相同，最常用的给药途径有静脉内给药以及口服，其他给药途径还有脑室内给药、颅内给药、吸入式给药、灌胃给药以及肌注给药等。原则上为了更好地模拟人类滥用药物的过程，一般采取与人滥用药物时相同或相似的给药途径进行自身给药训练。例如，可卡因和海洛因采取静脉内给药，酒精采取口服的给药方式进行训练。当然采取口服的给药方式就应该注意口味因素对于实验的影响，为了避免这个因素，也可以采用增加甜味或者灌胃给药方式代替。如果已知某种药物作用于特定的脑区，颅内给药也是一个好的选择，药物可以即时有效地作用于相应的脑区而避免了延时效应。自身给药程序虽然因研究的药物不同，给药途径也不同会略有差异，但整体上所采用的条件化操作和训练程序是相似的。下面我们就以实验猴静脉自身给药为例来介绍一下整个训练过程。

实验装置

实验猴自身给药实验装置有两种类型：

一种是基于饲养笼的自身给药箱，一般由不锈钢板做成，长90cm，宽75cm，高90cm。前壁开放或有开门，后壁有信号灯，踏板或压杆，配有饮水管和食槽，实验猴的静脉插管通过保护管与笼后壁外侧的输液泵相连，通过踏板或压杆启动输液泵开始静脉内给药（图10-11）。

　　另一种是基于猴椅的自身给药设备，该设备与饲养笼分开，利用大小可调节的猴椅将实验动物固定在自身给药设备前。自身给药系统包括信号灯、踏板或压杆、输液泵等元件。实验动物的静脉插管通过保护管连接到输液泵上，当动物按下踏板或压杆时启动输液泵进行静脉内给药（图10-12）。

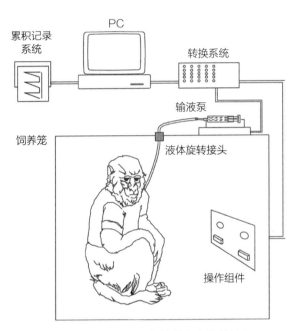

图10-11 基于猴饲养笼的自身给药设备
引自Donna M. Platt, Galen Carey, and Roger D. Spealman Intravenous Self-Administration Techniques in Monkeys. Current Protocols in Neuroscience (2005) 9.21.1~9.21.15。

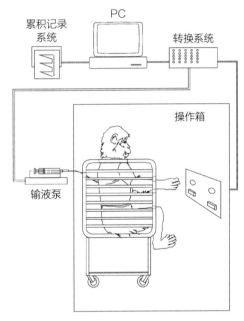

图10-12 基于猴椅的自身给药设备
引自Donna M. Platt, Galen Carey, and Roger D. Spealman Intravenous Self-Administration Techniques in Monkeys. Current Protocols in Neuroscience (2005) 9.21.1~9.21.15。

操作步骤

　　（1）实验前准备　选择健康且符合检疫标准的4～6kg成年雄猴，穿上保护外套，进行试验笼内的适应性训练。

　　（2）手术安置静脉导管　以静脉内自身给药为例，需要先在动物身上埋置一个长期留置的静脉导管，通常选择浅层静脉作为埋置部位，如颈静脉和股静脉。选择合适的麻醉方法对动物进行麻醉，在无菌的条件下，将导管一端埋置于静脉内，另一端经由皮下从动物的肩胛骨处穿出，在非实验阶段，要用不锈钢的密封体将暴露于皮外的导管端进行密封，而且为了防止动物抓挠，应给动物穿一件适当的外套。整个实验阶段，动物要一直饲养在单独的操作笼内，并穿配上由固定于笼子后面或顶部的弹簧臂连接的特制的固定装置，这可以保证导管不被破坏，又可以允许动物在一定范围内的自由活动。埋置的导管穿过弹簧臂，并通过一个塑料软管与放置于笼外的电动注射泵连接起来，以便在进行给药操作。至少每两周一次要用无菌的生理盐水和水对导管进行清洗。

（3）训练流程　在训练过程中，动物通过进行一定的实验操作（如压杆或者触屏）得到一次药物注射，通常还会伴有一个灯光或者声音，提示任务的开始。同时在动物做出操作后，会有不同的声音提示操作的成功或者失败。整个过程中，训练参数的设置、条件刺激（声音或者灯光提示）、动物的响应操作都由电脑进行控制与记录。其中用来进行分析的最重要的两个参数分别是注射的药物量和动物的响应率（responding rate），即单位时间内动物进行响应操作的次数。日常的实验训练可以在操作笼内也可以在猴椅上进行。训练环境要保持安静通风，以免分散动物的注意力，影响任务的完成。自身给药训练任务有很多种，其中最基础的也是必训的任务是FR1（1-response, fixed-ratio）程序，即动物每进行一次操作，都会得到一次药物注射，药物注射的剂量要确保足够引起动物的操作行为。每次任务过后都应有一段超时期（timeout period），在此段时期内，动物的操作将不会引起任何药物的注射。当动物学会了这个任务并且成绩稳定时就可以进行其他的训练操作了。

为了模拟不同的成瘾成分，自身给药发展出了一系列不同的强化训练程序，下面就介绍其中主要的几种。

①固定比率（fixed-ratio，FR）程序：这是最简单的强化训练程序。动物每进行一定次数的操作（如压杆或触屏），就可以得到一次药物注射。操作次数的不同决定了FR值的大小，如FR1、FR5、FR10等。FR1表示动物每次操作都能获得药物注射，而FR10表示动物需要操作十次才能获得一次药物注射。这个程序可以有效地检测一个药物是否具有正性强化作用，即是否能增加动物的操作行为。一般来说，FR值越高，说明药物的正性强化作用越强，也就越容易导致成瘾。

②渐进式比率（progressive-ratio，PR）程序：PR是指动物每得到一次药物注射所需的操作数逐渐增加，通常按照指数方式增长。例如，常用到的一个训练数列是FR1, FR2, FR4, FR6, FR9, FR12, FR15, FR 20, FR25, FR32等。这种旨在确定一个临界点，当得到一次药物注射所需的操作数过多时，药物的强化作用不再能够保持这种操作，因此动物停止操作行为。这个临界点对应的FR值被称为"断点"（breaking point）。断点可以直接反映一个药物在特定剂量下的正性强化作用的强度，断点越高，说明药物越具有成瘾性。

③固定时间间隔（fixed-interval，FI）程序：FI明确了两次给药之间最小的时间间隔（inter-injection interval），即条件化操作后到奖励或者强化物出现之前所需要的时间。与PR

的训练过程一样，FI也可以逐渐增加，直到达到预定的FI值，但是与PR中存在断点不同，FI训练程序会产生一个"扇形特征"，即训练过程中，在间隔（interval）的早期，动物很少做出响应动作，但随着间隔的逐渐消失，动物的响应率（response rate）也不断增加，呈现一个扇形。

④选择（choice procedures）程序：选择程序是一种评价动物对不同强化物偏好程度的方法。该方法通常同时提供两种或多种强化物（如药物和食物）供动物自由选择，评估其在强化物之间的选择行为。与只有一种强化物可用的自我给药程序相比，选择程序能够模拟人类服用药物时面临的复杂环境，即存在多种替代或竞争性质的奖赏刺激。因此，选择程序是研究促进药物选择和滥用行为和成瘾倾向的相关风险因素的有力工具。然而，该程序的使用受限于训练难度较大以及训练时间较长。

⑤二级强化（second-order）程序：二级强化程序是一种将药物作为一级强化物，将与药物反复配对呈现的中性刺激（如声音或光）作为二级强化物，并利用巴甫洛夫条件反射原理建立动物对药物和刺激之间联系的实验程序。该程序通常基于FR、FI等不同类型的强化程序，在每次给予实验动物药物时同时呈现二级刺激，并观察二级刺激对动物自身给药行为和觅药行为的影响。二级强化程序训练通常能比简单的FR或者FI引起更加高的响应率，因为根据经典的条件化理论，环境刺激本身也起到了一定的强化作用。这种程序通常可以很好地模拟和研究环境线索因素对于动物觅药行为的影响。但是，该程序也存在一些缺点，如需要较长时间和较高技术水平地对动物进行训练。

⑥消退和复燃（extinction and reinstatement）程序：消退训练是指中断强化，即动物的操作不会带来药物的注射。消退训练可以用来衡量药物的动机成分（motivational properties），表现为动物在得不到药物注射的情况下仍然会持续一段觅药行为。虽然当压杆或者触屏等操作不再得到强化，动物操作的频率最终会下降到一个很低的状态。但是在消退刚开始的阶段，动物的响应率会有一个短时的增加，这个增加被称为"消退反弹"。复燃是指当动物在戒断之后重新暴露于某些非条件的刺激后，会重新恢复之前习得的反应操作的一个过程。消退和复燃常被用来研究成瘾的戒断后复吸过程。这个训练的一般流程如下，首先训练动物进行自身给药，待到自身给药行为稳定后，进行消退训练，即动物的操作不会得到药物的注射，直到动物的响应率降低到一个很低的水平。接下来进行复燃，即实验者会对动物进行一定的操作，并允许动物做出反应（压杆或触屏），然而这种操作仍然不会带来药物的注射。如果实验者的这个操作能够使动物的响应率升高，那证明这个操作可以模拟复吸过程。实验过程中三种常见的可以使动物响应率升高的操作有a. 重新接触药物，不论这个药物是自身给药时的药物或者是另一种药物；b. 压力应激，如一系列温和的足底电击；c. 接触到药物相关的环境线索，指给药同时出现的环境刺激（光照或者声音）。而这些操作也正是人类戒断后复吸的因素。

评价指标

最主要的两个评价指标：一是注射的药物量，二是动物的响应率（responding rate），即单位时间内动物进行响应操作的次数。

（二）猴条件性位置偏好行为实验

> 条件化位置偏好（conditioned place preference, CPP）是一种利用巴普洛夫条件反射（pavlovian conditioning）原理来测量药物或非药物刺激对实验动物产生奖赏或惩罚效应的行为模型。

实验装置

该实验的基本思路是将特定环境与给予或不给予药物相联系。通常，实验装置由三个隔间组成，中间隔间没有明显的环境线索，但有两扇门分别通向左右两个隔间。左右两个隔间各自具有不同的环境特征，如颜色、地板纹理或摆设等。动物可以在三个隔间内自由活动。图10-13是一种猴子训练CPP时的设施示意图及训练过程图。

操作步骤

（1）熟悉环境阶段（habituation） 目的是让动物适应实验装置和环境。在实验开始前，每

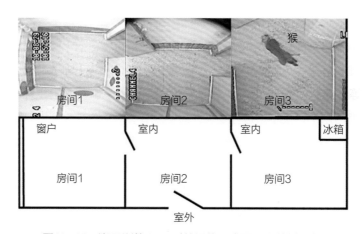

图10-13　猴子训练CPP时的设施示意图及训练过程图

天将动物拉入设施内，自由活动一段时间，让其熟悉整个环境。并记录下每个动物在左右两个不同特征隔间中分别停留的时间，以判断在基线状态下动物对不同环境的偏好程度。

（2）条件化阶段（conditioning）　目的是让动物将特定环境与药物或生理盐水的效应联系起来。根据实验设计的不同，有两种常用的配对方法：偏向化设计（biased design）和非偏向化设计（unbiased design）。在偏向化设计中，将药物与动物基线时非偏好的隔间配对，即在给予动物药物后，将其限制在基线时停留时间较短的隔间内一段时间（drug-paired）。第二天，给予动物生理盐水或者配药溶剂注射，并将其限制在基线时停留时间较长的隔间内（saline-paired）。如此交替进行配对训练。在非偏向化设计中，则不考虑动物基线时对隔间的偏好，而是随机地将药物与左右两个隔间配对。

（3）测试阶段（testing）　目的是观察动物对不同环境的选择行为。将动物置入中间无任何环境特征的隔间，并将两边房间的门打开，让动物可以自由做出选择，并记录下动物在每个房间停留的时间。

评价指标

测试阶段动物在每个房间停留时间是该实验的核心评价指标。如果一个药物能够使动物在药物匹配房间待的时间明显长于盐水配对隔间，说明产生了CPP，反之，如果动物在生理盐水配对隔间的停留时间明显长于药物配对隔间，说明存在CPA（conditioned place aversion）。实验证明大多数成瘾药物都能引起CPP和CPA，这取决于给药剂量和频率。此外，成瘾动物在戒断后通常会表现出CPA。

注意事项

1. 灵长类动物的成瘾行为学实验周期较长，操作复杂，需要注意以下几个方面：

（1）选择合适的灵长类动物种类和数量。恒河猴和食蟹猴是生物医药研究最常用的灵长类实验动物。根据实验目的和设计，确定所需动物数量。

（2）保证无菌操作和手术伤口护理。手术时要严格遵守无菌原则，并使用合适的麻醉剂、止血剂、消毒剂等。手术后要定期清洁伤口，并观察是否有感染、出血、肿胀等异常情况。

（3）维护导管通畅和位置准确。每3天给导管排一次气泡，一周更换一次体外管道。每两周用速效麻醉药延导管静脉缓慢推注，检测导管是否在静脉系统内。

（4）观察动物健康状态和行为变化。每日实验开始前，观察动物粪便、食水量、体重、皮毛、眼神、呼吸等指标，并记录下任何异常情况。同时，注意是否有刻板行为、攻击性行为或其他异常行为出现。

2. 自身给药和CPP均可用于评价药物的精神依赖性。自身给药实验能够反映动物对药物的主动摄取行为，CPP实验能够反映药物的强化效应。在实验期间，应尽量减少人员走动和干扰，以免影响动物的选择行为和心理状态。可通过监控设备实时观察动物行为，并记录下任何异常情况，如出现危及动物安全或影响实验数据准确性的情况，应及时采取紧急措施。

讨论和小结

灵长类动物成瘾行为学实验具有重要的科学价值和临床意义。与其他小型啮齿类动物相比，灵长类动物在生理、解剖、遗传、行为等方面与人类更为相似，因此灵长类动物成瘾模型能够更好地模拟人类成瘾现象及其机制，并为新药开发和治疗方案提供可靠的参考数据。本文介绍了灵长类动物成瘾行为学实验的基本原理、方法和注意事项，旨在为相关领域的研究者提供一些指导和帮助。

参考文献

[1]　Nagahara AH, Bernot T, Tuszynski MH. Age-related cognitive deficits in rhesus monkeys mirror human deficits on an automated test battery. Neurobiol Aging 2010; 31 (6): 1020-31.

[2]　Hage SR, Gavrilov N, Nieder A. Cognitive control of distinct vocalizations in rhesus monkeys. J Cogn Neurosci 2013; 25 (10): 1692-701.

[3]　Tu H-W, Hampton RR. Control of working memory in rhesus monkeys (Macaca mulatta). Journal of Experimental Psychology: Animal Learning and Cognition 2014; 40 (4): 467-476.

[4]　Fagot J, Marzouki Y, Huguet P, Gullstrand J, Claidiere N. Assessment of social cognition in non-human primates using a network of computerized automated learning device (ALDM) test systems. J Vis Exp 2015; (99): e52798.

[5]　Hampton RR, Engelberg JWM, Brady RJ. Explicit memory and cognition in monkeys. Neuropsychologia 2020; 138: 107326.

[6]　Wither RG, Boehnke SE, Lablans A, Armitage-Brown B, Munoz DP. Behavioral shaping of rhesus macaques using the Cambridge neuropsychological automated testing battery. J Neurosci Methods 2020; 342: 108803.

[7]　Sassenrath, E. N. & Chapman, L. F. Primate social behavior as a method of analysis of drug action: studies with THC in monkeys. Fed Proc 35, 2238-2244 (1976) .

[8]　Newman, J. D. & Farley, M. J. An ethologically based, stimulus and gender-sensitive nonhuman primate model for anxiety. Prog Neuropsychopharmacol Biol Psychiatry 19, 677-685 (1995) .

[9]　Rosenblum, L. A. & Paully, G. S. Primate models of separation-induced depression. Psychiatr Clin North Am 10, 437-447 (1987) .

[10]　杨雄里. 神经生物学: 从神经元到脑 (第5版), 科学出版社, 790 (2014) .

[11]　Bakay, R. A. et al. Biochemical and behavioral correction of MPTP Parkinson-like syndrome by fetal cell transplantation. Ann N Y Acad Sci 495, 623-640 (1987) .

[12]　Squire, L. R. Memory and the hippocampus: a synthesis from findings with rats, monkeys, and humans. Psychol Rev 99, 195-231 (1992) .

[13] Dauer, W. & Przedborski, S. Parkinson's disease: mechanisms and models. Neuron 39, 889-909 (2003) .

[14] Sloane, J. A. et al. Lack of correlation between plaque burden and cognition in the aged monkey. Acta Neuropathol 94, 471-478 (1997) .

[15] 钟治晖, 非人灵长类动物精细行为学记录和观察装置. 四川省, 四川大学华西临床医学院, 2016-01-06.

[16] 黄忠强, 刘书华, 关雅伦, 李韵峰, 李雪娇, 黄韧, 张钰, 李舸. 非人灵长类单侧脑损伤模型运动感知行为的评价研究 [J]. 中国实验动物学报, 2019, 27 (05): 577-582.

[17] 胡新天, 仇子龙, 顾勇, 龚能, 孙强. 非人灵长类模型 [J]. 中国科学院院刊, 2016, 31 (07): 773-782.

[18] 张媛媛. 浅谈心理学和行为学方法对非人灵长类性格的测定 [J]. 科技信息, 2010 (19): 213-214.

[19] Gary C, Lam S, Hérard AS, Koch JE, Petit F, Gipchtein P, Sawiak SJ, Caillierez R, Eddarkaoui S, Colin M, Aujard F, Deslys JP; French Neuropathology Network, Brouillet E, Buée L, Comoy EE, Pifferi F, Picq JL, Dhenain M. Encephalopathy induced by Alzheimer brain inoculation in a non-human primate. Acta Neuropathol Commun. 2019 Sep 4; 7 (1): 126.

[20] Schneider JS, Marshall CA, Keibel L, Snyder NW, Hill MP, Brotchie JM, Johnston TH, Waterhouse BD, Kortagere S. A novel dopamine D3R agonist SK609 with norepinephrine transporter inhibition promotes improvement in cognitive task performance in rodent and non-human primate models of Parkinson's disease. Exp Neurol. 2021 Jan; 335: 113514.

[21] de Pesters A, Coon WG, Brunner P, Gunduz A, Ritaccio AL, Brunet NM, de Weerd P, Roberts MJ, Oostenveld R, Fries P, Schalk G. Alpha power indexes task-related networks on large and small scales: A multimodal ECoG study in humans and a non-human primate. Neuroimage. 2016 Jul 1; 134: 122-131.

[22] Hernandez-Castillo CR, Nashed JY, Fernandez-Ruiz J, Wang J, Gallivan J, Cook DJ. Increased functional connectivity after stroke correlates with behavioral scores in non-human primate model. Sci Rep. 2017 Jul 27; 7 (1): 6701.

[23] Lavisse S, Williams S, Lecourtois S, van Camp N, Guillermier M, Gipchtein P, Jan C, Goutal S, Eymin L, Valette J, Delzescaux T, Perrier AL, Hantraye P, Aron Badin R. Longitudinal characterization of cognitive and motor deficits in an excitotoxic lesion model of striatal dysfunction in non-human primates. Neurobiol Dis. 2019 Oct; 130: 104484.

[24] Wang J, Nebeck S, Muralidharan A, Johnson MD, Vitek JL, Baker KB. Coordinated Reset Deep Brain Stimulation of Subthalamic Nucleus Produces Long-Lasting, Dose-Dependent Motor Improvements in the 1-Methyl-4-phenyl-1, 2, 3, 6-tetrahydropyridine Non-Human Primate Model of Parkinsonism. Brain Stimul. 2016 Jul-Aug; 9 (4): 609-17.

[25] Johnson LA, Nebeck SD, Muralidharan A, Johnson MD, Baker KB, Vitek JL. Closed-Loop Deep Brain Stimulation Effects on Parkinsonian Motor Symptoms in a Non-Human Primate-Is Beta Enough? Brain Stimul. 2016 Nov-Dec; 9 (6): 892-896.

[26] Lee J, Choi H, Min K, Lee S, Ahn KH, Jo HJ, Kim IY, Jang DP, Lee KM. Right Hemisphere Lateralization in Neural Connectivity Within Fronto-Parietal Networks in Non-human Primates During a Visual Reaching Task. Front Behav Neurosci. 2018 Oct 2; 12: 186.

[27] Zhang Y, Fan F, Zeng G, Zhou L, Zhang Y, Zhang J, Jiao H, Zhang T, Su D, Yang C, Wang X, Xiao K, Li H, Zhong Z. Temporal analysis of blood-brain barrier disruption and cerebrospinal fluid matrix metalloproteinases in rhesus monkeys subjected to transient ischemic stroke. J Cereb Blood Flow Metab. 2017 Aug; 37 (8): 2963-2974.

[28] Barros M, Tomaz C. Non-human primate models for investigating fear and anxiety. Neurosci Biobehav Rev. 2002 Mar; 26 (2): 187-201. doi: 10.1016/s0149-7634 (01) 00064-1.

[29] Barros M, Mello EL, Huston JP, Tomaz C. Behavioral effects of buspirone in the marmoset employing a predator confrontation test of fear and anxiety. Pharmacol Biochem Behav. 2001 Feb; 68 (2): 255-62. doi: 10.1016/s0091-3057 (00) 00447-0.

[30] Barros M, Alencar C, de Souza Silva MA, Tomaz C. Changes in experimental conditions alter anti-predator vigilance and sequence predictability in captive marmosets. Behav Processes. 2008 Mar; 77 (3): 351-6. doi: 10.1016/j.beproc.2007.10.001. Epub 2007 Oct 6.

[31] Barros M, Boere V, Huston JP, Tomaz C. Measuring fear and anxiety in the marmoset (Callithrix penicillata) with a novel predator confrontation model: effects of diazepam. Behav Brain Res. 2000 Mar; 108 (2): 205-11. PMID: 10701664.

[32] Barros M, Maior RS, Huston JP, Tomaz C. Predatory stress as an experimental strategy to measure fear and anxiety-related behaviors in non-human primates. Rev Neurosci. 2008; 19 (2-3): 157-69. doi: 10.1515/revneuro.2008.19.2-3.157.

[33] Cagni P, Gonçalves I Jr, Ziller F, Emile N, Barros M. Humans and natural predators induce different fear/anxiety reactions and response pattern to diazepam in marmoset monkeys. Pharmacol Biochem Behav. 2009 Aug; 93 (2): 134-40.

[34] Kalin NH, Shelton SE. Defensive behaviors in infant rhesus monkeys: environmental cues

and neurochemical regulation. Science. 1989; 243: 1718-1721.

[35] Kalin NH, Shelton SE, Turner JG. 1991. Effects of alprazolam on fear-related behavioral, hormonal, and catecholamine responses in infant rhesus monkeys. Life Sci, 49: 2031-2044.

[36] Habib KE, Weld KP, Rice KC, Pushkas J, Champoux M, Listwak S, Webster EL, Atkinson AJ, Schulkin J, Contoreggi C. 2000. Oral administration of a corticotropin-releasing hormone receptor antagonist significantly attenuates behavioral, neuroendocrine, and autonomic responses to stress in primates. Proc Natl Acad Sci U S A 97: 6079-6084.

[37] Alexander L, Gaskin PLR, Sawiak SJ, Fryer TD, Hong YT, Cockcroft GJ, Clarke HF, Roberts AC. Fractionating Blunted Reward Processing Characteristic of Anhedonia by Over-Activating Primate Subgenual Anterior Cingulate Cortex. Neuron. 2019 Jan 16; 101 (2): 307-320.e6.

[38] Kalin NH. Mechanisms underlying the early risk to develop anxiety and depression: A translational approach. Eur Neuropsychopharmacol. 2017 Jun; 27 (6): 543-553.

[39] Coleman K, Pierre PJ. Assessing anxiety in nonhuman primates. ILAR J. 2014;55(2):333-46. doi: 10.1093/ilar/ilu019. PMID: 25225310; PMCID: PMC4240439.

[40] Corcoran CA, Pierre PJ, Haddad T, Bice C, Suomi SJ, Grant KA, Friedman DP, Bennett AJ. Long-term effects of differential early rearing in rhesus macaques: behavioral reactivity in adulthood. Dev Psychobiol. 2012 Jul;54(5):546-55. doi: 10.1002/dev.20613. Epub 2011 Nov 9. PMID: 22072233; PMCID: PMC3298575.

[41] Negus SS, Banks ML. Modulation of drug choice by extended drug access and withdrawal in rhesus monkeys: Implications for negative reinforcement as a driver of addiction and target for medications development. Pharmacol Biochem Behav. 2018 Jan; 164: 32-39.

[42] McMahon LR, Li JX, Carroll FI, France CP. Some effects of dopamine transporter and receptor ligands on discriminative stimulus, physiologic, and directly observable indices of opioid withdrawal in rhesus monkeys. Psychopharmacology (Berl). 2009 Apr; 203 (2): 411-20.

[43] McMahon LR, Sell SL, France CP. Cocaine and other indirect-acting monoamine agonists differentially attenuate a naltrexone discriminative stimulus in morphine-treated rhesus monkeys. J Pharmacol Exp Ther. 2004 Jan; 308 (1): 111-9.

[44] Tannu NS, Howell LL, Hemby SE. Integrative proteomic analysis of the nucleus accumbens in rhesus monkeys following cocaine self-administration. Mol Psychiatry 2010; 15 (2): 185-203.

[45]　Blaylock BL, Gould RW, Banala A, Grundt P, Luedtke RR, Newman AH et al. Influence of cocaine history on the behavioral effects of Dopamine D (3) receptor-selective compounds in monkeys. Neuropsychopharmacology 2011; 36 (5): 1104-13.

[46]　Sawyer EK, Mun J, Nye JA, Kimmel HL, Voll RJ, Stehouwer JS et al. Neurobiological changes mediating the effects of chronic fluoxetine on cocaine use. Neuropsychopharmacology 2012; 37 (8): 1816-24.

[47]　Czoty PW, Nader MA. Effects of oral and intravenous administration of buspirone on food-cocaine choice in socially housed male cynomolgus monkeys. Neuropsychopharmacology 2015; 40 (5): 1072-83.

[48]　Schindler CW, Panlilio LV, Goldberg SR. Second-order schedules of drug self-administration in animals. Psychopharmacology 2002; 163 (3-4): 327-344.

[49]　Kimmel HL, Ginsburg BC, Howell LL. Changes in extracellular dopamine during cocaine self-administration in squirrel monkeys. Synapse 2005; 56 (3): 129-34.

[50]　Aguilar MA, Rodríguez-Arias M, Miñarro J. Neurobiological mechanisms of the reinstatement of drug-conditioned place preference. Brain research reviews 2009; 59 (2): 253-277.

[51]　Shaham Y, Shalev U, Lu L, de Wit H, Stewart J. The reinstatement model of drug relapse: history, methodology and major findings. Psychopharmacology 2003, 168 (1-2): 3-20.

[52]　侯媛媛, 刘志强, 张星星, 等. 条件位置偏爱实验和自身给药实验及其比较 [J]. 现代生物医学进展, 2011 (S2): 5140-5143.

[53]　刘杰, 肖琳, 李勇辉, 等. 影响条件性位置偏爱实验各种因素的研究现状 [J]. 中国药物依赖性杂志, 2005, 14 (2): 85-88.

第十一章
其他动物行为实验方法

第十一章

除啮齿类动物和非人灵长类动物可用于行为实验外，其他动物包括斑马鱼、线虫、猪等也开始越来越多地应用于行为学研究。

| 第一节

‖‖‖‖‖‖‖‖‖‖‖‖‖‖‖‖‖‖‖‖‖‖‖‖‖‖‖‖‖‖‖‖‖‖‖‖‖‖

斑马鱼行为实验方法

斑马鱼作为一种新型模式动物，具有许多与众不同的特点。与大鼠、小鼠等哺乳动物相比，斑马鱼的交配行为受光周期控制，产卵量大，受精卵在体外受精，繁殖周期快，易于饲养，而且前期胚胎整体透明；与爪蟾、果蝇等低等动物相比，斑马鱼的基因图谱基本清晰且与人类有很大相似性，具有复杂的行为，正是由于这些特点，斑马鱼可作为一种很好的行为实验研究的模式动物。在脑与认知、情绪疾病等发生发展机制和防护药物研发领域具有重要的应用价值。

斑马鱼行为实验包括运动、认知、情绪等多种实验，主要借助当前逐渐发展的视频跟踪软件和行为分析工具，如Ethovision XT（Noldus）、ZebraLab（ViewPoint）、Viewpoint Videotrack for Zebrafish系统等。T-迷宫实验是斑马鱼中最常用的学习记忆行为评估实验，新型水箱实验、明暗箱实验等是斑马鱼中最主要的焦虑行为评估实验，斑马鱼也可以进行条件性位置偏爱实验评估药物成瘾和戒断行为。

一、T-迷宫实验

T-迷宫是一种用于评估啮齿动物和鱼类空间学习和记忆的工具，其在简单的设备和较少的学习成本条件下即可评估斑马鱼的学习记忆能力，T-迷宫常用于斑马鱼学习、记忆、辨别或认知功能的行为研究。在T-迷宫实验中，予以斑马鱼食物奖励刺激是常用的刺激方式之一。

实验装置

1. 迷宫部分

T-迷宫如图11-1所示，迷宫分为垂直甬道和水平等长的左右臂，其中，垂直甬道长46cm，

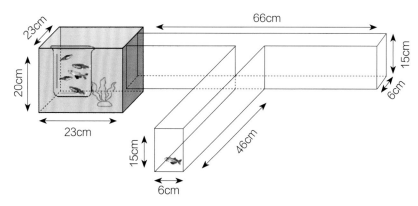

图11-1　T-迷宫实验装置示意图

水平等长左右臂6cm，宽×高均为6cm×15cm，EC区长23cm×宽23cm×高20cm。材料均为白色不透明的塑料板，以避免外界颜色对斑马鱼行为学产生影响。其中一个短臂连接营养丰富区（enriched chamber，EC），EC区水比迷宫其他地方深5cm，底部有细砂石，左上角有人工绿植，右下角放有烧杯，烧杯内放5条斑马鱼。

2. 运动监测系统

斑马鱼在迷宫中的运动由带有红外检测功能的摄像机监控，摄像机位于迷宫正上方1.5m处，并连接在一台计算机上，便于实验人员观察斑马鱼的运动。在测试期，T-迷宫与ZebraLab鱼类高通量实验监控系统联合使用。

操作步骤

实验分适应期与测试期两个阶段，为期5天，实验期间不喂食。

1. 适应

将整组斑马鱼轻缓地放入T-迷宫中适应2h，并保证这段时间内EC区一直有食物存在，以给予斑马鱼奖赏刺激，形成记忆。

2. 测试

测试时，采用每尾斑马鱼逐一进行方式，将准备好的斑马鱼放入垂直甬道起点处，并开始5min计时，记录鱼从起点到进入EC区的潜伏时间，只有当鱼完全进入并找到鱼群停留超过30s，才认为真正进入EC区，此时在EC区对斑马鱼进行食物奖赏；未成功进入EC区的鱼，计时结束后，将其引导进入EC区，使其在EC区停留3min，并在EC区对斑马鱼进行食物奖赏。

测试结束后，将斑马鱼放到提前备好的鱼缸中，进行下一条鱼的测试，当整组鱼测试结束后，一起放回原来的水箱。行为学测试每天一次，持续4天。在剔除不游动的斑马鱼后，统计斑马鱼进入EC区的成功率、潜伏时间、EC区游动路程占比。

评价指标

（1）成功率　成功进入EC区的斑马鱼数量占总数量的百分比；

（2）潜伏期　斑马鱼放入垂直甬道起点计时开始到成功进入EC区的时间，未成功进入EC区的潜伏时间记为300s；

（3）EC区游动路程占比　EC区游动路程与运动总路程的比值。每条鱼测试结束后，ZebraLab系统自动导出斑马鱼运动轨迹，可用于计算EC区游动路程占比。

注意事项

（1）在转移斑马鱼的过程中，实验人员应尽量动作温柔轻缓，以免对行为学结果产生影响。

（2）每尾待测鱼在测试前需在安静无干扰环境放置5min作预处理。

讨论和小结

T-迷宫的一个短臂尽头有食物提供装置（EC区），根据分析动物取食即进入EC区的成功率、潜伏期、运动路程等参数可以反映出实验动物的学习记忆能力。

实验装置可以简化，不设置EC区而改为直接在其中一个短臂尽头放置食物。

二、新型水箱实验

斑马鱼进入陌生的新环境，需要一个探索和适应的过程，在新型水箱实验中，把斑马鱼放入水槽中时，大部分斑马鱼会游到水槽底部或者角落，直到它们适应周围环境，才会开始试探性地慢慢扩大活动范围向上部游动。

实验装置

1. 水箱部分

设备为一个1.5L梯形水箱（高度15cm×顶部长度28cm×底部长度23cm×宽度7cm），将梯形水箱最大程度装满水，并通过线条在设备外部标记为两个相等的虚拟水平（图11-2）。

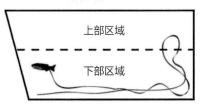

新型水箱（6min）

图11-2　新型水箱实验装置示意图

2. 视频采集部分

一个网络摄像头（MicrosoftÒ LifeCam 1.1 with Auto-Focus）被放置在开放式水箱前，以监测斑马鱼的位置和游泳活动。为了确保视频分析的背景统一并避免环境干扰，将黄色纸（标准大小：21.59cm×27.94cm）放在水箱后面和侧面4.3cm处。两个60W灯泡被放置在新型水箱后面40cm处，以增强背景和鱼之间的对比度。网络摄像头连接到笔记本电脑以记录视频，并使用适当的视频跟踪软件（ANY-mazeÒ，Stoelting CO，USA）以30帧/s的速率自动测量行为参数。

操作步骤

将预处理的斑马鱼轻柔放入梯形水箱，用高清摄像头记录斑马鱼运动行为变化，记录时长为6min。

评价指标

在新环境中，探索的显著减少（到达上部的潜伏期更长，进入上部的次数更少，冻结僵化时间更长）或不稳定的运动升高代表了高压力和焦虑的行为特征。

（1）到达水箱上部的潜伏期　第一次从水箱下部进入水箱上部所需时间。

（2）在水箱上部停留时间。

（3）过渡次数　在水箱下部和上部之间变换的次数。

（4）不稳定运动次数　不稳定运动是指方向或速度的急剧变化和重复的快速乱窜行为。

（5）冻结僵化次数　冻结是指在1s或更长时间内，除了鳃和眼睛之外完全没有运动的状态。

（6）冻结僵化持续时间。

（7）总运动距离（m）。

（8）平均速度（m/s）。

注意事项

（1）在转移斑马鱼的过程中，实验人员应尽量动作温柔轻缓，以免对行为学结果产生影响。

（2）每个实验组之间需要换水。

（3）所有的鱼都以类似的方式进行处理和测试，并在同一个房间记录行为，使操作、水质和光照在实验之间保持一致和恒定。

讨论和小结

新型水箱主要用于垂直探索行为测试，可以从整体运动状态、探索行为、不稳定运动（恐惧或逃避类行为）、冻结僵化时间和次数（镇静作用）等多个方面反映斑马鱼的焦虑程度。在焦虑、抑郁发病机制和防护药物快速筛选中具有重要应用价值。

（1）新型水箱通常为1.5L梯形水箱，在保持梯形不变的情况下可根据需求设计调整水箱体积。

（2）在对动物运动行为进行分析时，除了简单地将梯形水箱划分为上、下两部分外，还可以根据实验分析需求，将梯形水箱划分为上、中、下三部分，每个部分又可分为3～5个区域。

三、明暗箱实验

斑马鱼为了保护自己免受潜在捕食者的伤害，具有在暗区停留的先天行为。

实验装置

1. 水箱部分

测试水槽是一个10L长方形水箱（长28cm×宽20cm×高18cm），以中线为界限，一半为不透光黑暗处理，一半为透明水箱（图11-3）。

2. 视频采集部分

一个网络摄像头（MicrosoftÒ LifeCam 1.1 with Auto-Focus）被放置在开放式水箱前，以监测斑马鱼的位置和游泳活动。网络摄像头连接到笔记本电脑以记录视频，并使用适当的视频跟踪软件（ANY-maze Ò，Stoelting CO，USA）以30 帧/s的速率自动测量行为参数。

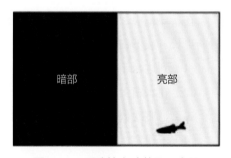

图11-3　明暗箱实验装置示意图

操作步骤

测试时用渔网将斑马鱼放入暗部区域，用高清摄像头记录斑马鱼运动行为变化，记录时长为5min。

评价指标

在明暗箱中，进入亮部次数的显著减少以及亮部停留时间显著缩短代表了焦虑样和抑郁样行为特征。

①进入亮部潜伏期：第一次从水箱暗部进入水箱亮部所需时间。

②在水箱亮部停留时间。

③过渡次数：在水箱暗部和亮部之间变换的次数。

注意事项

（1）在转移斑马鱼的过程中，实验人员应尽量动作温柔轻缓，以免对行为学结果产生影响。

（2）每个实验组之间需要换水。

（3）所有的鱼都以类似的方式进行处理和测试，并在同一个房间记录行为，使操作、水质和光照在试验之间保持一致和恒定。

讨论和小结

斑马鱼具备先天偏好黑暗的特性，明暗箱测试检查了斑马鱼的本能动机，在暗部停留时间的增加对应了斑马鱼焦虑和抑郁程度的增强，通常配合新型水箱测试作为焦虑、抑郁程度的评价方式。

（1）明暗箱通常为10L矩形水箱，可根据需求设计调整水箱体积。

（2）明暗箱中间可设置隔板，操作时用渔网将斑马鱼放入插有隔板的暗部，允许斑马鱼在暗部适应环境2min后，再抽离隔板，开始5min的明暗箱测试。

四、条件性位置偏爱实验

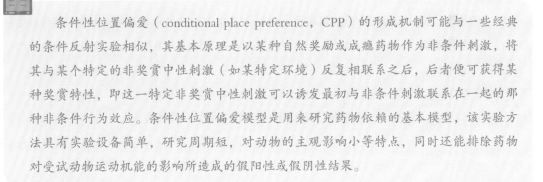

条件性位置偏爱（conditional place preference，CPP）的形成机制可能与一些经典的条件反射实验相似，其基本原理是以某种自然奖励或成瘾药物作为非条件刺激，将其与某个特定的非奖赏中性刺激（如某特定环境）反复相联系之后，后者便可获得某种奖赏特性，即这一特定非奖赏中性刺激可以诱发最初与非条件刺激联系在一起的那种非条件行为效应。条件性位置偏爱模型是用来研究药物依赖的基本模型，该实验方法具有实验设备简单，研究周期短，对动物的主观影响小等特点，同时还能排除药物对受试动物运动机能的影响所造成的假阳性或假阴性结果。

实验装置

1. 测试箱部分

测试箱长16cm×宽9cm×高9cm，将测试箱分为等体积的两箱，一箱为褐色，一箱为透明，两部分中间用一个透明的活动挡板隔开。

2. 视频采集部分

摄像机（Sony high-definition handycam camcorder）；自动跟踪软件Ethovision XT（Noldus）。摄像头安装在测试箱上方的支架上。

操作步骤

1. 斑马鱼基线测定

斑马鱼在独立的测试箱（抽出挡板）中适应性喂养，箱中水位不低于5cm。于第三天观察其15min，以头部位置为准记录斑马鱼在两箱中活动时间。基线测定结果表明大于95%的斑马鱼偏爱于褐色箱体，故以褐色箱体部分作为斑马鱼的偏爱箱，透明箱体部分为非偏爱箱。此后斑马鱼基线测定以其在非偏爱箱中的活动时间≥8min为合格。

2. 行为学测定

（1）观察 于正式实验第一天测定斑马鱼15min内于箱透明侧（非偏爱箱）的活动时间，并用Ethovision XT软件追踪斑马鱼在测试箱中的运动轨迹（5min）。

（2）训练 于实验第二天、第四天、第六天将斑马鱼浸入50mg/L的三卡因溶液中进行麻醉（麻醉以用手能顺利捞起斑马鱼，但其仍保持正常游动姿势为度），各组均腹腔注射40μg/g的吗啡（空白组注射生理盐水），再将其放入系统水中30s，待其麻醉恢复后，将其放入非偏爱箱内40min，同时用透明挡板隔开，训练结束后将斑马鱼移至较大的有蓝色环境的鱼缸中，并清洗测试箱。第三天、第五天同一时间斑马鱼腹腔注射与吗啡同体积生理盐水，将其放入偏爱箱内40min。

（3）观察 在末次腹腔注射后即再次测定斑马鱼在非偏爱箱中的活动时间并比较训练前后各条斑马鱼在非偏爱箱活动时间的差值，同时分析斑马鱼在非偏爱箱中的运动轨迹及运动总路程。

评价指标

（1）非偏爱箱活动时间 包括训练前活动时间和训练后活动时间。

（2）非偏爱箱活动时间差值 斑马鱼训练后在非偏爱箱中的活动时间−斑马鱼训练前在非偏爱箱中的活动时间。

（3）非偏爱箱中运动轨迹。

（4）非偏爱箱中运动总路程。

注意事项

（1）在转移斑马鱼的过程中，实验人员应尽量动作温柔轻缓，以免对行为学结果产生影响。

（2）每个实验组之间需要换水。

（3）实验台上覆盖泡沫板以吸收振动。

（4）所有的鱼都以类似的方式进行处理和测试，并在同一个房间记录行为，使操作、水质和光照在实验之间保持一致和恒定。

（5）斑马鱼腹腔注射的操作应该迅速准确，减小操作对斑马鱼行为的影响，注射时可用一块带有凹槽（宽度与斑马鱼体宽接近，凹槽中添加系统水）的琼脂板对处于浅麻醉状态的斑马鱼进行固定，可避免在操作过程中离开水时间过长所造成的伤害。

讨论和小结

在成瘾戒断药物的筛选具有重要应用价值。

（1）测试箱为长方体水箱，也可根据实验需求自行设计长方体水箱尺寸，箱中水位不低于5cm；

（2）测试箱除采用经典的黑色区域和白色区域外，也有实验者用底部有序排列的黑色圆点代替整个黑色区域，更有利于视频采集和观察分析。

| 第二节

秀丽隐杆线虫行为实验方法

秀丽隐杆线虫（*caenorhabditis elegans*，*C.elegans*）是一种生命周期短、体型小、通体透明的无脊椎生物，成虫产卵量高，培养条件简易，有利于观察其表征变化及控制成本；其神经系统结构简单且功能完整，含有302个神经元，存在多种神经递质和遗传传递网络，主要有胆碱能、γ-氨基丁酸能、谷氨酸能、多巴胺能、5-羟色胺能，与哺乳动物（包括人类）的神经系统在遗传学上高度保守。秀丽隐杆线虫具有完整的神经、运动、生殖系统，细胞间的协同作用构成了进食、前进、后退、扭转、趋向性（化学、温度、群体趋向性）等丰富的运动行为，是研究运动行为、衰老和神经退行性疾病的模式动物。

秀丽隐杆线虫常见的行为包括触觉行为、运动以及生殖行为等。人们通过转基因和突变体筛选等方法制备出人类神经系统退行性疾病*C. elegans*模型，通过药物或其他外部刺激设计一系列实验来检测其神经系统功能。由于其特殊的体型特点，当在对秀丽隐杆线虫进行行为学检测时，要特别注意操作力度轻缓，并且在适宜温度下进行，以避免应激带来的干扰。同时要确保被测线虫经过长期喂食，饥饿状态的线虫不能对外部刺激做出正常反应。

一、秀丽隐杆线虫触觉行为实验

秀丽隐杆线虫可感知各种机械刺激，包括对身体的温和触摸刺激，对身体中部的强烈触摸刺激，对头部、鼻子或尾部的触摸刺激。其体内的六个感觉神经元［图11-4（2）］：2个前部外侧触觉感受神经元（ALM），2个后部外侧触觉感受神经元（PLM），1个前部腹侧触觉感受神经元（AVM）和1个后部腹侧触觉感受神经元（PVM），能感受到外界对身体的温和触摸，并且不会与其他机械信号的反应混淆。

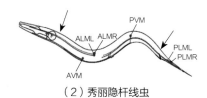

（1）固定有毛发的牙签　　　　　（2）秀丽隐杆线虫

图11-4　秀丽隐杆线虫示意图

（一）触觉敏感性实验

实验装置

秀丽隐杆线虫NGM培养皿：蛋白胨2.4g，琼脂14g，NaCl 2g，无菌水定容至800mL，121℃高压蒸汽灭菌30min，待降温到60℃后，依次加入5mg/mL胆固醇（乙醇溶解）0.8mL，1mol/L $MgSO_4$ 0.8mL，1mol/L $CaCl_2$ 0.8mL，1mol/L磷酸钾缓冲液20mL，摇匀即得到NGM培养基。

体式显微镜或其他研究级显微镜，胶水，毛发，牙签，单丝尼龙缝合线，手动微操作器。

操作步骤

（1）定性测定（毛发触碰法）

①用胶水将毛发固定在牙签末端，再将其浸入70%的乙醇溶液中，取出摇晃干燥［图11-4（1）］。

②将干燥后的毛发轻触秀丽隐杆线虫咽部后方（前部触摸反应）或肛门前（后部触摸反应）。

（2）定量测定（尼龙线刺激法）

①使用精细的单丝尼龙缝合线并将其垂直连接到一根玻璃毛细管（100mL体积）的末端，将毛细管安装在手动微操作器上，使其纤维垂直于琼脂表面，在纤维下方放置一个蜗杆，并通过移动微操作器的z轴进行接触。

②秀丽隐杆线虫被触碰的位置与上文描述的相同。

注意事项

（1）定性测定中触摸刺激时不应用毛发的末端，使用毛发末端触摸会提供强烈刺激，干扰实验。

（2）选取合适的毛发，太粗会导致所有被测线虫产生反应，太细会导致转基因型线虫产生反应。女性研究人员的手臂毛发或者男性研究人员的眼睫毛是最合适的。

（3）每隔几次实验擦掉毛发表面可能黏附的细菌和水分。

（4）为了避免引起习惯化，每条线虫连续测试不超过10次。

（二）对虫体的强烈触摸反应（铂金线法）

实验装置

秀丽隐杆线虫NGM培养皿，体式显微镜或其他研究级显微镜，铂金线。

操作步骤

用铂金线轻微刺激秀丽隐杆线虫身体中部，观察线虫反应，通常表现为后退。

（三）鼻子触摸反应

实验装置

秀丽隐杆线虫NGM培养皿，体式显微镜或其他研究级显微镜，毛发。

操作步骤

（1）在NGM培养皿上滴加一滴OP50培养物，保存过夜，让液体自然浸入平板中。

（2）在线虫前方放置一根毛发，使其与线虫移动方向垂直。正常的线虫会表现出立即向后运动。

（1）OP50滴加过夜后，琼脂平板应及时使用，防止因OP50大量增殖导致的干扰。若不及时使用，则需要密封后置于4℃储存。使用前将其恢复至室温。

（2）其余注意事项详见触觉敏感性实验部分。

讨论和小结

触觉是由皮肤中的机械感受器神经元实现的，触觉反应比嗅觉或热敏感性等其他感官更强更快，它能优先于其他感官决定线虫的行为，它的调节可以通过直接的突触连接、神经肽和激素等多种方式，通过对秀丽隐杆线虫的触觉进行检测，可进一步研究相关神经元和分子信号通路。

二、秀丽隐杆线虫的运动行为实验

秀丽隐杆线虫的运动是一种类似于正弦波的运动，通过其身体背侧和腹侧肌肉交替收缩和松弛来实现，这种运动是由沿着神经索的兴奋性胆碱能（A型和B型）和抑制性γ-氨基丁酸能（D型）运动神经元网络控制的，这些神经元支配着线虫体内的肌肉细胞。

（一）身体弯曲实验

实验装置

秀丽隐杆线虫NGM培养皿，体式显微镜或其他研究级显微镜。

操作步骤

（1）将待测的线虫挑到NGM平板上，静置1min使其恢复，避免应激。

（2）在镜下观察20s内线虫的身体弯曲次数，一次身体弯曲为一次完整正弦波动，即假设线虫沿X轴行进，身体弯曲被视为线虫对应于咽后球的部分沿Y轴方向的变化。

注意事项

（1）大部分实验中的对照组选用N2野生型秀丽隐杆线虫。

（2）一般选择L4期线虫，即幼虫晚期。

（3）每组线虫建议选择30只进行检测，并且重复三次。

（二）后退运动过程中头部摆动的抑制

实验装置

秀丽隐杆线虫NGM培养皿，体式显微镜或其他研究级显微镜，胶水，毛发，牙签。

操作步骤

（1）用胶水将毛发固定在牙签末端，再将其浸入70%的乙醇溶液中，取出摇晃干燥。

（2）将毛发放在咽部后方，温和触摸。前部的触碰会引起后退反应，对后退反应过程中头部是否摆动进行观察。

注意事项

（1）对身体向后弯曲至少两次的动物进行评分，以确保线虫对前部触摸有反应。

（2）野生型线虫在进行此项测试时会抑制头部摆动，且一旦重新开始向前运动，头部摆动就会恢复。

（3）TDC-1突变体在这种反应中不能抑制头部摆动，可作为本实验的阴性对照。

（4）在细菌草坪外或在新鲜细小的细菌草坪上，最容易获得抑制头部摆动的效果。

（三）咽泵运动实验

实验装置

秀丽隐杆线虫NGM培养皿，配备微分干涉显微镜（DIC）光学器件的显微镜，盖玻片。

操作步骤

（1）将秀丽隐杆线虫置于含有丰富食物的NGM培养基上，将盖玻片轻放于线虫顶部。

（2）经过5～15min适应期后，线虫开始进食，同时利用配备DIC光学器件的显微镜40×100×物镜观察线虫20s内咽部运动的频率。

注意事项

（1）在测量过程中适当调整成像的灰度值，以便更清楚地观察到线虫的咽泵运动。

（2）大部分实验中的对照组选用N2野生型秀丽隐杆线虫。

（3）对于毒性效应的研究一般选择L4期线虫，即幼虫晚期。

讨论和小结

本行为学实验用于检测外界刺激或药物对秀丽隐杆线虫运动能力的影响，一些神经退行性疾病例如帕金森病和阿尔兹海默病等的主要病症表现就是运动障碍，包括肌强直、运动迟缓等。作为模式动物，通过检测秀丽隐杆线虫的身体弯曲运动可以直观判断药物对线虫运动能力的影响，进而推断其对神经系统的作用。

秀丽隐杆线虫的咽部是位于消化道前端的神经肌肉泵，完整的咽部运动由泵和峡部蠕动来完成。由于秀丽隐杆线虫的咽泵运动对药物的毒性反应灵敏，目前已有多数研究将其咽泵运动指标用于药物毒性效应评价。

三、秀丽隐杆线虫的生殖行为实验

秀丽隐杆线虫的生殖能力检测常被作为检测药物毒性的首选实验，它反映了外源环境对线虫生殖能力引起的生殖毒性，比半致死浓度（LC_{50}）更为敏感。

生殖率检测

实验装置

秀丽隐杆线虫NGM培养皿，体式显微镜或其他研究级显微镜。

操作步骤

（1）挑取L4期线虫置于NGM培养基上，每个培养基上单独放置1条线虫。

（2）在产卵高峰期连续3天将此线虫转至新的NGM培养基中。待虫卵发育至成虫后计数，总数即为每条秀丽隐杆线虫的产卵量。

注意事项

（1）将线虫置于新的NGM培养基之前需要用M9缓冲液将虫体冲洗3次。

（2）每个实验组建议检测15条线虫的生殖率，每个实验重复2～5次。

讨论和小结

　　秀丽隐杆线虫是对各种环境毒物和药物进行毒性评估的优秀动物模型，生殖能力是线虫的一种易于量化的表型，若线虫的产卵量改变则要考虑药物对线虫的性腺发育和生殖能力产生生殖毒性，该项检测有助于预测药物在其他生物体中的潜在毒性。

| 第三节
猪行为实验方法

　　猪与人类在心血管系统、皮肤系统、泌尿系统、胃肠系统、免疫系统等方面具有高度相似性，与小鼠相比，猪的免疫系统与人类的免疫系统相似度为80%，而小鼠与人之间的相似度为10%；猪基因组序列和染色体结构同源性也显示出与人类的高度相似性。与无脑回的啮齿类动物相比，猪有脑沟脑回和更大的脑体积，使得临床研究中的设备，如电子计算机断层扫描（computed tomography，CT）、核磁共振成像（magnetic resonance imaging，MRI）、正电子发射型计算机断层显像（positron emission computed tomography，PET）、介入等设备可直接用于猪的实验。与实验动物非人灵长类动物相比，猪作为一种家畜，具有价格经济、容易获得、伦理风险低等优点。猪可作为非人灵长类动物的替代，填补啮齿动物临床前研究和人类临床试验之间的空白，其在行为学中的应用也逐渐得到重视，可用于运动行为、学习记忆、认知、物体识别、情绪等方面的行为学研究。但由于猪体型较大，对空间需求比较高，成本远高于啮齿动物研究，猪在行为学研究领域的应用还有待进一步发展。

　　研究猪学习和记忆的方法主要有空间记忆任务（如T-迷宫、八臂迷宫、Morris水迷宫等）、延迟匹配或非匹配样本任务、自发交替任务、社会认知、自发对象识别、情感行为等。这些任务可测试动物的工作记忆和长期记忆，以下分别通过空间T-迷宫实验和触屏奖赏实验对猪的学习记忆测试进行介绍。

一、空间 T- 迷宫实验

> 空间T-迷宫实验（spatial t-maze test）是通过摆放视觉线索，利用食物作为饥饿动物的驱动力，让动物记忆视觉线索的测试，用于研究动物的空间工作记忆（spatial working memory），即测定动物只在当前操作期间有用的信息。也可用来评价参考记忆（reference memory），即记录在这一实验中任何一天、任何一次的测试都有用的信息。
>
> 空间 T-迷宫是原本检测啮齿类动物空间工作记忆的一种经典行为学方法，与前额叶皮层功能相关。近半个世纪前由Kivy和Dember等建立。

实验装置

空间T-迷宫监测分析系统包括自制十字迷宫、4个视觉线索已经Topscan行为学分析软件。

1. 测试迷宫

空间T-迷宫从外形上看是一个十字迷宫，包括两个目标臂（goal arms）和与之垂直的主干臂（stem）或起始臂（approach alley）组成。测试的时候封锁一条起始臂，即为T-迷宫。迷宫宽度为45cm，十字中心区为45cm × 45cm，四条臂的长度为120cm。在十字迷宫两个臂之间放置视觉线索。由于小猪对红、黑、绿和蓝色比较敏感，故选择视觉线索时以这四种颜色为主，配合不同的形状作为区分（图11-5）。

2. 计算机、摄像头采集卡及行为学分析系统

计算机、摄像头和图像卡采用市场通用设备。行为学分析系统可选用topscan behaviour analysis system（Cleversys，US，如图11-5所示）。

操作步骤

空间T-迷宫测试时间有6天、9天和11天几种设计，每只动物每天进行10轮测试，每次完成选择后结束（若未做选择，最长给1min），两轮之间间隔30min。可包括采集阶段（acquisition phase）和逆转阶段（reversal phase）。若测试时间6天，只有采集阶段；若测试时间为9天，则前6天为采集阶段，后3天为逆转阶段；若测试时间11天，则前7天为采集阶段，后4天为逆转阶段。

1. 实验前准备

红色、黑色、蓝色以及绿色图形的视觉线索，在红色与黑色视觉线索之间的碗中装入奖励乳（10mL）；绿色和蓝色视觉线索之间的碗中为同样的奖励乳，然而碗口用透明胶带封住，使

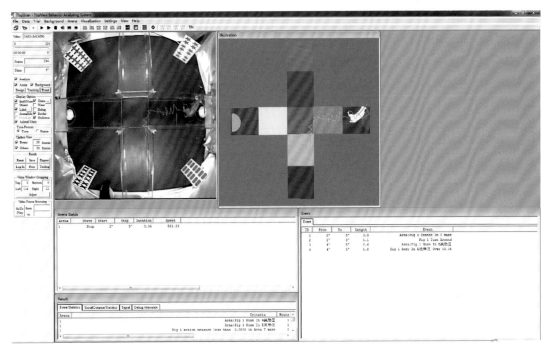

图11-5 小猪空间T-迷宫分析系统界面示意图

得动物无法喝到乳。

2. 采集阶段

固定一个目标臂为奖励位置（如东），另一目标臂（如西）放置不可进食的奖励碗。从起始臂开始计时，当动物接触到奖励位置时停止。最为正确和快捷的选择路径如图11-6蓝色箭头所示，无论从北还是南起始臂进入，都直接朝向位于东的奖励碗。若选择西面则为错误；若动物先往西（未接触到奖励碗）再往东（接触到奖励碗），也算作正确选择，但选择次数记为2次，以此类推（图11-6）。

3. 逆转阶段

在逆转阶段，将奖励位置换到另一目标臂（如西），进行同样的测试（图11-7）。

评价指标

（1）正确率（correct rate/%） 动物在每天的测试中做出正确选择的概率。为空间T-迷宫测试最重要的参考指标。

（2）正确选择潜伏期（correct latency/s） 动物在进入迷宫到做出正确选择的间隔时间。为T-迷宫测试的重要参考指标。

（3）选择次数（times of choice） 动物对目标臂进行选择的次数。

采集阶段

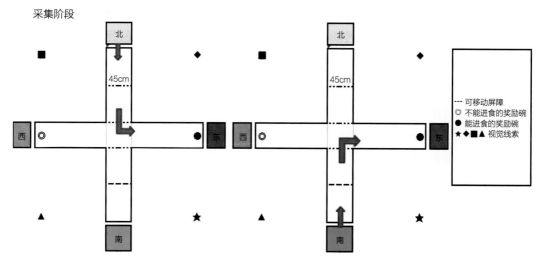

图11-6 采集阶段正确选择示意图

逆转阶段

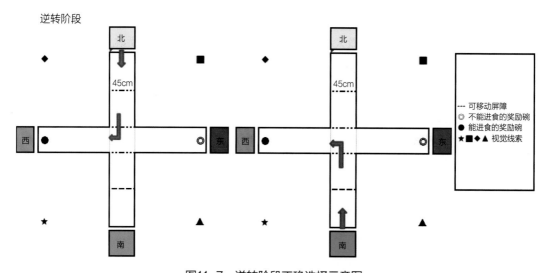

图11-7 逆转阶段正确选择示意图

（4）完成学习的比例（proportion correct/%） 在每天的测试中，每组正确率达到80%的动物比例。为学习能力的重要参考指标。

（5）完成学习的天数（days of qualification/天） 在采集阶段或逆转阶段，每组动物达到80%正确率的天数。为学习能力的参考指标。

（6）未完成学习的比例（non-qualified rate/%） 每组动物未达到80%正确率的天数。为学习能力的参考指标。

（7）最早完成学习的时间（the earliest qualified day/d）　最先达到正确率80%的时间。为学习能力和速度的参考指标。

（8）运动距离（moving distance/m）　动物在T-迷宫的运动距离。

（9）运动速度［moving velocity/（m/s）］　动物在T-迷宫的运动速度。

（10）每次选择与前一次不同臂的比例（alteration rate/%）　动物在本次选择与上一次不同的比例。若选择全部正确或全部错误，该比例为0；当正确选择与错误选择交替时，该比例最大可为1。当正确率>50%时，该比例与正确率成反比。

注意事项

（1）实验环境保持安静。

（2）第一次训练时，若动物不做选择，则需要人工引导。

（3）在每天的10轮选择中，每次随机选择起始臂，但连续选择相同臂的次数不超过2次。

（4）同一只动物两轮测试的间隔时间不少于30min。

（5）猪可能有单向偏爱特性，为避免该情况，随机选择不同的起始臂。当正确率为50%时，需考虑是否为单向偏爱。

（6）尽可能减少动物的应激，抱动物时动作应轻柔。当动物出现腹泻时，可根据情况进行补液。

（7）整个实验过程中，每次动物检测结束后，清理动物粪便并用10%酒精擦拭场地去除气味。

（8）根据项目测试方案，空间T-迷宫测试可以进行采集阶段，不进行逆转阶段。

讨论和小结

半个世纪前，Kivy和Dember等证明大鼠能辨别T-迷宫两臂颜色的变化。他们发现，将雄性大鼠置于T-迷宫的主干臂15～30min，让其能看见、但不能进入黑白两臂。然后，改变其中一个臂的颜色，使两臂同为黑色或白色。让大鼠自由选择T形臂。结果显示，大鼠总是选择改变了颜色的那个臂（新奇臂），这一过程要依靠动物的记忆来完成。由此发展而成的T-迷宫实验成为目前用于评价空间记忆的最常用的动物模型之一。当然，现在的T-迷宫使用的是食物而不是臂的颜色作为动物探究的动力。通常用这一模型来研究动物的空间工作记忆，即测定动物只在当前操作期间有用的信息。经改进后的T-迷宫也可用来评价参考记忆，即记录在这一实验中任何一天、任何一次的测试都有用的信息。

虽然一直以来T-迷宫被广泛用于大、小鼠的空间工作记忆测试和参考记忆测试，但是由于猪的大脑结构和生长发育与人较为相似，猪是研究人类神经发育的有价值的动物模型。需要开发和验证行为测试来评估新生仔猪的学习和记忆。越来越多的研究人员将改进后的T-迷宫，即空间T-迷宫用于小猪的空间工作记忆测试、参考记忆的测试和脑发育评估。

在空间T-迷宫的各个指标中，最为重要的是正确率。当正确率达到80%时，认为动物完成学习。因此，学习能力也是一个重要指标，如每组动物完成学习的比例。由此可衍生出不同阶段完成学习的天数、最早完成学习的时间，以及未完成学习的比例。一般来说，运动距离与运动速度与动物的记忆力无直接关联，但在动物实验中，运动距离和运动速度可作为各组动物身体状况和运动能力的参考指标，以了解各组动物是否有运动能力方面的差异。

二、小猪触屏奖赏实验

前文已经介绍过灵长类动物认知测试所用到的触屏奖赏测试系统，本部分内容以剑桥神经心理自动测试系统（Cambridge neuropsychological test automatic battery, CANTAB）为例介绍适用于小猪认知测试的触屏奖赏系统，CANTAB是目前主流用于检测认知状况，评估有无认知损伤的测试系统，在改版后应用于实验动物的认知测试，具有测试结果可直接对应临床结果的优势，对脑科学研究具有重要价值。CANTAB任务是最有效及被广泛使用的计算机化认知测量方法。任务可以单独安排，也可以作为一个单独系统来测量不同治疗领域中认知功能的具体方面。

针对实验用猪也可以进行多程序化的认知训练及测试，如延迟匹配、内外空间设置变化与视觉辨别、空间记忆，通过训练动物使用剑桥神经心理测试成套自动化装置，进行相应的模块化测试从而进行评估猪的认知状态。猪认知评估是在一系列脑疾病模型猪中对脑部损伤评估的重要手段，可用于深入了解潜在的脑部认知区域损伤，确定及发现早期脑损伤症状表现，并评估改善大脑健康状况的干预效果。

实验装置

系统硬件与灵长类认知测试系统一致，包括触摸屏面板、一个固定响应杠杆、食物分配器、托架。配套笼具为自主研发的猪CANTAB专用测试笼（图11-8）。

操作步骤

CANTAB认知测试分为训练期和测试期两个部分。

实验开始时，需将动物放入测试箱内适应新环境，随后开始触屏训练和强化训练。训练和测试步骤与第十章猴的CANTAB操作相同。

图11-8 触屏奖赏训练设备
（四川大学华西医院，灵长类疾病动物模型研究室）

评价指标

本实验得出以下指标。

（1）训练阶段掌握触屏的时间及选错次数。

（2）实验测试阶段正确率。

（3）实验测试阶段完成每轮测试的时间。

注意事项

（1）实验开始后，每天进行训练，尽可能避免更换实验操作人员，本实验需要实验人员与实验动物建立联系，以降低人员干扰并提高实验动物配合程度。

（2）通常来讲选择参与本实验的实验动物时，需要注意实验动物的年龄，2～8月龄之间的三元杂交猪较为理想。年龄过大依从性降低，基线测试难度会相应加大，年龄过小，选择食物奖励时的难度大大增加。

（3）实验前禁食4h以上且不应超过8h，低于4h动物的驱动力会降低。

讨论和小结

猪是人神经精神类疾病动物模型建模的宝贵动物。在评估许多人类大脑疾病认知测试的动物模型时起重要作用，但猪学习其他物种神经心理学测试中使用的典型任务的能力在很大程度上是未知的。2009年发表在*Behav Brain Research*上名为*A novel spatial Delayed Non-Match to Sample（DNMS）task in the Gottingen minipig*的文章，首次对猪DNMS任务进行评估。这些猪在迷宫里接受过DNMS任务的空间版训练。最初，猪在样品和测试阶段之间有60个延迟间隔进行训练，平均需要144次实验才能达到学习任务的标准，与猴完成训练的时间接近。他们还发现，与啮齿类动物相比，猪在任务选择上没有自然的交替倾向。此外，猪脑中对空间方向和记忆起重要作用的结构（如海马和前额皮层）更类似于灵长类大脑，但在食物驱动力方面，猪比非人灵长类更为强烈，使得触屏训练更为快速。猪脑的大小允许通过成像技术识别皮质和皮下结构。越来越多的人类神经精神类疾病如脑卒中、阿尔兹海默病、帕金森病、多发性硬化症等已经在使用猪作为实验对象，利用触屏奖赏系统辅助这类疾病的研究将成为神经科学发展的趋势。

参考文献

[1] Wang S Q, Qiu J B, Zhao M Y, et al. Accumulation and distribution of neurotoxin BMAA in aquatic animals and effect on the behavior of zebrafish in a T-maze test [J]. Toxicon, 2020, 173 (15): 39-47.

[2] 魏伟, 朱国萍, 章超桦, 等. 马氏珠母贝酶解蛋白粉营养组成及其对斑马鱼学习记忆能力的影响 [J]. 广东海洋大学学报, 2021, 41 (03): 74-81.

[3] Jouandt D J, Echevarria D J, Lamb E A. Theutility of the T-maze in assessing learning, memory, and models of neurological disorders in the zebrafish [J]. Behaviour, 2012, 149 (10/11/12): 1081-1097.

[4] Egan R J, Bergner C L, Hart P C, et al. Understanding behavioral and physiological phenotypes of stress and anxiety in zebrafish [J]. Behavioural Brain Research, 2009, 205: 38-44.

[5] Rosemberg D B, Braga M M, Rico E P, et al. Behavioral effects of taurine pretreatment in zebrafish acutely exposed to ethanol [J]. Neuropharmacology, 2012, 63: 613-623.

[6] 陈贝贝, 彭志兰, 章超桦, 等. 牡蛎酶解物对慢性不可预知温和应激斑马鱼抑郁行为改善作用研究 [J]. 食品科学技术学报, 2021, 39 (4): 55-63.

[7] Collier A D, Khan K M, Caramillo E M, et al. Zebrafish and conditioned place preference: A translational model of drug reward [J]. Prog Neuropsychopharmacol Biol Psychiatry, 2014, 55: 16-25.

[8] Pisera-Fuster A, Zwiller J, Bernabeu R. Methionine Supplementation Abolishes Nicotine-Induced Place Preference in Zebrafish: a Behavioral and Molecular Analysis [J]. Molecular Neurobiology, 2021, 58: 2590-2607.

[9] 朱晨, 刘伟, 李璟, 等. 谷氨酸受体1与钩藤碱抑制甲基苯丙胺依赖斑马鱼条件性位置偏爱的关系 [J]. 中国药理学通报, 2019, 35 (05): 620-623.

[10] 彭菊, 刘伟, 罗超华, 等. 吗啡诱导的斑马鱼条件性位置偏爱模型的研究 [J]. 中国药理学通报, 2013, 29 (11): 1614-1617.

[11] Petzold B C, Park S J, Mazzochette E A, et al. MEMS-based force-clamp analysis of the role

of body stiffness in C. elegans touch sensation [J]. Integrative Biology, 2013, 5 (6): 853-864.

[12] Chen X, Chalfie M. Modulation of C. elegans touch sensitivity is integrated at multiple levels [J]. Journal of Neuroscience, 2014, 34 (19): 6522-6536.

[13] Zhang Y, Ma C, Delohery T, et al. Identification of genes expressed in C. elegans touch receptor neurons [J]. Nature, 2002, 418 (6895): 331-335.

[14] Schafer W R. Deciphering the neural and molecular mechanisms of C. elegans behavior [J]. Current Biology, 2005, 15 (17): R723-R729.

[15] Wen Q, Po M D, Hulme E, et al. Proprioceptive coupling within motor neurons drives C. elegans forward locomotion [J]. Neuron, 2012, 76 (4): 750-761.

[16] Leung M C K, Williams P L, Benedetto A, et al. Caenorhabditis elegans: an emerging model in biomedical and environmental toxicology [J]. Toxicological sciences, 2008, 106 (1): 5-28.

[17] Wu Q, Nouara A, Li Y, et al. Comparison of toxicities from three metal oxide nanoparticles at environmental relevant concentrations in nematode Caenorhabditis elegans [J]. Chemosphere, 2013, 90 (3): 1123-1131.

[18] Tsalik E L, Hobert O. Functional mapping of neurons that control locomotory behavior in Caenorhabditis elegans [J]. Journal of neurobiology, 2003, 56 (2): 178-197.

[19] Gjorgjieva J, Biron D, Haspel G. Neurobiology of Caenorhabditis elegans locomotion: where do we stand?[J]. Bioscience, 2014, 64 (6): 476-486.

[20] Wang D Y, Wang Y. Phenotypic and behavioral defects caused by barium exposure in nematode Caenorhabditis elegans [J]. Archives of environmental contamination and toxicology, 2008, 54 (3): 447-453.

[21] 李煜, 敬海明, 李国君. 秀丽隐杆线虫神经毒理学研究进展 [D]., 2013.

[22] Muschiol D, Schroeder F, Traunspurger W. Life cycle and population growth rate of Caenorhabditis elegans studied by a new method [J]. BMC ecology, 2009, 9 (1): 1-13.

[23] Sharabi K, Hurwitz A, Simon A J, et al. Elevated CO2 levels affect development, motility, and fertility and extend life span in Caenorhabditis elegans [J]. Proceedings of the National Academy of Sciences, 2009, 106 (10): 4024-4029.

[24] Boyd W A, McBride S J, Rice J R, et al. A high-throughput method for assessing chemical toxicity using a Caenorhabditis elegans reproduction assay [J]. Toxicology and applied pharmacology, 2010, 245 (2): 153-159.

[25] Qu M, Qiu Y, Kong Y, et al. Amino modification enhances reproductive toxicity of nanopolystyrene on gonad development and reproductive capacity in nematode

Caenorhabditis elegans [J]. Environmental Pollution, 2019, 254: 112978.

[26] Kornum BR, Knudsen GM. Cognitive testing of pigs (Sus scrofa) in translational biobehavioral research. Neuroscience and biobehavioral reviews 2011; 35 (3): 437-451.

[27] Félix B, Léger ME, Albe-Fessard D, Marcilloux JC, Rampin O, Laplace JP. Stereotaxic atlas of the pig brain. Brain Res Bull 1999; 49 (1-2): 1-137.

[28] Elmore MR, Dilger RN, Johnson RW. Place and direction learning in a spatial T-maze task by neonatal piglets. Anim Cogn 2012; 15 (4): 667-676.

[29] Cao M, Brunse A, Thymann T, Sangild PT. Physical Activity and Spatial Memory Are Minimally Affected by Moderate Growth Restriction in Preterm Piglets. Dev Neurosci 2019; 41 (3-4): 247-254.

[30] Kinder HA, Baker EW, Howerth EW, Duberstein KJ, West FD. Controlled Cortical [31] Impact Leads to Cognitive and Motor Function Deficits that Correspond to Cellular Pathology in a Piglet Traumatic Brain Injury Model. J Neurotrauma 2019; 36 (19): 2810-2826.

[31] Obelitz-Ryom K, Bering SB, Overgaard SH, Eskildsen SF, Ringgaard S, Olesen JL et al. Bovine Milk Oligosaccharides with Sialyllactose Improves Cognition in Preterm Pigs. Nutrients 2019; 11 (6): 1335.

[32] Nielsen TR, Kornum BR, Moustgaard A, Gade A, Lind NM, Knudsen GM. A novel spatial Delayed Non-Match to Sample (DNMS) task in the Gottingen minipig. Behavioural brain research 2009; 196 (1): 93-98.

[33] Lind NM, Moustgaard A, Jelsing J, Vajta G, Cumming P, Hansen AK. The use of pigs in neuroscience: modeling brain disorders. Neuroscience and biobehavioral reviews 2007; 31 (5): 728-751.

[34] Holm IE, Geneser FA. Histochemical demonstration of zinc in the hippocampal region of the domestic pig: I. Entorhinal area, parasubiculum, and presubiculum. The Journal of comparative neurology 1989; 287 (2): 145-163.

[35] Imai H, Konno K, Nakamura M, Shimizu T, Kubota C, Seki K et al. A new model of focal cerebral ischemia in the miniature pig. Journal of neurosurgery 2006; 104 (2 Suppl): 123-132.

[36] Kornum BR, Thygesen KS, Nielsen TR, Knudsen GM, Lind NM. The effect of the inter-phase delay interval in the spontaneous object recognition test for pigs. Behavioural brain research 2007; 181 (2): 210-217.

[37] Moustgaard A, Lind NM, Hemmingsen R, Hansen AK. Spontaneous object recognition in the Göttingen minipig. Neural plasticity 2002; 9 (4): 255-259.